瓜类蔬菜病虫害
现代防治技术大全

石明旺　刘彦文　主编

U0301288

化学工业出版社

·北京·

图书在版编目（CIP）数据

瓜类蔬菜病虫害现代防治技术大全 / 石明旺，刘彦文
主编 . —北京：化学工业出版社，2019.1（2023.4重印）
ISBN 978-7-122-33337-7

Ⅰ.①瓜…　Ⅱ.①石…②刘…　Ⅲ.①瓜类蔬菜－病虫
害防治　Ⅳ.①S436.42

中国版本图书馆CIP数据核字（2018）第270359号

责任编辑：邵桂林　　　　　　　　　　文字编辑：焦欣渝
责任校对：宋　夏　　　　　　　　　　装帧设计：关　飞

出版发行：化学工业出版社（北京市东城区青年湖南街 13 号　邮政编码 100011）
印　　装：涿州市般润文化传播有限公司
850mm×1168mm　1/32　印张 11　　字数 328 千字
2023 年 4 月北京第 1 版第 5 次印刷

购书咨询：010-64518888　　售后服务：010-64518899
网　　址：http：//www.cip.com.cn
凡购买本书，如有缺损质量问题，本社销售中心负责调换。

定　　价：69.80 元

编写人员名单

主　编　石明旺　刘彦文

副主编　梁　合　刘　涛　刘　斌

参加编写人员（按姓名笔画排序）

石明旺　刘　涛　刘　斌　刘彦文

陈春喜　杨　蕊　郑连朋　郎剑锋

郭元乾　梁　合

前言 PREFACE

　　人们在日常的生活中总离不开瓜类蔬菜或瓜类水果的食用，在蔬菜大家庭中瓜类蔬菜具有重要的地位。瓜类蔬菜常见的有黄瓜、冬瓜、南瓜、丝瓜、苦瓜、西葫芦、佛手瓜、节瓜等，瓜类水果如西瓜。瓜类蔬菜或瓜类水果营养丰富，美味可口，有的还具有药用价值，比如苦瓜有降血糖、助消化、明目、利尿的功效，很受广大消费者的青睐。

　　瓜类蔬菜在人民生活中占有很重要的地位，也是农业生产中重要的经济作物。随着农业生产结构调整蔬菜生产迅猛发展，我国蔬菜生产的规模和效益已居世界前列。但病虫害是瓜类蔬菜、瓜类水果生产的重要限制因素，每年因病虫害造成的产量损失高达 20% ～ 30%，而品质损失和市场损失更不可计量。防治中不合理地使用农药，还会造成蔬菜产品农药残留超标与环境污染，必须切实搞好瓜类蔬菜病虫害综合防治，加强安全控制，快速、准确识别和诊断病虫害，是蔬菜病虫害综合防治的关键技术，也是菜农和蔬菜生产工作者需掌握的基本技能。只有在正确识别、诊断病虫种类的前提下，才能迅速做出有效的防治决策和相应的防治措施。编写本书的主要目的之一就是帮助读者识别不同种类病虫害，在此基础上进行无公害综合防控、绿色综合防控。例如瓜类病害的发生，可根据病菌种类的不同，把瓜类蔬菜病害分为真菌性病害、细菌性病害和病毒性病害等，它们分别是由真菌、细菌和病毒侵染引起的，每一类病害都有独特的发生规律。在生产上，我们要针对病害不同的发生规律，采取相应的防治措施。

　　瓜类蔬菜、瓜类水果的病虫害种类多，防治方法各有不同，为了保证蔬菜能够稳产、高产，本书主要介绍了常见瓜类主要病虫害发生特点、发生规律，要以"预防为主"，重视栽培管理，营造适宜瓜类植物生长、不利于病害发生的环境，配合使用农业防治、物理防治、化学防治等措施，进行无公害综合防治，以获得最佳的经济、社会、生态效益。

　　本书编写过程中参考了大量资料，在此一并对文献作者致谢。另外，由于时间和水平所限，书中难免有不妥或疏漏之处，希望读者给予批评指正。

目 录 CONTENTS

第一章　瓜类传染性病害　/1

第一节　黄瓜传染性病害　1

一、黄瓜立枯病　1

二、黄瓜根腐病　3

三、黄瓜蔓枯病　5

四、黄瓜霜霉病　7

五、黄瓜疫病　11

六、黄瓜黑星病　13

七、黄瓜炭疽病　16

八、黄瓜黑斑病　18

九、黄瓜叶斑病　19

十、黄瓜红粉病　21

十一、黄瓜褐斑病　23

十二、黄瓜白绢病　25

十三、黄瓜花腐病　27

十四、黄瓜细菌性角斑病　28

十五、黄瓜猝倒病　30

十六、黄瓜青枯病　32

十七、黄瓜枯萎病　34

十八、黄瓜灰霉病　36

十九、黄瓜根结线虫病　38

二十、黄瓜靶斑病　41

第二节　西瓜传染性病害　43

一、西瓜猝倒病　43

二、西瓜蔓枯病　45

三、西瓜炭疽病　47

四、西瓜枯萎病　49

五、西瓜白粉病　52

六、西瓜叶枯病　54

七、西瓜病毒病　56

八、西瓜疫病　58

九、西瓜根结线虫病　60

十、西瓜细菌性叶斑病　63

十一、西瓜细菌性果腐病　64

十二、西瓜绵疫病　66

第三节　冬瓜传染性病害　67

一、冬瓜炭疽病　67

二、冬瓜灰斑病　69

三、冬瓜叶斑病　70

四、冬瓜黑星病　70

五、冬瓜黑斑病　72

六、冬瓜绵疫病　73

七、冬瓜细菌性角斑病　74

八、冬瓜软腐病　76

九、冬瓜疫病　77

十、冬瓜褐斑病　79

十一、冬瓜菌核病　81

第四节　南瓜传染性病害　83

一、南瓜霜霉病　83

二、南瓜白粉病　86

三、南瓜黑星病　88

四、南瓜疫病　90

五、南瓜斑点病　92

六、南瓜炭疽病　94

七、南瓜灰斑病　95

八、南瓜黑斑病　96

九、南瓜蔓枯病　97

十、南瓜细菌性枯萎病　100

十一、南瓜细菌性角斑病　101

十二、南瓜细菌性缘枯病　102

十三、南瓜病毒病　104

第五节　西葫芦传染性病害　106

一、西葫芦蔓枯病　106

二、西葫芦灰霉病　107

三、西葫芦绵疫病　109

四、西葫芦菌核病　111

五、西葫芦褐腐病　113

六、西葫芦枯萎病　114

七、西葫芦病毒病　116

八、西葫芦软腐病　119

九、西葫芦白粉病　121

十、西葫芦细菌性叶枯病　123

十一、西葫芦匍枝根霉
腐烂病　125

十二、西葫芦三孢笄霉褐腐病　126

十三、西葫芦镰刀菌果腐病　128

十四、西葫芦曲霉病　129

十五、西葫芦霜霉病　130

十六、西葫芦黑星病　131

十七、西葫芦蔓枯病　133

十八、西葫芦银叶病　135

十九、西葫芦细菌性角斑病　138

第六节　瓠瓜传染性病害　140

一、瓠瓜绵腐病　140

二、瓠瓜猝倒病　141

三、瓠瓜立枯病　143

四、瓠瓜根腐病　145

五、瓠瓜褐斑病　146

六、瓠瓜褐腐病　147

七、瓠瓜灰霉病　149

八、瓠瓜枯萎病　150

九、瓠瓜蔓枯病　152

第七节　丝瓜传染性病害　154

一、丝瓜病毒病　154

二、丝瓜细菌性角斑病　156

三、丝瓜霜霉病　158

四、丝瓜炭疽病　159

五、丝瓜枯萎病　161

第八节　苦瓜传染性病害　163

一、苦瓜霜霉病　163

二、苦瓜灰斑病　164

三、苦瓜蔓枯病　166

四、苦瓜枯萎病　168

五、苦瓜白斑病 170

第九节　佛手瓜传染性病害 171

一、佛手瓜霜霉病 171

二、佛手瓜白粉病 173

三、佛手瓜炭疽病 174

四、佛手瓜黑星病 176

五、佛手瓜蔓枯病 178

六、佛手瓜叶斑病 179

第十节　甜瓜传染性病害 181

一、甜瓜黑点根腐病 181

二、甜瓜细菌性软腐病 182

三、甜瓜萎蔫病 184

四、甜瓜蔓枯病 185

五、甜瓜炭腐病 188

六、甜瓜猝倒病 189

七、甜瓜白粉病 191

八、甜瓜叶枯病 193

九、甜瓜炭疽病 196

第十一节　飞碟瓜传染性病害 198

一、飞碟瓜白粉病 198

二、飞碟瓜病毒病 199

三、飞碟瓜疫病 200

四、飞碟瓜菌核病 202

五、飞碟瓜灰霉病防治 204

第十二节　蛇瓜传染性病害 205

一、蛇瓜疫病 205

二、蛇瓜细菌性角斑病 206

三、蛇瓜病毒病 207

四、蛇瓜叶斑病 209

五、蛇瓜黑斑病 210

六、蛇瓜霜霉病 211

第二章　瓜类生理性病害　/213

一、南瓜旱害 213

二、南瓜裂瓜 213

三、南瓜部分果皮木栓化 214

四、西葫芦叶片破碎 215

五、西葫芦化瓜 216

六、西瓜化瓜 217

七、西瓜急性凋萎病 219

八、西瓜裂瓜 220

九、西瓜畸形果 220

十、西瓜日灼病 221

十一、甜瓜化瓜 221

十二、甜瓜畸形果 223

十三、西葫芦大肚瓜 224

十四、西葫芦蜂腰瓜 225

十五、西葫芦化瓜 225

十六、佛手瓜叶烧病 226

十七、黄瓜沤根 227

十八、黄瓜化瓜 228

十九、黄瓜叶烧病 230

二十、黄瓜低温障碍 231

二十一、黄瓜褐色小斑病 232

二十二、黄瓜苦味瓜 234

二十三、黄瓜畸形瓜 234

二十四、黄瓜花打顶 235

第三章　瓜类贮藏期病害　/238

一、黄瓜的主要贮藏病害　238

二、贮藏期冬瓜疫病　241

三、贮藏期冬瓜炭疽病　242

四、贮藏期南瓜疫病　244

五、贮藏期佛手瓜炭疽病　245

六、佛手瓜贮藏期其他病害　248

第四章　瓜类重要地下虫害　/250

第一节　蝼蛄类　250

一、华北蝼蛄　250

二、东方蝼蛄　252

第二节　蛴螬类　253

一、华北大黑鳃金龟　253

二、暗黑鳃金龟　256

三、铜绿丽金龟　257

第三节　金针虫类　258

一、沟金针虫　258

二、细胸金针虫　260

第四节　地老虎类　262

一、小地老虎　262

二、黄地老虎　264

三、警纹地老虎　266

四、大地老虎　268

第五节　种蝇类　269

一、灰地种蝇　269

二、葱地种蝇　271

第六节　沙潜类　273

一、网目拟地甲　273

二、蒙古拟地甲　275

第五章　瓜类食叶及钻蛀虫害　/276

第一节　叶甲类　276

一、黄曲条跳甲　276

二、黄直条跳甲　278

三、黄狭条跳甲　279

四、黄守瓜　280

五、黑足黑守瓜　283

六、黄足黑守瓜　284

第二节　蟋蟀类　285

一、花生大蟋蟀　285

二、油葫芦　286

三、斗蟋　288

四、大扁头蟋　289

第三节　象甲类　291

一、大灰象甲　291

二、蒙古土象 292

第四节　蚜虫类 293
一、棉蚜 293
二、甘蓝蚜 294

第五节　粉虱类 295
一、温室白粉虱 295
二、烟粉虱 297

第六节　螨类 299
一、瓜褐螨 299
二、瘤缘螨 300
三、红脊长螨 302

第七节　蓟马类 303
一、烟蓟马 303
二、瓜亮蓟马 305

第八节　螟蛾类 306
一、瓜绢螟 306
二、草地螟 307

第九节　夜蛾类 309
一、葫芦夜蛾 309
二、甘蓝夜蛾 310
三、银纹夜蛾 312
四、棉铃虫 314

第十节　潜蝇类和实蝇类 315

一、美洲斑潜蝇 315
二、南美斑潜蝇 317
三、瓜实蝇 319
四、南瓜实蝇 321
五、显尾瓜实蝇 322

第十一节　瓢虫类 324
一、茄二十八星瓢虫 324
二、菱斑植食瓢虫 325

第十二节　芫菁类 327
一、苹斑芫菁 327
二、大斑芫菁 328
三、眼斑芫菁 329

第十三节　天牛类 330
一、南瓜斜斑天牛 330
二、瓜藤天牛 332
三、四条白星锈天牛 333

第十四节　螨类 334
一、朱砂叶螨 334
二、二斑叶螨 336
三、截形叶螨 338
四、土耳其斯坦叶螨 339
五、茶黄螨 340

参考文献　/342

第一章
瓜类传染性病害

一、黄瓜立枯病

（一）症状

黄瓜立枯病多在床温较高阶段、育苗的中后期发生，主要危害幼苗茎基部、地下根部。初期在茎部出现椭圆形暗褐色病斑，逐渐向内凹陷，边缘较明显，扩大到绕茎一周时，茎基部干缩，最后幼苗干枯死亡，但不倒伏。根部发病多在近地表根茎处，皮层变褐色和腐烂。在苗床内，开始时仅个别瓜苗白天萎蔫，夜间恢复，经数日反复后，病株萎蔫枯死（图1-1）。病部有轮纹、不明显的淡褐色蛛丝状的菌丝。

图 1-1　黄瓜立枯病根部症状

（二）病原特征

病菌的无性态为立枯丝核菌（*Rhizoctonia solani* Kühn），属半知菌亚门丝核菌属；病菌的有性态为丝核薄膜革菌 [*Pellicularia filamentosa*

(Pat.) Rogers.]，属担子菌亚门薄膜革菌属。无性态产生菌丝和菌核，有性态产生担子和担孢子。菌丝体初期无色，老熟时变成淡褐色，具隔膜，直径为 8 ～ 12 微米，分枝处显著缢缩。病组织表面的气生菌丝体可结成菌核。菌核近球形、无定形，直径 0.1 ～ 0.5 毫米，无色、浅褐至黑褐色。担孢子近圆形，大小为（6 ～ 10）微米 ×（5 ～ 7）微米。菌丝生长的温度为 10 ～ 38℃，适宜的生长温度为 18 ～ 29℃，在13℃以下、35℃以上时受抑制，致死温度为 52℃。

（三）病害发生规律及流行特点

病菌以菌丝体、菌核在土壤中、病残组织上越冬，腐生性较强，在土壤中可腐生存活 2 ～ 3 年，病菌从伤口、表皮直接侵入幼茎，引起根部发病。病菌借雨水、灌溉水传播。幼苗生长衰弱、徒长、受伤，易受病菌侵染。当床温在 20 ～ 25℃时，湿度越大发病越重。温暖潮湿，播种过密，浇水过多，造成床内闷湿的环境极易发病。

（四）防治方法

1.农业防治

选育抗病品种，种植抗病品种是控制立枯病最经济有效的措施。病害发生区应因地制宜选育和栽培抗病、耐病品种，如津研 7 号、北京大刺、长春密刺、中农 5 号等。选用背风、向阳、排灌方便的田块作苗床，开好排水沟，降低地下水位，这是防病的重要栽培措施。选用无病营养土，营养土在使用前最少晒两周以上，营养土中的有机肥选用腐熟的有机肥，不用带菌肥料，施用的有机肥不含植物病残体。营养钵一次浇透，待水充分渗下后播种，出苗后，严格控制温度、湿度及光照，可结合炼苗、揭膜、通风、排湿、降温等措施进行管理。

2.药剂防治

（1）苗床灭菌　播种前，在苗床、营养钵表面撒施一层薄薄的药土，播种后用药土覆盖，营养土 200 份 +58% 甲霜灵，或 64% 恶霜·锰锌，或 70% 甲基硫菌灵可湿性粉剂 1 份，充分混匀。

（2）喷施用药　出苗后发病时喷施 70% 甲基硫菌灵可湿性粉剂 1000 倍液，或 58% 甲霜灵可湿性粉剂 800 倍液，或 64% 恶霜·锰锌可湿性粉剂 500 倍液，或 50% 福美双可湿性粉剂 800 ～ 1000 倍液，或 75% 百菌清可湿性粉剂 600 倍液，或 72.2% 霜霉威盐酸盐水剂 400 倍液，或 80% 霜脲氰可湿性粉剂 800 ～ 1000 倍液，或 72% 霜脲·锰锌可湿性粉剂 800 ～ 1000 倍液，或 70% 代森锰锌 500 倍液，或 70% 敌磺钠可湿性粉剂 1000 倍液。

（3）药土围根　用 58% 甲霜灵，或 64% 恶霜·锰锌，或 70% 甲基硫菌灵可湿性粉剂，或 50% 福美·拌种灵粉剂 1 份＋细干土 50 份，充分混匀，发病时撒施于根际周围表土，该病流行地区作播种时的覆盖土。

（4）喷撒粉尘剂　保护地可喷撒适量 5% 百菌清粉尘剂，效果比较好。

二、黄瓜根腐病

（一）症状

黄瓜根腐病主要侵染根及茎部，根部初呈水浸状，后引起腐烂，变干呈褐色，茎基部缢缩不明显。茎部初呈水浸状，后表皮变淡黄褐腐烂，且腐烂处的维管束变褐，不向上发展，有别于枯萎病，后期病部往往变糟，留下丝麻状维管束。病株下部叶色较淡，强光下中午萎蔫，早晚恢复，严重时不能恢复。在潮湿的条件下，病部产生粉红色霉状物（图 1-2）。

图 1-2　黄瓜根腐病根部症状

（二）病原特征

黄瓜根腐病病原菌为瓜类腐皮镰孢菌 [*Fusarium solani* (Mart.) App.et Wollenw.f.sp. *cucurbitae* Snyder et Hansen]，属半知菌亚门真菌。分生孢子有大小型之分，小型分生孢子椭圆形至卵形，有 0 ～ 1 个隔膜，大小为（6 ～ 11）微米 ×（2.5 ～ 3）微米。大型分生孢子无色、透明、梭形、肾形，两端较钝，具 2 ～ 4 个隔膜，大小为（14.0 ～ 16.0）微米 ×（2.5 ～ 3.0)微米。在 PDA 培养基上菌丝呈绒毛状，银白色，培养基表面为猪肝紫色，培养基不变色，在米饭培养基上呈银白色至米色。

（三）病害发生规律及流行特点

病菌主要以菌丝体、厚垣孢子、菌核在土壤中及病残体上越冬。其厚垣孢子可在土中存活 5～6 年，最长达 10 年，成为主要侵染源。病菌从根部伤口侵入，嫁接黄瓜定植后从嫁接部位侵入，在病部产生分生孢子，借雨水、灌溉水、农机具等传播蔓延，进行再侵染。高温、高湿利于其发病，连作地、低洼地、黏土地发病重。

（四）防治方法

1.农业防治

选用耐病品种，如中农 5 号、中农 9 号、春香、津春 3 号等。黄瓜种子用 50℃温水消毒 20 分钟，或 70℃干热灭菌 72 小时后催芽播种也有一定效果。提倡使用黄瓜种衣剂 9-2 号，用量为种子重量的 0.5%（有效成分量），即 2.5 毫升拌 100 克种子即可。苗床应选在避风向阳高燥的地块，要求既有利于排水，调节床土温度，又有利于采光，提高地温。育苗床必要时更新床土，施用充分腐熟的有机肥。采用热水循环温床育苗法。当地温降至 20℃ 以下时，开始从进水口加热水补充温度，也可连燃气炉或其他热源制成热水循环器（用铁板焊成铝壶状），效果更好。出苗后降温以利幼苗苗壮成长，这样做发病少，出苗快。齐苗后白天苗床或棚温保持 25～30℃，夜间保持 10～15℃，防止寒流侵袭。苗床或棚室湿度不宜过高，连阴雨或雨雪天气或床土不干应少浇水或不浇水，必须浇水时可用喷壶轻浇以免湿度过高。当塑料膜或玻璃及秧苗叶片上有水珠凝结时，要及时通风或撒些草木灰降低湿度。选用无滴膜盖棚室，改善光照条件，增加光照强度，以利于光合作用提高幼苗抗病力。采用二氧化碳施肥技术或施用惠满丰多元复合有机活性液体肥料，每亩（667 平方米）320 毫升，稀释 500 倍，喷施 2 次。

2.药剂防治

发病前 10 天喷施或浇灌 50% 苯菌灵可湿性粉剂 1000 倍液，或 50% 代森锰锌可湿性粉剂 800 倍液，或 70% 甲基硫菌灵可湿性粉剂 1000 倍液，或 50% 多菌灵可湿性粉剂 500～800 倍液，或 14% 络氨铜水剂 300 倍液，或 40% 三乙膦酸铝可湿性粉剂 500 倍液，或 70% 丙森锌可湿性粉剂 500～800 倍液，或 50% 福美双可湿性粉剂 500～800 倍液。

三、黄瓜蔓枯病

（一）症状

黄瓜蔓枯病主要危害茎、叶和果实，但以茎基部受害最重。叶片染病，初始在叶缘产生水渍状小点，扩大后病斑呈"V"字形扩展，产生圆形及不规则病斑，黄褐色、淡褐色，具不明显轮纹，后期病部产生黑色小点，病斑连接后易破裂干枯（图1-3）。茎蔓染病，病斑呈椭圆形至梭形，病部初期呈淡黄色，病害扩展后变为灰色至深灰色，其上密生小黑点，田间高湿时，病部溢出琥珀色胶质物，干燥后红褐色，后期表皮纵裂脱落，露出乱麻状维管束，病部以上茎蔓枯萎，易折断（图1-4）。果实染病，发病初始在幼果上产生水渍状小斑，扩大后病斑呈黑褐色，病部软化。

图1-3　黄瓜蔓枯病病叶症状　　图1-4　茎蔓部感病后形成的琥珀色胶质物

（二）病原特征

病菌的无性态为西瓜壳二孢（*Ascochyta citrullina* Smith.），属半知菌亚门真菌；病菌的有性态为甜瓜球腔菌 [*Mycosphaerella melonis* (Pass.) Chiu et Walker.]，属子囊菌亚门真菌。分生孢子器叶面生，多为聚生，初期埋生，后突破表皮外露，球形至扁球形，直径68.25～156微米。器孢子短圆形至圆柱形，无色透明，两端较圆，正直，初为单胞，后生一隔膜，有性世代一般生在蔓上，形成子囊壳。子囊壳细颈瓶状、球形，单生在叶正面，突出表皮，黑褐色，大小为（4.5～10.7）微米×（30～107.5）微米。子囊多棍棒形，无色透明，正直、稍弯，大小为（30～42.5）微米×（8.75～12.5）微米。子囊孢子无色透明，短棒状、梭形，一个分隔。发育适温20～24℃，能侵染多种葫芦科植物。

（三）病害发生规律及流行特点

病原物主要以分生孢子器、子囊壳随病残体在土中或附在种子、架杆、温室、大棚棚架上越冬。次年春天，产生子囊孢子和分生孢子，通过雨水、灌溉水及气流传播，从气孔、水孔、伤口侵入。种子带菌导致子叶染病。成株期由果实蒂部、果柄侵入，平均气温18～25℃，相对湿度高于85%，在黄瓜栽培75～83天后，病菌数量出现一次高峰，尤其是阴雨天及夜晚，子囊孢子数量多，夜间露水大、台风后水淹易发病，土壤水分高易发病，北方夏、秋季，南方春、夏季流行。此外，连作地、平畦栽培，排水不良、密度过大、肥料不足、寄主生长衰弱，发病重。

（四）防治方法

1.农业防治

选用抗病品种，如万青、春燕。用55℃恒温水浸种15分钟后，催芽播种。对种子进行消毒。实行2～3年轮作。育苗移栽，苗床床底撒施薄薄一层药土，播种后用药土覆盖，移栽前喷施一次除虫灭菌剂，这是防病的关键。播种前、移栽前或收获后，清除田间及四周杂草，集中烧毁、沤肥、深翻地灭茬，促使病残体分解，减少病原。土壤病菌多、地下害虫严重的田块，在播种前穴施、沟施灭菌杀虫的药土。发病时及时防治，并清除病叶、病株，带出田外烧毁，病穴施药、生石灰。大棚栽培的可在夏季休闲期，棚内灌水，地面盖上地膜，闭棚几日，利用高温灭菌，棚室上午以闷棚提温为主，下午及时放风排湿，发病后可适当提高夜温以减少结露，早春日均温控制在29℃高温，相对湿度低于65%，防止浇水过量。

2.药剂防治

棚室内的棚架、农具在用前用福尔马林20倍液熏蒸24小时。发病初期喷施50%琥·乙膦铝可湿性粉剂800倍液，或75%百菌清可湿性粉剂600倍液，或72%霜脲·锰锌可湿性粉剂500～600倍液，或 70% 甲基硫菌灵可湿性粉剂 1000 倍液，或 50% 多菌灵可湿性粉剂 800 倍液，或 60% 多菌灵盐酸盐超微可湿性粉剂 800 倍液，或 50% 苯菌灵可湿性粉剂 1500 倍液，或 50% 腐霉利可湿性粉剂 1000 倍液，或 80% 福美双可湿性粉剂 800 倍液，或 72% 霜霉威可湿性粉剂 400 倍液，或 50% 异菌脲可湿性粉剂 600 ～ 800 倍液，或 65% 代森锌可湿性粉剂 500 倍液，掌握在发病初期全田用药，隔 3 ～ 4 天再防一次，以后根据病情变化决定是否用药。保护地发病时，每次用 45% 百菌清烟剂 3.75 千克/公顷，熏 1 夜，或喷撒 5% 百菌清粉尘剂 15 千克/公顷，隔 8 ～ 10 天 1 次。

四、黄瓜霜霉病

（一）症状

　　黄瓜霜霉病主要危害叶片，表现为局部性的病斑，条件适宜时也能危害茎、卷须和花梗等。幼苗发病，子叶表现为正面不均匀的褪绿、黄化，逐渐产生不规则的枯黄斑。在潮湿的天气条件下，受病子叶的反面可产生一层疏松的灰黑色、紫黑色的霜霉层，此为病菌的孢囊梗和孢子囊。病情继续发展，子叶很快便变黄而枯干。成株发病多在植株进入开花结果期之后，一般是由下部叶片开始发生。发病初期在叶片正面叶脉间隐约可见淡黄色病斑，没有明显的边缘，黄色病斑的反面出现明显的受叶脉限制、边缘清晰的水渍状多角形斑点，在清晨露水未干前观察尤其明显。病斑继续发展，正面表现为黄褐色

图 1-5　黄瓜霜霉病叶片症状　　　　图 1-6　黄瓜霜霉病田间症状

至褐色、受叶脉限制的多角形病斑，反面在潮湿的天气条件下产生一层灰黑色至紫黑色的霜霉层，在高温和干燥的条件下，病斑停止发展而枯干，背面霉层极少。病斑虽可受叶脉限制，但病株严重时往往许多个病斑连成一片，甚至可占叶面积的 1/2～2/3 以上，常使叶片迅速变黄枯干，天气干燥时容易破裂，潮湿天气则容易腐烂（图 1-5、图 1-6）。

（二）病原特征

鞭毛菌亚门假霜霉属［*Pseudoperonospora cubensis* (Berk.et Curt.) Roster］真菌，活体营养生物，营养体为无隔菌丝，在寄主细胞间寄生蔓延，以卵圆形、指形分枝的吸器伸入寄主细胞内吸收营养。无性繁殖发达，由孢囊梗产生孢子囊。孢子囊梗由寄主的气孔伸出，单生，2～5 根丛生，无色，基部稍膨大，大小为（140～150）微米 ×（5～6）微米。主干占全长的 2/3～3/5，主干以上作 3～5 次的锐角分枝，分枝方式介于 *Peronospora* 属和 *Plasnopora* 属之间，分枝顶端尖细，其上产生孢子囊，孢子囊淡灰褐色，单胞，卵形、柠檬形，大小为（21～39）微米 ×（14～23）微米，顶端有乳突。在营养充足、湿度高的条件下及在高感品种上，可产生大型孢子囊。孢子囊萌发产生 6～8 个游动孢子。游动孢子无色，单胞，肾形，具有两根鞭毛，游动 30～60 分钟后鞭毛消失变为圆形的静止孢子。静止孢子再萌发产生侵入丝，从寄主的气孔侵入。孢子囊在温度较高、湿度不充足的情况下，亦可直接萌发产生芽管。

（三）病害发生规律及流行特点

关于黄瓜霜霉病菌的越冬和病害的初侵染来源问题，目前有些地区较为明确，而在另一些地区则存在一些问题有待研究。在我国的南方如广州和海南岛等地，可终年不断栽培黄瓜，霜霉病可终年不断发生，病原菌以无性繁殖阶段的孢子囊在各茬黄瓜上辗转传播，侵染为害。华北地区许多大城市市郊蔬菜栽培区，除露地有春、夏、秋各茬黄瓜外，还有阳畦、塑料大棚、小弓棚和温室等保护地栽培的黄瓜。在这类地区，黄瓜霜霉病菌的越冬和周年侵染的问题比较明确。由于黄瓜的栽培是周年衔接、重叠的，因此霜霉病以可终年连续不断地发生，冬季霜霉病菌在温室栽培的黄瓜上越冬，次年春季其孢子囊由温室传至春季塑料大棚、小弓棚和阳畦苗床。露地春黄瓜的菌源来自附近温室大棚、阳畦的病株，然后依次是露地夏、秋黄瓜和秋季塑料大棚黄瓜发病，最后病菌传回温室黄瓜上越冬。以上均依靠无性阶段的孢子囊来完成，只要条件适宜，各茬黄瓜上均可发生频繁的再侵染。病菌在田间的传播主要通过气流和雨水。田间管理操作和某些甲虫也可以起到一定的传播作用。黄瓜霜霉病的流行，要求多雨、多露、多雾、昼夜温差大、阴雨天和晴天交替等气象条件。因昼夜温差大不但利于叶面形成水膜、结露，且早晚偏低的温度亦利于病菌的萌发侵入。病菌侵入后日间偏高的温度和光照，又利于缩短病害的潜育期和孢子囊的形成，因而病斑扩展快，枯死速度慢，菌量积累多。在满足湿度要求的前提下，气温达10℃，田间即开始发病，20～24℃时最有利于病害发展。平均气温达30℃以上，即使处于雨季，一般病害将停止发展。因此，各地病害发生的始期、流行的盛期，均取决于上述诸因素出现和配合的情况。一般来说，在黄瓜生长期间温度条件较易得到满足，降雨和湿度便成为发病的决定因素。露地栽培如瓜田地势低洼，排水不良，浇水过多，栽植过密，通风不良，及整枝、绑蔓、中耕除草不及时等，均易造成田间湿度较大而利于霜霉病的发生；施肥不足，特别是缺乏基肥和磷钾肥，植株生长衰弱、土壤板结，不利于根系的生长，均易降低植株的耐病性；露地黄瓜与温室、塑料大棚黄瓜相距太近，容易造成菌源的相互传染，常较早和较多地出现发病中心。

（四）防治方法

1.农业防治

选用抗病品种。露地可选津春4号、津春5号、津优10号、津优20号、津优30号、中农6号、中农8号、中农9号、中农12号、津研4号、津研5号、津研6号、津研7号、津杂1号、津杂2号、津杂3号、津杂4号、津早3号、甘丰1号、早丰1号。保护地可选津优3号、保护地1号、保护地2号、北京401、津杂2号、津杂4号、津春2号、津春3号、中农5号、中农7号、宁阳刺瓜、山东八杈、京旭1号、西农56、津研5号、津研6号、津研7号及丹东大刺等。各地区通过引种、系统选择、杂交育种以及杂种一代的利用等途径，获得了适于当地种植的抗霜霉病的品种，取得了良好的控病和增产作用。但应注意兼顾其他抗性，在利用和推广抗病品种的同时，必须注意品种的保纯、复壮和提高，以及配合优良的农业管理措施，否则种性会逐渐退化变劣，乃至失去原有的抗病性。

露地栽培应尽可能选择离温室、塑料大棚远的地块种植，施足基肥，深翻和平整土地，做好排灌系统，亦可与番茄、辣椒、葱、韭菜等矮生蔬菜间套作，利于田间通风透光，可以减轻病害。培育壮苗，采用营养钵育苗，出苗前尽量提高床温，出苗后根据气候的变化控制好苗床的温湿度，移栽前加强低温锻炼，使幼苗生长健壮，增加抗病力。定植后生长前期应适当控制浇水，加强中耕，提高地温以利根系发育。开花结果后，叶面积迅速增长，需水量增大，应适当增加浇水量，但不应大水漫灌，以保持土壤经常处于湿润状态为准。发病后，蒸腾量加大，养分消耗多，植株生长衰弱，更需加强管理。每次采收后结合浇水应追施速效性肥料以补充水分及营养的消耗，增强植株的耐病力，以追施充分腐熟的人粪尿最好。也可根外喷施叶面肥如百富农、植保素、农宝素等、磷酸二氢钾、葡萄糖溶液等，可以增强植株长势，减轻发病。

管理上以控制温湿度为关键，生长前期应尽量少浇水，勤中耕，促使形成较强的根系，温室、大棚内通风应根据气温及浇水情况灵活掌握，气温升高、浇水后湿度大，应加大通风量，延长通风时间，尽量使温室、大棚内的湿度控制在 90% 以下。结瓜期白天最适温度为 27℃，白天最高温度保持在 30℃ 左右。晚上不低于 20℃，因此除掌握好白天的通风换气外，还要做好夜间的保温工作，减小昼夜温差，以防叶面过多形成水膜、结露。温度超过 32℃，霜霉病菌的发育便受到抑制。利用这个原理，塑料大棚黄瓜可采取"高温闷棚"的方法，即在霜霉病发病初期，于晴天的中午密闭大棚，使棚温自然上升至瓜秧顶端处温度达 45 ～ 48℃，维持恒温 2 小时，处理 1 ～ 2 次，每次间隔 7 ～ 10 天，经高温闷棚处理后，病情即停止发展，病斑迅速枯干，不再产生孢子囊，能有效地控制霜霉病的发展。

2. 药剂防治

发病初期喷 90% 三乙膦酸铝可湿性粉剂 400 ～ 500 倍液，或 58% 甲霜灵可湿性粉剂 500 倍液，或 72% 甲霜灵•锰锌可湿性粉剂 800 倍液，或 64% 恶霜•锰锌可湿性粉剂 600 倍液，或 70% 乙膦铝可湿性粉剂 500 倍液，或 72% 霜脲•锰锌可湿性粉剂 800 倍液，或 75%

百菌清可湿性粉剂 500 倍液，或 50% 福美双可湿性粉剂 800 ～ 1000 倍液或 70% 甲基硫菌灵可湿性粉剂 1000 倍液。烟剂 10% 百菌清烟剂，或 52% 百菌清烟雾片剂，用于保护地熏烟，一般于傍晚关窗后进行。前者每亩用 300 克，后者每 100 米^{3}用 30 克。由于烟剂能使有效成分均匀弥漫于植株各部位，因此防治效果是可湿性粉剂的 2 ～ 3 倍，且比较省工。

五、黄瓜疫病

（一）症状

苗期至成株期均可发病，保护地栽培主要危害茎基部、叶片及果实。幼苗发病多始于嫩尖，初呈水渍状暗绿色圆形斑，后期中央逐渐变成红褐色，幼苗青枯而死。成株期主要危害茎基部、嫩茎节部，生纺锤形、椭圆形暗绿色水渍状斑，后病部明显缢缩，潮湿时变暗褐色、腐烂，干燥时病斑边缘为暗绿色，中为褐色，干枯易碎，受害部位以上蔓叶枯萎，一条蔓茎上往往数处受害，叶片受害多在叶缘处形成圆形、不规则形的水渍状大斑，湿度大时全叶腐烂。果实受害，多发生在花蒂部，初现暗绿色圆形、近圆形的水渍状凹陷斑，可扩及全果，潮湿时病部表面长有白色霉状物，迅速腐烂，散发出腥臭气味（图 1-7、图 1-8）。

图 1-7　黄瓜疫病嫩茎节发病　　　　图 1-8　黄瓜疫病造成叶片干垂

（二）病原特征

黄瓜疫病病原菌为甜瓜疫霉菌（*Phytophthora melonis* Katsura），属

鞭毛菌亚门真菌。菌丝丝状、无色，多分枝。幼菌丝无隔，老熟菌丝长出不规则球状体，内部充满原生质。在瓜条上菌丝球状体大部分成串，常在发病初期孢子囊未出现前产生。孢囊梗从菌丝、球状体上长出，平滑，个别形成隔膜。孢子囊顶生，长椭圆形，大小为（36.4～71.0）微米×（23.1～46.1）微米。游动孢子近球形。藏卵器球形，淡黄色；雄器球形，无色。卵孢子黄褐色。病菌生长发育适温28～32℃，最高37℃，最低9℃。

（三）病害发生规律及流行特点

黄瓜疫病为土传病害，病菌以子囊座、菌丝体、厚垣孢子和卵孢子随病残体在土壤中、土杂肥中越冬，主要借助流水、灌溉水及雨水溅射而传播，也可借助施肥传播，从伤口、自然孔口侵入致病。发病后病部上产生孢子囊及游动孢子，借助气流及雨水溅射传播进行再侵染，病害得以迅速蔓延。发病适温为23～30℃，低于12℃、高于36℃均不适于发病，发病缓慢。病菌产孢一般要求85%以上湿度，萌发和侵入需有水滴存在。该病害发病周期短，流行迅速，在高温高湿的条件下容易流行。连续阴雨天发病重。土壤黏重、偏酸，多年重茬，田间病残体多，氮肥施用太多，生长过嫩，肥力不足，耕作粗放，杂草丛生的田块，植株抗性降低，发病重。地势低洼积水，排水不良，土壤潮湿，含水量大，易发病。温暖、多湿、长期连阴雨的春夏季发病较重。

（四）防治方法

1.农业防治

选用耐病品种，保护地用中农5号、保护地1号、保护地2号、长春密刺等。露地选用湘黄瓜1号、湘黄瓜2号、湘黄瓜4号、湘黄瓜5号、早青2号、中农1101、津杂3号、津杂4号。用50℃温水浸种10分钟后，催芽播种。选用排灌方便的田块，开好排水沟，降低地下水位，达到雨停无积水，大雨过后及时清理沟系，防止湿气滞留，降低田间湿度，这是防病的重要措施。育苗移栽，苗床床底撒施薄薄一层药土，播种后用药土覆盖，移栽前喷施一次除虫灭菌剂，这是防病的关键。与非本科作物轮作3～5年，水旱轮作最好。及时防治害虫，减少植株伤口，减少病菌传播途径。发病时及时防治，并清除病叶、病株，带出田外烧毁，病穴施药、生石灰。重病区可试行嫁接防病，以云南黑籽南瓜、南砧 1 号作砧木与黄瓜嫁接，既可防本病也可防枯萎病，对防止茎基部病害效果尤为明显。

2.药剂防治

25% 甲霜灵可湿粉 1500 倍液浸种 30 分钟，或按种子重量 0.3% 的 40% 福美·拌种灵可湿粉拌种进行种子灭菌。雨后发现中心病株及时拔除后，立即喷洒或浇灌 70% 乙膦·锰锌可湿性粉剂 500 倍液，或 72.2% 霜霉威盐酸盐水剂 600 ～ 700 倍液，或 72% 霜脲·锰锌可湿性粉剂 700 倍液，或 70% 敌磺钠可湿性粉剂 700 倍液，或 70% 甲基硫菌灵可湿性粉剂 1000 倍液，或 50% 多·霉威可湿性粉剂 500 倍液，或 45% 代森铵水剂 1000 ～ 1200 倍液，或 40% 苯菌·福美可湿性粉剂 600 倍液。25% 甲霜灵可湿性粉剂 800 倍液 +40% 福美双可湿性粉剂 800 倍液灌根，隔 7 ～ 10 天 1 次，病情严重时可缩短至 5 天，连续防治 3 ～ 4 次。保护地可用 5% 百菌清粉尘剂，每亩次 1 千克，或 45% 百菌清烟剂，每亩每次 200 ～ 250 克，隔 7 ～ 9 天 1 次，视病情，连续、交替轮换使用。

六、黄瓜黑星病

（一）症状

幼苗发病时子叶上出现黄白色、近圆形病斑，后叶片干枯。成株期叶片感病时，初期为污绿色近圆形小斑点，后扩大形成圆形黄白色的大斑，直径 1 ～ 2 毫米，大斑 5 毫米左右，淡黄色，薄而脆，易穿孔脱落，边缘略皱、不整齐，有黄色晕圈。叶脉发病变黑褐色，叶片皱缩畸形，潮湿时病部有霉层。嫩茎发病，整个生长点萎蔫，变褐腐烂，几天内龙头烂掉呈秃桩，有琥珀色胶状物，湿度大时长出灰黑色霉层。叶柄、瓜蔓及瓜柄受害，出现淡黄褐色大小不等的长梭形病斑，中间开裂下陷，病部可见到白色分泌物，后变成琥珀色胶状物，潮湿时病斑上长出灰黑色霉层（图 1-9）。幼瓜感病，初发生时为褪绿色小斑点，并溢出透明胶状物，不久变成黄褐色。幼瓜受害后从病部停止生长，从而形成畸形瓜，严重时瓜条腐烂，生长点受害时发生萎蔫变褐，2 ～ 3 天烂掉（图 1-10）。

图 1-9　黄瓜黑星病叶片症状　　　　图 1-10　黄瓜黑星病病瓜症状

（二）病原特征

黄瓜黑星病病原菌为瓜枝孢（*Cladosporium cucumerinum* Ell.et Arthur），属半知菌亚门真菌。菌丝体埋生、表生，白色，有分隔。分生孢子梗淡褐色，单生，3～6根丛生，分枝或不分枝，直立，光滑，具3～8个隔膜，基部常膨大。分生孢子链生，椭圆形、圆柱形、近球形，淡褐色，多数无隔膜。病菌的生长发育适温为20～22℃，除危害黄瓜外，还可侵染西葫芦、南瓜、甜瓜、冬瓜等。

（三）病害发生规律及流行特点

病原物主要以菌丝体随病残体在土壤、田间越冬，也可以分生孢子附着在种子表面，以菌丝在种皮内越冬，黄瓜种子带菌，其带菌率随品种、地点而异，最高可达37%。越冬后土壤中的菌丝，在适宜的条件下，产生分生孢子，借风雨在田间传播，成为初侵染源。该菌在相对湿度93%以上，均温15～30℃之间较容易产生分生孢子，相对湿度100%产孢最多。分生孢子15～30℃均可萌发，适宜的萌发条件是温度15～25℃并要求有水滴和营养。在分生孢子萌发后，长出芽管，主要从植物叶片、果实、茎蔓的表皮直接侵入，也可从气孔和伤口侵入。潜育期随温度而异，一般棚室为3～6天，露地为9～10天。发病后又产生大量的分生孢子，靠气流、雨水、灌水、农事操作等传播，进行再侵染。当棚内最低温度超过10℃，相对湿度从下午6时到次日10时均高于90%，棚顶及植株叶面结露，是该病发生和流行的重要条件。地势低洼积水、排水不良、土壤潮湿易发病，低温、高湿、多雨、长期连阴雨、日照不足易发病。大水漫灌，低温高湿，昼夜温差大，夜间低温、冷凉易发病。

（四）防治方法

1.农业防治

选用抗病品种，如中农9号、中农12号、中农201、中农202、春光2号、青杂1号、青杂2号、津春1号、中农13号、中农11号、中农7号、白头霜、吉杂2号等。选留无病种子，做到从无病棚、无病株上留种，采用冰冻滤纸法检验种子是否带菌。温汤浸种，55～60℃恒温浸种15分钟。覆盖地膜，采用滴灌等节水技术，轮作倒茬，重病田应与非瓜类作物进行轮作。加强栽培管理，尤其定植后至结瓜期控制浇水非常重要。保护地栽培，尽可能采用生态防治，尤其要注意温湿度管理，采用放风排湿，控制灌溉水等措施降低棚内湿度，减少叶面结露，抑制病菌萌发和侵入，白天控温28～30℃，夜间15℃，相对湿度低于90%。中温低湿棚平均温度21～25℃，控制大棚湿度高于90%不超过8小时，可减轻发病。加强检疫，严防该病传播蔓延。

2.药剂防治

用50%多菌灵可湿性粉剂500倍液浸种20分钟，洗净后催芽播种。用占种子重量0.4%的50%多菌灵可湿性粉剂，或40%福美双可湿性粉剂，或70%甲基硫菌灵可湿性粉剂拌种。发病时喷施70%甲基硫菌灵可湿性粉剂1000倍液，或50%腐霉利可湿性粉剂1000倍液，或50%异菌脲可湿性粉剂1000～1500倍液，或90%代森锰锌可湿性粉剂800～1000倍液，或80%多菌灵可湿性粉剂600倍液，或75%百菌清可湿性粉剂600倍液，或50%苯菌灵可湿性粉剂1500倍液，或25%恶醚唑乳油8000～10000倍液，或75%代森锰锌可湿性粉剂500～600倍液，或80%敌菌丹可湿性粉剂500倍液，或25%溴菌腈可湿性粉剂1000～2000倍液，每隔7～10天防治1次，连续防治3～4次。保护地在定植前10天，用硫黄粉2.3克/米^3，加锯末混合后分放数处，点燃后密闭棚室熏1夜。发病初期用45%百菌清烟剂200克/亩进行熏蒸。

七、黄瓜炭疽病

（一）症状

黄瓜炭疽病主要危害叶片和果实。幼苗至成株均可发病。幼苗期发病在子叶边缘处生半圆形病斑，呈褐色至红褐色，稍凹陷。茎蔓基

部黑褐色缢缩，幼苗倒伏。成株病叶上出现黄褐色、圆形、背面水浸状小斑点，逐渐扩大成近圆形红褐色病斑，中央颜色淡，边缘有黄色晕圈，后期病斑上有小黑点和橙红色胶状物，高湿时叶背呈水浸状，干枯后呈条状开裂穿孔。幼瓜染病现水渍状淡绿色圆形病斑，瓜畸形、脱落。瓜条发病出现暗褐色凹陷病斑，长圆形，稍凹陷，并溢出粉红色胶状物，后期开裂（图1-11）。茎和叶柄上病斑长圆形，稍凹陷，初呈水浸状，淡黄色逐

图 1-11　黄瓜炭疽病叶片症状

渐变成灰白色至深褐色，病斑扩展至茎、叶柄一周，可引起整个叶片和全株死亡。

（二）病原特征

该病病原菌为葫芦科刺盘孢（*Colletotrichum orbiculare* Arx.），属半知菌亚门真菌。分生孢子盘聚生，初期为埋生，红褐色，后突破表皮呈黑褐色，刚毛散生于分生孢子盘中，暗褐色，顶端色淡、略尖，基部膨大，长 90 ～ 120 微米，具 2 ～ 3 个横隔。分生孢子梗无色，圆筒状，单胞，大小为（20 ～ 25）微米 ×（2.5 ～ 3.0）微米，分生孢子长圆形，单胞，无色，大小为（14 ～ 20）微米 ×（5.0 ～ 6.0）微米。分生孢子萌发产生 1 ～ 2 根芽管，顶端生附着胞，附着胞暗色，近圆形、椭圆形至不整齐形，壁厚。病部的粉红色黏稠物是分生孢子团。病菌致死温度为 50 ～ 51℃，15 分钟可杀死病菌。

（三）病害发生规律及流行特点

病菌以菌丝体、拟菌核随病残体在土壤中越冬，种子也可带菌。病菌还可在温室、大棚木骨架上腐生存活。越冬后便产生大量的分生

孢子，成为初侵染源。在田间，分生孢子借风、雨、昆虫及农事操作进行传播。带菌的种子可以直接侵入子叶引起幼苗发病。孢子萌发的最适温度为 22～27℃，病菌生长的最适温度为 24℃，在高温高湿条件下，病菌自侵入到表现症状只需 3 天，相对湿度在 54% 以下，病害不能发生。早春塑料棚温度低，湿度高，叶面结有大量水珠，黄瓜吐水、叶面结露，发病的湿度条件经常处于满足状态，易流行。露地条件下发病不一，南方 5～6 月，北方 7～9 月，低温多雨条件下易发生，气温超过 30℃，相对湿度低于 60%，病势发展缓慢。此外，重茬、偏施氮肥、浇水过多、排水不良地块易发病。

（四）防治方法

1. 农业防治

选用抗病品种，如津研 4 号、保护地 1 号、保护地 2 号、旱黄瓜新组合 9206、早青 2 号、中农 1101、夏丰 1 号。此外，中农 5 号、夏青 2 号较耐病。采用无病种子，做到从无病瓜上留种，对生产用种以 50～51℃温水浸种 20 分钟，晾干后即可催芽、直播。实行 3 年以上轮作，对苗床应选用无病土进行苗床土壤消毒，减少初侵染源。施用堆肥、腐熟的有机肥，不用带菌肥料，施用的有机肥不能含有植物病残体。采用测土配方施肥技术，适当增施磷钾肥，加强田间管理，培育壮苗，增强植株抗病力，有利于减轻病害。高畦地膜覆盖可提高土温，降低棚内湿度，抑制子囊孢子释放，减少菌源。棚室上午以闷棚提温为主，下午及时放风排湿，发病后可适当提高夜温以减少结露，早春日均温控制在 29℃高温，相对湿度低于 54%，防止浇水过量。

2. 药剂防治

在发病初期喷施 50% 多菌灵可湿性粉剂 500 倍液，或 70% 甲基硫菌灵可湿性粉剂 1000 倍液，或 50% 混杀硫悬浮剂 500 倍液，或 80% 多菌灵可湿性粉剂 600 倍液，或 50% 苯菌灵可湿性粉剂 1500 倍液，或 25% 溴菌腈可湿性粉剂 500 倍液，或 40% 福美双可湿性粉剂 800 倍液，或 25% 三唑酮可湿性粉剂 1500 倍液，或 50% 异菌脲可湿性粉剂 1000～1500 倍液，或 25% 叶枯灵可湿性粉剂 750～1000 倍液，或 75% 百菌清可湿性粉剂 500～600 倍液，或 50% 多菌灵可湿性粉剂 600 倍液，或 1∶1∶200 波尔多液；也可喷施生物制剂，如 2%

抗霉菌素200倍液，隔7～10天1次，连续防治2～3次。保护地发病时用45%百菌清烟剂3.75千克/公顷，熏1夜，隔8～10天1次。

八、黄瓜黑斑病

（一）症状

图1-12　黄瓜黑斑病叶片症状

黄瓜黑斑病主要为害叶片，多从下而上发病，最后剩下顶端几片绿叶，病株似火烤状。初为褐绿色近圆形斑点，后为边缘清晰的圆形、近圆形病斑，中央灰白色，边缘淡黄色。其上可见病原菌的分生孢子梗和分生孢子。叶面病斑稍突起，表面粗糙，叶背病斑呈水渍状，湿度大时表面生有黑色的霉层，有时病斑扩展连成大病斑，严重时叶肉组织枯死，叶缘向上卷起，叶片焦枯，但不脱落（图1-12）。

（二）病原特征

该病病原菌为瓜链格孢菌［*Allernaria cucumerina* (Ell.et Ev.) Elliott］，属半知菌亚门真菌。分生孢子梗单生或束生，褐色，基部细胞稍大，不分枝，正直、稍弯曲，有1～7个隔膜，大小为（20～67.5）微米×（4～6）微米。分生孢子褐色，棒状，单生，有2～9个隔膜，大小为（57～87）微米×（18～21）微米。孢子致死温度为55℃10分钟。人工培养，分生孢子梗不典型，分生孢子可形成十几个孢子组成链，由于孢子内生，随培养时间的延长，产生的孢子越来越小，喙越来越短。该菌5～40℃均可萌发，25～32℃菌丝萌发率最高，菌丝生长最快。

（三）病害发生规律及流行特点

病原随病残体在土壤中、种子上越冬，成为初侵染源。病菌借气流、雨水传播，形成初侵染和再侵染。高温高湿是发病的重要条件，气温在5～40℃时均可发病，最适温度为25～30℃，适宜的相对湿度为85%以上。种子带菌是远距离传播的重要途径。该病的发生主要与黄瓜生育期、温湿度关系密切。土壤黏重、偏酸，多年重茬，田间病残体多，氮肥施用太多，生长过嫩，肥力不足，耕作粗放，杂草丛生的田块，植株抗性降低，发病重。地势低洼积水、排水不良、土壤潮湿、含水量大，易发病，高温、高湿、多雨有利于病害的发展流行。

（四）防治方法

1.农业防治

选用无病种瓜留种。用55℃恒温水浸种15分钟后，立即放入冷水中冷却然后播种。播种前、移栽前，清除田间及四周杂草，集中烧毁、沤肥。和非本科作物轮作，水旱轮作最好。育苗移栽，苗床床底撒施薄薄一层药土，播种后用药土覆盖，移栽前喷施一次除虫灭菌剂。土壤病菌多、地下害虫严重的田块，在播种前穴施、沟施灭菌杀虫的药土。棚室栽培的，采用放风排湿、控制灌水等措施降低棚内湿度，减少叶面结露，白天控温28～30℃，夜间15℃，相对湿度低于65%。避免在阴雨天气整枝，及时防治害虫，减少植株伤口，减少病菌传播途径，发病时及时防治，并清除病叶、病株，带出田外烧毁，病穴施药、生石灰。

2.药剂防治

用50%多菌灵浸种30分钟，或用占种子重量0.3%的50%福美双、50%异菌脲可湿性粉剂拌种。发病初期喷施50%异菌脲可湿性粉剂1000～1500倍液，或50%多菌灵可湿性粉剂800倍液，或70%甲基硫菌灵可湿性粉剂1000倍液，或75%百菌清可湿性粉剂600倍液，或70%丙森锌可湿性粉剂500～600倍液，或5%腐霉利可湿性粉剂1000倍液，或58%甲霜灵·锰锌可湿性粉剂600～800倍液，或43%戊唑醇水剂5000倍液。保护地在发病初期采用粉尘法、烟雾法，即于傍晚喷撒5%百菌清粉尘剂，每亩1千克或于傍晚点燃45%百菌清烟剂，每亩200～250克，隔7～9天1次，视病情连续、交替轮换使用。

九、黄瓜叶斑病

（一）症状

黄瓜叶斑病主要为害叶片。发病初期呈现大型水浸状斑，中部色较浅，后期逐渐干枯，四周具浅绿色水渍状晕环，病斑大小15～20毫

图1-13　黄瓜叶斑病叶片症状

米；后期病斑中间呈薄纸状，浅黄色，易破碎，病斑上可见数量不多、不大明显的小黑粒点，即病菌的分生孢子器。该病多发生在生长后期（图1-13）。

（二）病原特征

该病病原菌为葫芦科叶点霉（*Phyllosticta cucurbitacearum* Sacc.），属半知菌亚门真菌。分生孢子器球形，分生壁细胞明显，大小为（25～100）微米×（22.5～75）微米，具明显的孔口，直径5～17.5微米。孢子近球形、卵圆形至椭圆形，单胞，无色，大小为（4.0～6.25）微米×（2.5～4.5）微米。除为害黄瓜外，还可侵染南瓜、丝瓜、苦瓜等叶片。

（三）病害发生规律及流行特点

病菌以菌丝体、分生孢子器随病残体在土壤中越冬。次年春天，分生孢子借风雨传播，遇适宜条件分生孢子萌发，经气孔、从伤口侵入，进行初侵染和再侵染，致病情扩展。该菌喜高温高湿条件，发病适温25～28℃，相对湿度高于85%的棚室易发病，尤其是生长后期发病重。种植密度大，通风透光不好，发病重；氮肥施用太多，生长过嫩，抗性降低，易发病。种子带菌、肥料未充分腐熟、有机肥带菌、肥料中混有本科作物病残体的易发病。大棚栽培的，往往为了保温而不放风、排湿，引起湿度过大的易发病。

（四）防治方法

1.农业防治

选用无病种子，或用2年以上的种子播种。用50℃温水浸种20分钟后，催芽播种。实行与非瓜类蔬菜2年以上轮作。采用测土配方施肥技术，适当增施磷钾肥，加强田间管理，培育壮苗，增强植株抗病力，有利于减轻病害。高畦地膜覆盖可提高土温，降低棚内湿度，抑制子囊孢子释放，减少菌源。避免在阴雨天气整枝，及时防治害虫，减少植株伤口，减少病菌传播途径，发病时及时防治，并清除病叶、病株，带出田外烧毁，病穴施药、生石灰。

2.药剂防治

（1）种子灭菌　次氯酸钙300倍液浸种30分钟或用100万单位硫酸链霉素500倍液浸种2小时后，催芽播种。

（2）喷施用药　发病初期喷施64%恶霜·锰锌悬浮剂600～700倍液，或77%氢氧化铜悬浮剂800倍液，或14%络氨铜水剂300倍液，或75%百菌清可湿性粉剂500倍液，或95%丙环唑可湿性粉剂1000～1500倍液，或霜脲·锰锌可湿性粉剂800～1000倍液，或50%异菌脲可湿性粉剂1000～1500倍液，或50%多菌灵可湿性粉剂800倍液。每10天左右喷1次，交替喷施，前密后疏，连续防治2～3次。

（3）保护地用药　于傍晚喷撒5%百菌清粉尘剂，每亩1千克；或于傍晚点燃45%百菌清烟剂，每亩每次200～250克。隔7～9天1次，视病情连续、交替轮换使用。

十、黄瓜红粉病

（一）症状

黄瓜红粉病是近年塑料大棚、温室黄瓜等瓜类作物生产中新发生病害之一，主要危害叶片，发病率已呈逐年上升趋势。主要发生在黄瓜生育中后期，黄瓜长至15～20片真叶时开始发病。主要危害叶片，由下向上发生，在叶片上产生圆形、椭圆形或不规则形状的浅黄褐色病斑，病健交界处界限明显，病斑直径2～50毫米，病斑处变薄，后期容易破裂。从单株发病情况看，下部叶片病斑大，呈椭圆形、不规则形，病斑边缘呈浅黄褐色，中部灰白色，易破裂，常两个、几个病斑连在一起；中部叶片病斑较小，病斑数量较多，病斑呈圆形、椭圆形，浅黄褐色；上部叶片病斑呈圆形（图1-14）。在高湿条件下，病斑部出现浅橙色霉状物。发生严重时，可造成叶片大量枯死，引起化瓜。病斑上不产生黑色小颗粒，可与炭疽病和蔓枯病相区别。

（二）病原特征

该病病原菌为粉红单端孢［*Trichoth-*

图1-14　黄瓜红粉病叶片症状

ecium roseum (Bull.) Link]，属半知菌亚门真菌。菌落初为白色，后渐变粉红色。分生孢子梗直立不分枝，无色，顶端有时稍大，大小为（162.5～200）微米×（2.5～4.5）微米。分生孢子顶生，单独形成，多可聚集成头状，呈浅橙红色，分生孢子倒洋梨形，无色、半透明，成熟时具1隔膜，隔膜处略缢缩，大小为（15～28）微米×（8～15.5）微米。在 PDA 培养基上培养，初期无色，绒毛状、粉状，后转为淡红色。25℃下培养4天菌落直径可达5厘米，形成粉状扁平菌落，起初是白色，孢子成熟后呈粉白色到粉红色，背面白色。

（三）病害发生规律及流行特点

病原菌以菌丝、孢子在病株、腐烂组织和土壤中越冬存活，成为次年的侵染源。病原菌除通过土壤、农具传播，还可通过气流或灌溉传播，并可多次重复侵染。菌丝体通过皮孔或伤口侵入寄主体内，引起危害。高温有利于病原菌繁殖，在 20～31℃条件下，菌丝可良好生长，较高或较低温度不利于菌丝生长。保护地内湿度较大、过分密植、光照不足有利于该病发生，多发生于2～4月。露地瓜类在多雨高温季节也可发生病害。

（四）防治方法

1.农业防治

黄瓜种子用常温水浸泡15分钟后转入55～60℃热水中浸泡10～15分钟，并不断搅拌，然后让水温降至30℃，继续浸泡3～4小时，捞起沥干，25～28℃催芽，经1.5～2天，胚根初露即可播种。在越冬茬瓜苗床上也可发生红粉病，因此应与十字花科等蔬菜轮作，以减少初侵染源。保护地应加强温湿度管理，适时通风换气，适当控水排湿。合理密植，及时清理病老株叶，增加株间的通透性。适时追肥，提高植株抗病性。灌水、施肥均在畦上膜下暗灌沟内进行，能有效降低棚内空气湿度，抑制病害发生。发病的温室、大棚，收获后应集中烧毁病株。夏季可以采用太阳能日光消毒的方法，密闭数日，可杀死残存病菌。

2.药剂防治

发病初期喷施70%代森锰锌可湿性粉剂600倍液，或50%多菌灵可湿性粉剂600倍液，或64%恶霜·锰锌可湿性粉剂500倍液，或

70% 甲基硫菌灵可湿性粉剂 500 ～ 600 倍液，或 58% 甲霜·锰锌可湿性粉剂 500 倍液，或 80% 福美双可湿性粉剂 800 倍液，或 50% 苯菌灵可湿性粉剂 1500 倍液，隔 7 天喷 1 次，连喷 3 次。采收前 3 天停止用药。

十一、黄瓜褐斑病

（一）症状

黄瓜褐斑病主要为害叶片，发病初期病斑为黄褐色小点，直径约 1 毫米左右。当病斑直径扩展至 1.5 ～ 2 毫米时，叶片正面病斑略凹陷，病斑近圆形，稍不规则，外围颜色稍深，黄褐色，中部颜色稍浅，淡黄色，叶背病部稍隆起，似膏药状，黄白色。当病斑扩展至 3 ～ 4 毫米时，多为圆形，少数为多角形、不规则形状，叶正面病斑粗糙不平，隐约有轮纹，病斑整体褐色，中央灰白色、半透明，叶背病部生大量黑色霉层，正面霉层较少。条件适宜时，病斑扩展迅速，边缘水渍状，失水后呈青灰色。后期病斑直径可达 10 ～ 15 毫米，圆形、不规则形，对光观察叶脉色深，网状更加明显，病斑中央有一明显的眼状靶心，严重时多个病斑连片，呈不规则状（图 1-15）。发病严重时，病斑面积可达叶片面积的 95% 以上，叶片干枯死亡。重病株中下部叶片相继枯死，造成提早拉秧。

图 1-15　黄瓜褐斑病叶片症状

（二）病原特征

该病病原菌为山扁豆生棒孢菌 [*Coryaespora cassiicola* (Berk.&Curt.) Wei.]，属半知菌亚门、丝孢目真菌。病菌子实体多生于叶面，分生孢子梗多单生，细长，不分枝，具 1 ～ 7 个隔膜，浅褐至黄褐色，大小为（90 ～ 430）微米 ×（5.5 ～ 9.5）微米。分生孢子顶生，倒棍棒形至圆筒形，基部膨大，顶端钝圆，直立、弯曲，壁厚，有隔膜 0 ～ 20 个，浅黄褐色，大小为（19 ～ 264）微米 ×（8 ～ 23）微米。孢子致死温度为 55℃，10 分钟可将其杀死。

（三）病害发生规律及流行特点

病菌以分生孢子丛、菌丝体随病残体在土中越冬，病菌还可以厚垣孢子和菌核越冬。条件适宜时产生分生孢子借气流、雨水飞溅传播，进行初侵染，发病后形成新的分生孢子进行重复侵染。温暖、高湿有利于发病。发病温度 20 ～ 30℃，相对湿度 90% 以上。温度 25 ～ 27℃和湿度饱和时，病害发生较重。黄瓜生长中后期高温高湿、阴雨天较多、长时间闷棚、昼夜温差很大等均有利于发病。该病以保护地受害严重。春季保护地一般在 3 月中旬开始发病，4 月上中旬后病情迅速扩展，至 5 月中旬达发病高峰。

（四）防治方法

1.农业防治

引进、利用抗病品种，如津春 3 号。与非瓜类作物实行 2 ～ 3 年以上轮作。彻底清除病残株，减少初侵染源。搞好棚内温湿度管理，注意放风排湿，改善通风透气性能。施用酵素菌沤制的堆肥、腐熟的有机肥，不用带菌肥料，施用的有机肥不得含有植物病残体。棚室栽培的，采用放风排湿、控制灌水等措施降低棚内湿度，减少叶面结露，白天控温 28 ～ 30℃，夜间 15℃，相对湿度低于 65%。

温汤浸种。种子用常温水浸种 15 分钟后，转入 55 ～ 60℃热水中浸种 10 ～ 15 分钟，并不断搅拌，然后让水温降至 30℃，继续浸种 3 ～ 4 小时，捞起沥干后置于 25 ～ 28℃催芽，可有效消除种内病菌。用温汤浸种最好结合药液浸种，杀菌效果更好。

2.药剂防治

（1）种子灭菌 用 50% 多菌灵可湿性粉剂 500 倍液浸种 20 分钟，洗净后催芽播种。用占种子重量 0.4% 的 50% 多菌灵可湿性粉剂，或 40% 福美双可湿性粉剂，或 70% 甲基硫菌灵可湿性粉剂拌种。

（2）发病时喷施 5% 百菌清可湿性粉剂 800 倍液，或 50% 多菌灵可湿性粉剂 500 倍液，或 50% 苯菌灵可湿性粉剂 1500 倍液，或 50% 异菌脲可湿性粉剂 1000 ～ 1500 倍液，或 25% 异菌脲悬浮剂 1000 ～ 1500 倍液，或 50% 敌菌灵可湿性粉剂 500 倍液，或 50% 乙烯菌核利可湿性粉剂 1000 倍液，或 41% 乙蒜素乳油 2000 倍液，或 65% 甲硫·霉灵可湿性粉剂 600 倍液，或 40% 氟硅唑 8000 倍液，或 6% 氯苯嘧啶醇可湿性粉剂 1500 倍液，或 70% 甲基硫菌灵可湿性粉剂 600 倍液，或 80% 代森锰锌可湿性粉剂 600 倍液，隔 7 ～ 10 天喷 1 次药，连续防治 3 ～ 4 次。

（3）药土 50% 多菌灵可湿性粉剂，或 70% 甲基硫菌灵可湿性粉剂，或 50% 腐霉利可湿性粉剂、50% 异菌脲可湿性粉剂 1 份＋适量杀虫剂 +50 份干细土（苗床床底撒施薄薄一层药土，播种后用药土作种子的覆盖土）。

（4）保护地 在定植前 10 天，用硫黄粉 2.3 克 / 米³，加锯末混合后分放数处，点燃后密闭棚室熏蒸 1 夜。发病初期用 45% 百菌清烟剂 200 克 / 亩，或 6.5% 噁霉灵粉尘剂 15 千克 / 公顷喷粉。

十二、黄瓜白绢病

（一）症状

黄瓜白绢病主要为害近地面的茎基部、果实。茎部染病，初为暗褐色，其上长出白色绢丝状菌丝体，多呈辐射状，边缘明显。后期病部生出许多茶褐色，萝卜籽样小菌核。湿度大时，菌丝扩展到根部四周、果实靠近的地表，并产生菌核，植株基部腐烂后，致地上部茎叶萎蔫、枯死（图 1-16）。

图 1-16 黄瓜白绢病病瓜症状

（二）病原特征

病原物的无性态为齐整小核菌（*Sclerotium rolfsii* Sacc.），属半知菌亚门真菌；有性态为罗氏阿太菌 [*Athelia rolfsii* (Curzi) Tu & Kimbrough.]，属担子菌亚门多孔菌目，自然条件下很少产生。在生活史中主要靠无性世代产生两种截然不同的营养菌丝和菌核。生育期中产生的营养菌丝白色，直径 5.5 ～ 8.5 微米，菌丝每节具两个细胞核，在产生菌核之前可产生较纤细的白色菌丝，直径 3.0 ～ 5.0 微米，细胞壁薄，有隔膜，常 3 ～ 12 条平行排列成束。白绢病菌分为两大类：A 型，菌丝生长较疏，在培养皿边缘处产生较宽的环状菌核带与较多的菌核。R 型，菌丝生长较厚实，在培养皿边缘处产生较少的菌核。成熟的菌核外皮含可抵抗恶劣环境的黑色素。白绢病菌以菌核存在于土壤中 2.5 厘米处，2.5 厘米以下发芽率明显减少，在土中 7 厘米处几乎不发芽。病菌生长温度 28 ~ 32℃，最适 25 ~ 35℃，30℃受害最重，28℃以下、32℃以上皆不利于菌丝生长。相对湿度 100% 是菌丝最佳生长条件。菌核可在含有葡萄糖、果糖、麦芽糖及蔗糖的培养基中发芽生长。

（三）病害发生规律及流行特点

病菌以菌核混杂在种子、土壤中越冬，次年春天长出菌丝从根茎部侵入，当气候条件适宜时，菌丝开始生长侵入根茎部，菌丝呈放射状扩展缠绕根茎部、产生黄褐色至黑褐色菌核。菌核在土中可存活 5 ~ 6 年，随土壤环境变化而决定繁殖、休眠。该菌腐生力强，在土壤中可占据未腐熟的有机质，菌丝快速生长并形成大量菌核。该菌在高温多湿条件下易发生，菌核萌发方式有两种：一是爆发式发芽；二是菌丝式发芽。菌核在田间和培养基上爆发式发芽最适温度为 20℃，低于、高于此温度发芽率明显下降。白绢病菌在土温 20 ~ 40℃均可为害，最适温度为 25 ~ 35℃，其中 30℃为最重。土壤湿度与菌核萌发有关，土壤含水量在 20% 时，病菌腐生力最高，并随含水量增加而降低，当土壤含水量由 30% 慢慢降至 15% 时被害最重。

（四）防治方法

1.农业防治

每亩施用消石灰 100 ~ 150 千克，调节土壤酸碱度，以调节到中性为宜，大量施用充分腐熟有机肥。发现病株，要及时拔除，集中销毁。

2.生物防治

发病时撒施生物菌土，利用木霉菌防治白绢病。用培养好的木霉（*Trichoderma harzianum*，又称哈茨木霉）0.4 ~ 0.45 千克加 50 千克细土，混匀后撒覆在病株基部，每亩 1 千克，能有效地控制病害发展。隔 7 ~ 10 天 1 次，防治 1 ~ 2 次。

3.药剂防治

发病初期喷施 75% 百菌清可湿性粉剂 600 倍液，或 70% 甲基硫菌灵可湿性粉剂 1000 倍液，或 70% 代森锰锌可湿性粉剂 1000 倍液，或 40% 多硫悬浮剂 500 倍液，或 50% 苯甲·福美双 800 倍液，或 50% 苯菌灵可湿性粉剂 1500 倍液，或 20% 甲基立枯磷乳油 1000 倍液，采收前 7 天停止用药。用 40% 五氯硝基苯可湿性粉剂，或 15% 三唑酮可湿性粉剂，或 50% 甲基立枯磷可湿性粉剂 1 份，兑细土 100 ～ 200 份，发病时撒施于病部根茎处，隔 7 ～ 10 天 1 次，防治 1 ～ 2 次。

十三、黄瓜花腐病

（一）症状

黄瓜花腐病从花蒂部侵染，向上蔓延到幼瓜。发病初期，黄瓜花呈褐色腐烂状，幼瓜的瓜顶部分呈水浸状，其表面可见稀疏白色毛状物，毛状物中间可见黑色头点状物。空气干燥时，病瓜外部变褐色。此病症状往往易与黄瓜灰霉病、黄瓜菌核病相混淆。

（二）病原特征

该病病原菌为瓜笄霉 [*Choanephora cucurbitarum* (Berk. Et Rav.) Thaxt.]，属接合菌亚门真菌。分生孢子梗不分枝直立在寄主病部表面上，长 3 ～ 6 毫米，无色、无隔，端部宽，基部渐狭，长 29.86 微米，顶端产生头状膨大的泡囊，其上又生小枝，小枝末端又膨大为小泡囊，后又生小梗，顶端生出孢子，分生孢子单胞、柠檬状、梭形、褐色、棕褐色，表面具纵纹，大小为（12.5 ～ 21.3）微米 ×（8.8 ～ 12.5）微米。

（三）病害发生规律及流行特点

病原主要以菌丝体随病残体产生接合孢子留在土壤中越冬。春天侵染黄瓜的花和幼瓜，发病后病部长出大量孢子，借风雨、昆虫传播。从伤口侵入生活力衰弱的花和果实。棚室栽培的黄瓜，遇有高温高湿及生活力衰弱、低温、高湿条件，日照不足，雨后积水，伤口多，则易发病。

（四）防治方法

1.农业防治

选择高燥地块，施足酵素菌沤制的堆肥、有机肥，加强田间管理，增强抗病力。与非瓜类作物实行 3 年以上轮作。采用高畦栽培，合理密植。注意通风排湿。严禁大水漫灌。坐果后及时摘除残花病瓜，集中深埋或烧毁。白天温度控制在 23 ～ 28℃，相对湿度控制在 60% ～ 75%。夜间温度控制在 13 ～ 15℃，相对湿度控制在 80% ～ 95%。坐果后及时摘除残花病瓜，集中深埋、烧毁。

2.药剂防治

开花至幼果期开始喷洒 64% 恶霜·锰锌可湿性粉剂 400 ～ 500 倍液，或 50% 苯菌灵可湿性粉剂 1500 倍液，或 75% 百菌清可湿性粉剂 600 倍液，或 58% 甲霜灵可湿性粉剂 500 倍液，或 70% 代森锰锌可湿性粉剂 1000 倍液，隔 10 天左右 1 次，防治 2 ～ 3 次。采收前 3 天停止用药。

十四、黄瓜细菌性角斑病

（一）症状

黄瓜细菌性角斑病主要为害叶片，也为害茎、叶柄、卷须、果实等。叶片受害，先是叶片上出现水浸状的小病斑，病斑扩大后因受叶脉限制而呈多角形，黄褐色，带油光，叶背面无黑霉层，后期病斑中央组织干枯脱落形成穿孔。果实和茎上病斑初期呈水浸状，湿度大时可见乳白色菌脓。果实上病斑可向内扩展，沿维管束的果肉逐渐变色，果实软腐有异味。卷须受害，严重时病部腐烂折断。而霜霉病，受害叶片湿度大时，叶背面可见到黑色霉层，病斑不穿孔，无菌脓，发病后期变成黄褐色，空气干燥时迅速干枯，并向上卷（图 1-17）。细菌性角斑病与霜霉病的主要区别有：

图 1-17　黄瓜细菌性角斑病叶片症状

① 病斑形状、大小　细菌性角斑病的叶部症状是病斑较小，而且棱角不像霜霉病那样明显，有时还呈不规则形。霜霉病的叶部症状是形成较大的、棱角明显的多角形病斑，后期病斑会连成一片。

② 叶背面病斑特征　将病叶采回，用保温法培养病菌，24小时后观察。病斑为水渍状，产生乳白色菌脓（细菌病征）者，为细菌性角斑病；病斑长出紫灰色或黑色霉层者为霜霉病。湿度大的棚室，清晨观察叶片，就能区分。

③ 病斑颜色　细菌性角斑病变白、干枯，脱落为止。霜霉病病斑末期变深褐色、干枯。

④ 病叶对光的透视度　有透光感觉的是细菌性角斑病；无透光感觉的是霜霉病。

⑤ 穿孔　细菌性角斑病病斑后期易开裂形成穿孔，霜霉病的病斑不穿孔。

（二）病原特征

该病病原菌为丁香假单胞杆菌黄瓜角斑病致病型［*Pseudomonas syringae* pv. *lachrymans* (Smith et Bryan) Young, Dye & Wilkie］，属细菌。菌体短杆状，端生 1～5 根鞭毛，链状连接，大小为（0.7～0.9）微米×（1.4～2）微米。革兰氏染色阴性。在金氏 B 平板培养基上，菌落白色，近圆形或略呈不规则形，扁平，污白色，有同心环纹，菌落直径 5～7 毫米，外缘有放射状细毛状物，具黄绿色荧光。该菌属于好气性菌，但不耐酸性环境，在 pH6.8～7.0 的环境中发育良好。生长适温 24～28℃，最高 39℃，最低 4℃，48～50℃经 10 分钟致死。

（三）病害发生规律及流行特点

病原在种子内或随病残体存留在土壤中越冬，成为第 2 年初侵染源。病菌侵染黄瓜后，在适宜条件下发病并产生菌脓。菌脓随雨水、灌溉水及大棚膜水珠下落、结露和叶缘吐水滴落，飞溅蔓延，进行多次重复再侵染。病菌从气孔、水孔及自然伤口侵入。苗期至成株期均可受害。角斑病在 10～30℃均可发生，适宜温度为 24～28℃，大棚高湿有利于发病。昼夜温差大、结露重且持续时间长，发病重。低洼地、重茬地发病也重。

（四）防治方法

1.农业防治

选用耐病品种，如津春 1 号、津研 4 号、中农 11 号、中农 13 号、新泰密刺等抗病品种。从无病瓜上选留种，无病土育苗。施足基肥，生长期及收获后清除病叶，及时深埋。用 70℃恒温干热灭菌 72 小时。50℃温水浸种 20 分钟，捞出晾干后催芽播种。与非瓜类作物实行 2 年以上轮作。大棚内覆盖地膜，有条件的可使用滴灌。深沟高畦栽培，降低田间湿度，及时调节棚内温湿度。浇水一定要在晴天上午进行，浇水后及时放风排湿，阴雨天不浇水。当外界夜温不低于 15℃时，昼夜放风。大棚撤膜前，一定要炼苗 1 周左右，让黄瓜逐渐适应外部环境。

2.药剂防治

用次氯酸钙 300 倍液浸种 30 ～ 60 分钟，或 40% 福尔马林 150 倍液浸 1.5 小时，或 100 万单位硫酸链霉素 500 倍液浸种 2 小时，冲洗干净后催芽播种。棚室栽培喷撒 5% 百菌清粉剂 15 千克 / 公顷。发病初期喷 72% 霜脲·锰锌可湿性粉剂 600 ～ 750 倍液，或 14% 络氨铜水剂 600 倍液，或 2% 春雷霉素水剂 600 倍液，或 72% 农用链霉素可湿性粉剂 4000 倍液，或 2% 水剂抗霉菌素 120 200 倍液，或 50% 代森铵水溶液 800 ～ 1000 倍液叶面喷雾，每隔 7 天喷 1 次，连续 4 ～ 6 次。

十五、黄瓜猝倒病

（一）症状

图 1-18　黄瓜猝倒病

种子萌芽后至幼苗未出土前受害，造成烂种、烂芽。出土幼苗受害，茎基部呈现水渍状黄色病斑，后为黄褐色，缢缩呈线状，倒伏，幼苗一拨就断，病害发展很快，子叶尚未凋萎，幼苗即突然猝倒死亡。湿度大时在病部及其周围的土面长出一层白色棉絮状物（图 1-18）。生长后期瓜条受害，瓜面出现水渍状大斑，严重时瓜腐烂，表面长出一层白色絮状物。

（二）病原特征

该病病原菌为瓜果腐霉菌［*Pythium aphani dermatum* (Eds) Fitzp.］，属鞭毛菌亚门真菌。该菌在 PDA 和 PCA 培养基上产生旺盛的絮状气生菌丝，孢子囊呈菌丝状膨大，分枝不规则。藏卵器光滑、球形，顶生，大小为 18.1～22.7 微米。藏卵器柄弯向雄器，每个藏卵器具 1 个雄器。雄器多为同丝生，偶异丝生，柄直、顶生、间生，亚球形至桶形，大小为 14.1 微米×11.5 微米。卵孢子不满器，大小为 15.5～20 微米。菌丝生长适温 30℃，最高 40℃，最低 10℃，15～30℃条件下均可产生游动孢子。

（三）病害发生规律及流行特点

病菌以卵孢子在 12～18 厘米表土层越冬，并在土中长期存活。春季，遇到有适宜条件萌发产生孢子囊。静止孢子产生芽管伸向根伸长区，芽管接触侵染点以后不产生附着胞和侵染钉，而是直接穿透根表皮细胞、切口，菌丝体进入根部后在根内迅速扩展，有的从根内向外扩展，在根组织里的菌丝体沿根轴上下伸长，产生的分枝继续蔓延，并在根组织里形成藏卵器和雄器，以后根际周围又出现游动孢子，48 小时后在根的组织里产生卵孢子。卵孢子也可在茎细胞内大量形成，菌丝体在茎内由一个细胞扩散到相邻的细胞，再继续生长。种子带菌、营养土带菌、农家肥带菌或农家肥未充分腐熟易发病；苗床地势低洼积水、营养钵浇水过多，致使营养土成泥糊状，种芽、种根不透气易发病。长期低温阴雨、光照不足、棚内湿度过高，3～5 天后可出现零星猝倒，低温期延长，可呈慢性成片猝倒；而在高温、高湿、营养土氮肥过高的情况下，24 小时即可发病，呈急性成片猝倒。

（四）防治方法

1.农业防治

选择地势高、地下水位低、排水良好的地做苗床，选用无病的新土、塘土、稻田土，播前 1 次灌足底水，出苗后尽量不浇水，必须浇水时一定选择晴天，不宜大水漫灌。严格选择营养土，不用带菌的旧苗床土、菜园土、庭院土。采用快速育苗，避免低温、高湿的环境条件出现。果实发病重的地区，要采用高畦，防止雨后积水。黄瓜定植后，前期宜少浇水，多中耕，注意及时插架，以减轻发病。

2.生物防治

木霉菌剂药效持久稳定，无残留，对人畜和生态环境无害，是发展生态绿色农业较理想的生物菌剂，具有很好的推广和应用价值。育苗使用，首先把木霉菌剂用米糠稀释 100 倍，搅拌均匀。然后按 $20 \sim 30$ 克/米^2 的量与黄瓜种子散撒在苗圃床上，再在上面盖上 $3 \sim 4$ 厘米的浮土。秧苗移栽时使用，在秧苗移栽时，每穴坑中放入 $2 \sim 3$ 克木霉菌剂再栽入秧苗，培好土即可。

3.药剂防治

播种前 15 天翻松床土，喷 40% 的福尔马林，用原液 30 毫升/米^2，加水 $2 \sim 4$ 升，喷液后覆盖薄膜 $4 \sim 5$ 天后揭开，耙松放气。用 50% 多菌灵可湿性粉剂 500 克或 40% 五氯硝基苯可湿性粉剂 300 克加细土 100 千克制成药土，播种后覆盖 1 厘米厚。幼苗发病初期喷 72.2% 霜霉威盐酸盐水剂 400 倍液，或 64% 恶霜·锰锌可湿性粉剂 500 倍液，或 70% 敌磺钠 800 倍液，或 25% 甲霜灵可湿性粉剂 $600 \sim 800$ 倍液，或 58% 瑞毒锰锌 600 倍液可湿性粉剂，或 50% 多菌灵可湿性粉剂 500 倍液，每隔 $7 \sim 10$ 天喷 1 次。

十六、黄瓜青枯病

（一）症状

黄瓜细菌性萎蔫病在嫁接黄瓜上发病快，自根栽培的发病较慢，苗期、成株期均可发病，开花结瓜期发病重。发病初期叶片上出现

暗绿色水渍状病斑，茎部受害处变细，两端呈水渍状，病部以上的蔓和枝杈及叶片首先出现萎蔫，中午明显。病情逐渐发展，收缩茎蔓向上扩展，叶片向上渐次萎蔫，似缺水状，$3 \sim 5$ 天后整株青枯死亡，根茎外表症状不明显。剖开茎蔓，用手捏挤，从维管束的横断面上溢出白色菌脓，用干净火柴棍、小刀刀尖沾上菌脓轻轻拉开，可把菌脓拉成丝状（图 1-19）。导管一般不变色，根部也未见腐烂，有别于镰

图 1-19 黄瓜青枯病田间症状

刀菌引起的枯萎病。

（二）病原特征

该病病原菌为嗜维管束欧文氏菌、黄瓜萎蔫欧文氏菌［*Erwinia amylovora* var. *tracheiphila* (Smith) Dye］，属细菌。菌体杆状，单生、双生，不成链状，大小（1.2～2.5）微米×（0.5～0.7）微米。具荚膜，无芽孢，周生4～8根鞭毛，革兰氏染色阴性，好气性、兼性嫌气性。在肉汁胨琼脂平面培养基上，菌落圆形白色，光滑具光泽，在肉汁胨液中呈轻雾状，无菌环及菌膜，不能分解果胶，也不能液化明胶，能产生氨和硫化氢，不能还原硝酸盐，不产生吲哚。不能在5%食盐溶液中生长发育。最适生长温度25～30℃，最高34～35℃，36℃不生长，最低8℃。

（三）病害发生规律及流行特点

黄瓜青枯病是系统性侵染的维管束病害，病菌由黄瓜甲虫传播。黄瓜细菌性枯萎病过去国内未见报道，近年浙江丽水地区、吉林长春已见发病。温湿度是影响此病发生的重要因素。低温高湿的环境，病害易发生。持续阴天，雨雪天气较多，造成棚内温度极低，加之光照少，通风换气不良，棚内湿度过大，相对湿度在85%以上，这种条件下，大棚发病率多在30%～45%，甚至毁棚。一些保温性能好的、有加热设施的大棚发病轻。黄瓜开花结瓜前发病率为11.2%，而开花结瓜期病株率为24.6%，病株死亡率为100%，有的大棚全部枯死，甚者刚好采瓜，不得不拉秧改种，对黄瓜产量及品质影响极大。在自然条件下，自根栽培的黄瓜未见发生此病，而嫁接栽培的黄瓜均有发生。种子带菌，引起黄瓜发病，病残体带菌遗留在土壤中越冬，病菌从水孔、伤口侵入，引起黄瓜发病。

（四）防治方法

1.农业防治

实施轮作，与非瓜类蔬菜实行2年以上轮作。45℃恒温水浸种15分钟捞出后移入冷水中冷却，催芽播种。生长期和收获后清除病叶，及时深埋。雨天及时排水，浇水要少浇、勤浇，防止大水漫灌。增施有机肥，减少化肥施用量。在开花结果盛期增施钾肥，可以在叶面喷施 0.2% 磷酸二氢钾等，以提高植株抗病能力。重点防治黄瓜条叶甲、黄瓜十二星叶甲，防止传播病菌。

2. 生物防治

发生黄瓜条叶甲、黄瓜十二星叶甲时喷施：0.3% 苦参碱水剂 800 ～ 1000 倍液，或 2.5% 鱼藤酮乳油 1000 倍液，或 0.6% 氧苦·内酯水剂 1000 倍液，或 1% 蛇床子素水乳剂 400 倍液，或 0.3% 印楝素乳油 600 ～ 1000 倍液，或 0.5% 藜芦碱醇溶液 800 ～ 1000 倍液，或 25% 杀虫双水剂 500 ～ 600 倍液，或 10% 高渗烟碱水剂 1000 倍液，或 15% 蓖麻油酸烟碱乳油 800 ～ 1000 倍液，或 0.65% 茼蒿素水剂 400 ～ 500 倍液，或 3.2% 烟碱川楝素水剂 200 ～ 300 倍液防治地上、地下害虫。

3. 药剂防治

用次氯酸钙 300 倍液浸种 30 ～ 60 分钟，或用 40% 福尔马林 150 倍液浸种 1.5 小时，或用 100 万单位硫酸链霉素 500 倍液浸种 2 小时，然后冲洗干净，催芽播种。用 50% 多菌灵可湿性粉剂，或 75% 五氯硝基苯可湿性粉剂 30 ～ 60 千克 / 公顷，与细土混合后，均匀施入土壤，大田消毒。发病初期喷 14% 络氨铜水剂 300 ～ 400 倍液，或 72% 农用链霉素 4000 倍液，或 78% 硝基腐殖酸铜可湿性粉剂 600 倍液，每隔 7 ～ 10 天喷 1 次，连续 3 ～ 4 次。用 60% 琥·乙膦铝 500 倍液，或 72% 农用链霉素可湿性粉剂 4000 倍液，或 77% 氢氧化铜可湿性粉剂 500 倍液灌根，每隔 10 天灌根 1 次，连续 2 ～ 3 次。

十七、黄瓜枯萎病

（一）症状

黄瓜枯萎病自幼苗至果实成熟期都可发病。幼苗受害早时，不能出土，即在土中腐烂，出土后不久顶端出现失水状，叶色变浅，子叶萎蔫下垂，茎基部变褐收缩，病苗枯死。剖开可见维管束变褐色（图 1-20，图 1-21）。成株期发病，初期通常从下部叶发展，同一张叶片由顶部向基部枯萎。病势发展缓慢时，萎蔫不显著，瓜蔓生长衰弱、矮化，中午萎蔫，早晚可恢复，3 ～ 6 天后，全株叶片枯萎，死亡。环境条件有利于病害发生时，病势发展急剧，常有"半边枯"现象出现，或叶和蔓茎可突然由下而上全部萎蔫，表皮多纵裂，常有树脂状胶质溢出，皮层腐烂与木质部剥离，根部腐烂易拔起，在潮湿

图1-20　发病植株维管束变褐　　　图1-21　黄瓜枯萎病症状

条件下，病部表面可产生白色、粉红色霉层。

（二）病原特征

该病病原菌为尖镰孢菌黄瓜专化型［*Fusarium oxysporum* (Schl.) f. sp. *cucumerirtum* Owen.］，属半知菌亚门真菌。瓜蔓上大型分生孢子梭形、镰刀形，无色透明，两端渐尖，顶细胞圆锥形，有时微呈钩状，基部倒圆锥截形，有足细胞，具横隔1～3个。大小：一个隔膜的（12.5～32.5）微米×（3.75～6.25）微米，两个隔膜的（21.25～32.5）微米×（5.0～7.5）微米，三个隔膜的（27.5～45.0）微米×（5.5～10.0）微米。小型分生孢子多生于气生菌丝中，椭圆形至近梭形、卵形，无色透明，大小为（7.5～20.0）微米×（2.5～5.0）微米。在PDA培养基上气生菌丝呈绒毛状，淡青莲色，基物表面深牵牛紫色，培养基不变色。在米饭培养基上菌丝绒毛状，银白色。

（三）病害发生规律及流行特点

病原以菌丝体、厚垣孢子、菌核在种子中和土壤中越冬，成为初侵染源。播种带菌的种子，苗期即发病。病菌从根部伤口、根毛顶端细胞间侵入，后进入维管束，发育繁殖堵塞导管。病菌产生毒素，引起植株中毒，失去输导作用，引起萎蔫。地上部的重复侵染主要通过整枝、绑蔓引起的伤口侵入。土温在8～34℃时病菌均可生长。当土温在24～28℃、土壤含水量大、空气相对湿度高时，发病最快。土温低，潜育期长。空气相对湿度90%以上易发病。病菌发育和侵染适温24～25℃，最高34℃，最低4℃；土温15℃潜育期 15 天，20℃潜育期 9 ～ 10 天，25 ～ 30℃潜育期 4 ～ 6 天，适宜 pH4.5 ～ 6。秧苗老化，连作地，有机肥不腐熟，土壤过分干旱、排水不良，土壤偏酸，是发病的主要条件。

（四）防治方法

1.农业防治

选用抗病品种，较抗病的品种有长春密刺、津研 6 号、津研 7 号、津春 4 号、津春 5 号、津优 3 号、津优 10 号、津优 20 号、津优 30 号、中农 8 号、中农 9 号、中农 12 号、甘丰 11 号、吉选 2 号、春光 2 号、津杂 2 号、津杂 3 号、津杂 4 号、津早 3 号、西农 58 号、郑黄 2 号、鲁黄 1 号、早丰等。用 55℃的温水浸种 10 分钟。育苗时，对苗床土进行硝化处理，或换上无菌新土，培育无病壮苗。与禾本科作物轮作，可以减少田间含菌量。施入的有机肥要充分腐熟。在结瓜后，要适当增加浇水的次数和浇水量，但切忌大水漫灌。在夏季的中午前后不要浇水。多中耕，可以提高土壤的透气性，使植株根系苗壮，以提高抗病能力，但要注意减少伤口。采用嫁接防病，选用云南黑籽南瓜作砧木，山东小白皮西葫芦、早青一代西葫芦作接穗。

2.药剂防治

用 50% 多菌灵 500 倍液浸种 1 分钟。苗床用 50% 多菌灵可湿性粉剂 8 克 / 米^2 处理畦面。用 50% 多菌灵可湿性粉剂 60 千克 / 公顷，混入细干土，拌匀后施于定植穴内。用 30% 噁霉灵水剂 600 ～ 800 倍液在播种时喷淋 1 次，播种后 10 ～ 15 天再喷淋 1 次，本田灌根 2 次，在移栽时灌根 1 次，15 天后再灌根 1 次。发病初期用 50% 多菌灵可湿性粉剂 500 倍液，或 50% 苯菌灵可湿性粉剂 1500 倍液，或 50% 甲基硫菌灵可湿性粉剂 400 倍液，或 20% 甲基立枯磷乳油 1000 倍液，或 20% 增效多菌灵悬浮剂 200 ～ 300 倍液，或 50% 噁霉灵可湿性粉剂 800 倍液，或 72.2% 霜霉威水剂 400 倍液，或 50% 福美双可湿性粉剂 400 倍液灌根或喷雾。

十八、黄瓜灰霉病

（一）症状

黄瓜灰霉病主要为害幼瓜、叶和茎蔓。病菌多从开败的雌花侵入，使花瓣腐烂，并长出淡灰褐色的霉层，近而向幼瓜扩展，致脐部水渍状，幼花迅速变软、萎缩、腐烂，表面密生霉层。叶片一般由脱落的烂花、病卷须附着在叶面引起发病，形成近圆形、不规则形大型轮纹病斑，边缘明显，表面着生灰霉（图1-22，图1-23）。烂瓜、烂花附着在茎蔓时，能引起茎蔓部的腐烂，严重时下部的节腐烂致蔓折断，植株枯死。

图1-22　黄瓜灰霉病叶片症状　　　图1-23　黄瓜灰霉病瓜条受害症状

（二）病原特征

该病病原菌为灰葡萄孢菌（*Botrytis cinerea* Pers.），属半知菌亚门真菌。有性世代为富克尔核盘菌［*Sclerotinia fuckeliana* (de Bary) Fuckel］，属子囊菌亚门真菌。孢子梗丛生，褐色，顶端有分枝1～2轮，分枝顶端的小柄上生大量分生孢子。分生孢子单细胞，近无色，椭圆形，大小为（5.5～16）微米×（5.0～9.25）微米。除侵染黄瓜外，还能侵染番茄、茄子、菜豆、辣椒等多种蔬菜。

（三）病害发生规律及流行特点

病原物以菌丝、分生孢子、菌核随病残体在土壤中越冬。病菌随气流、雨水及农事操作进行传播蔓延。苗期和花期较易发病，病菌分生孢子在适温和有水滴的条件下，萌发出芽管，从寄主伤口、衰弱和枯死的组织侵入，萎蔫花瓣和较老的叶片尖端坏死部分最容易被侵染，引起发病。开花至结瓜期是该病侵染和烂瓜的高峰期。温度18～23℃，相对湿度90%以上，连阴天多，光照不足，易发病。棚内湿度大，结露持续时间长，放风不及时，发病重，易流行。

（四）防治方法

1.农业防治

生长前期及发病后，适当控制浇水，适时晚放风，提高棚温至33℃则不产孢，降低湿度，减少棚顶及叶面结露和叶缘吐水。加强棚室管理。出现病花、病瓜时及时摘除，带出田外深埋。棚室要通风透光，降低温度，注意保温增温，防止冷空气侵袭。

2.药剂防治

始花末期、发病初期喷65%甲硫·霉威可湿性粉剂600～1000倍液，或50%腐霉利可湿性粉剂2000倍液，或40%嘧霉胺悬浮剂600～800倍液，或50%异菌脲可湿性粉剂1000～1500倍液，或70%噁霉灵可湿性粉剂1000倍液，或50%多·霉威可湿性粉剂800倍液，或40%三乙膦酸铝可湿性粉剂500倍液，或70%丙森锌可湿性粉剂500～800倍液，或50%福美双可湿性粉剂500～800倍液，每隔7～10天喷1次，连续3～4次。棚室中用10%腐霉利烟剂3～3.75千克/公顷或45%百菌清烟剂3.75千克/公顷，熏3～4小时，或于傍晚喷撒5%百菌清粉剂或6.5%噁霉灵粉剂15千克/公顷，每隔9～11天左右喷1次。

十九、黄瓜根结线虫病

（一）症状

图1-24 黄瓜根结线虫病危害症状

黄瓜根结线虫病仅危害根，多发生于侧根和须根上。被害的须根和侧根形成串珠状瘤状物，也叫根结，使整个根肿大、粗糙，呈不规则状。根结之上一般可以长出细弱的新根，在侵染后形成根结肿瘤（图1-24）。瘤状物初为白色，表面光滑较坚实，后期根结变成淡褐色腐烂。剖开瘤状物，可见里面有半透明白色针头大小的颗粒，即雌成虫。发病初期，植株类似缺肥状，黄瓜植株地上部表现为：发育不良、叶片黄化、植株矮小，结果较少且小，产量低，果实品质差；干旱时，感病植株易萎蔫，最后植株整株枯死。拔出黄瓜根系，在植株侧根及须根上造成许多大小不等、近似瘤状的根结，使根部粗糙，形态不规则（图1-24）。黄瓜根系被害后，常诱发土壤中某些病菌如镰刀菌属及丝核菌属等真菌的侵染，使根系加速腐烂，植株提早枯死。

（二）病原特征

黄瓜根结线虫病由线虫纲的根结线虫属线虫侵染所致。经放大镜观察，病原线虫雌雄异型，幼虫呈细长蠕虫状，雌成虫固定寄生在根内，膨大呈梨形或球形，前端尖，乳白色，大小为（0.44～1.59）毫米×（0.26～0.81）毫米，解剖根结或根瘤则肉眼可见。雄成虫呈线状，无色透明，尾稍钝圆，大小为（1～1.5）毫米×（0.03～0.04）毫米，主要生活在土中。根结线虫以在土壤温度25～30℃、土壤持水量40%左右时发育最适宜。

根结线虫需要经卵、幼虫、成虫三个阶段，根结线虫目前寄主十分广泛，包括黄瓜、番茄、洋葱、大豆、茄子、葡萄、马铃薯、桃子、胡萝卜、西瓜、甜瓜等。根结线虫的生命力很强，田间以卵或其他虫态在土壤中越冬，在土壤内没有寄主植株存在的条件下，可存活3年之久，很不好防治。

（三）病害发生规律及流行特点

黄瓜根结线虫的完整生活史经历卵、幼虫和成虫3各阶段，多生活在5～25厘米深的土层里，以3～10厘米深的土层中分布最多，以卵、2龄幼虫及雌虫随病根根结在土壤和粪肥中越冬，无寄主植物存在的条件下可存活3年。第二年遇适宜条件时，以2龄幼虫侵染黄瓜根部，在幼根内生活，幼虫分泌唾液，刺激根部导管细胞膨大，形成瘤状根结。根结线虫发育的适宜温度为25～30℃，适宜的湿度为40%～70%，pH值为4～8。27℃时繁殖一代需25～30天，幼虫在10℃时停止活动，55℃经10分钟死亡。黄瓜根结线虫靠自行迁移而传播的能力有限，一年内最大的移动范围1米左右。因此，初侵染源主要是病土、病苗及灌溉水。黄瓜根结线虫远距离的移动和传播，是通过种子、其他营养材料以及人的活动。黄瓜根结线虫病在地势高燥、土壤疏松、透气的沙质土壤发病重；碱性或酸性土壤不利于发病；土壤潮湿、板结、黏重时，发病轻或不发病。如果土壤墒情适中，通透性又好，线虫可以反复为害。重茬地发病重。

（四）防治方法

应按照"预防为主，防治结合"的植保方针，遵循"以农业防治为主，化学防治为辅"的原则，进行黄瓜根结线虫病的综合防治。

1.轮作

合理轮作可以减少土壤线虫量，减轻病害的发生，若能实行2～3年轮作，效果更显著。最好与禾本科作物轮作，因为禾本科作物不会发生根结线虫病。无病土育苗和深翻土壤，也可有效地防治根结线虫病的发生发展。

2.加强田间管理

彻底处理病残株，集中烧毁或深埋，压低虫源基数。合理施肥和灌水，对病株有延迟其症状表现的作用，可减轻损失。播前深耕，通过深耕深翻把分布在表土层的线虫翻到土壤深处。增施有机肥，可增加根系发达强度和韧性，提高植株的抗性和耐性。

3.水淹杀虫

对重病田进行灌水，使线虫缺氧窒息而死，水深10～15厘米，保持4个月。

4.土壤消毒

土壤消毒主要用于苗床，选用1.8%阿维菌素乳油或颗粒剂，药剂在播种前2～3周施于离表土15～25厘米深的土中。施药前保持湿润，施药后覆土压实，以达到杀虫的目的。

5.药剂灌根

黄瓜生长期初显症状时用1.8%阿维菌素乳油或乐斯本乳油兑水稀释成1000～1500倍液灌根防治，也可用50%辛硫磷乳油1500倍液灌根。

6.高温杀虫

土壤5厘米深处的地温白天达60～70℃，10厘米深处的地温达30～40℃，可有效杀灭各种虫态的线虫。一般7～8月在灌水后，用塑料薄膜平铺于地面、压实，保持10～15天可达到杀虫的效果。

二十、黄瓜靶斑病

（一）症状

黄瓜靶斑病又称"黄点子病"，起初为黄色水浸状斑点，直径约1毫米左右。发病中期病斑扩大为圆形或不规则形，易穿孔，叶正面病斑粗糙不平，病斑整体褐色，中央灰白色、半透明。后期病斑直径可达10～15毫米，病斑中央有一明显的眼状靶心，湿度大时病斑上可生有稀疏灰黑色霉状物，呈环状（图1-25、图1-26）。

图 1-25　黄瓜靶斑病叶（正面）　　图 1-26　黄瓜靶斑病叶（背面）

【黄瓜靶斑病与细菌性角斑病的区别】靶斑病病斑，叶两面色泽相近，湿度大时上生灰黑色霉状物；而细菌性角斑病病斑，叶背面有白色菌脓形成的白痕，清晰可辨，两面均无霉层。

【黄瓜靶斑病与霜霉病的区别】靶斑病病斑枯死，病健交界处明显，并且病斑粗糙不平；而霜霉病病斑叶片正面褪绿、发黄，病健交界处不清晰，病斑很平。

（二）病原特征

黄瓜靶斑病病原菌为多主棒孢霉［*Corynespora cassiicola* (Berk Curt) Wei.］，是一种重要的植物病原真菌，属半知菌亚门、丝孢纲、丝孢目、暗色菌科、棒孢属，寄主范围广泛，能够侵染530余种植物。

（三）病害发生规律及流行特点

病原物以分生孢子丛或菌丝体遗留在土中的病残体上越冬，菌丝或孢子在病残体上可存活 6 个月。病菌借气流或雨水飞溅传播。病菌侵入后潜育期一般 6 ～ 7 天，高湿或通风透气不良等条件下易发病，25 ～ 27℃、饱和湿度、昼夜温差大等条件下发病重。该病导致落叶率低于 5% 时，病情扩展慢，持续约 2 周，而以后一周内发展快，落叶率可由 5% 发展到 90%。

（四）防治方法

1. 轮作

与非瓜类作物实行 2 ～ 3 年以上轮作，彻底清除前茬作物病残体，减少初侵染源，同时喷施消毒药剂加新高脂膜进行消毒处理；选用抗病品种，播种前用新高脂膜拌种，驱避地下病虫，隔离病毒感染，不影响萌发吸胀功能，加强呼吸强度，提高种子发芽率。

2. 摘除病叶

摘除中下部病斑较多的病叶，减少病原菌数量。

3. 冲施面肥

靶斑病多发生在结瓜盛期，这时发病大棚因植株长势弱，很容易瓜打顶，一旦发病大棚瓜打顶，该病将更加难以防治。所以及时冲施含有芸薹素内酯的碧禾冲施肥，叶面喷施斯德考普叶面肥，及时摘除大瓜，促进植株迅速长秧，长新叶。

4. 加强管理

适时中耕除草，浇水追肥，同时放风排湿，改善通风透气性能，并在生长期适时喷施促花王 3 号抑制主梢旺长，促进花芽分化；在开花前、幼果期、果实膨大期喷施壮瓜蒂灵能够增粗瓜蒂，加大营养输送量，促进瓜体快速发育，瓜型漂亮，汁多味美。

5. 适时药剂防治

可用 0.5% 氨基寡糖素 400 ～ 600 倍液或 S- 诱抗素喷雾预防。发病后用 25% 阿米西达悬浮剂 1500 倍液，或 40% 施佳乐悬浮剂 500 倍液，或 25% 咪鲜胺乳油 1500 倍液，或 40% 福星乳油 8000 倍液，或 40% 腈菌唑乳油 3000 倍液等，每隔 7 ～ 10 天喷 1 次，连喷 2 ～ 3 次。发病严重的，加喷铜制剂，可喷施 30% 硝基腐殖酸铜可湿性粉剂 600 ～ 800 倍液。叶面喷雾，轮换交替用药。在药液中加入适量的叶面肥效果更好。喷药重点是喷洒中、下部叶片。采用 25% 吡唑醚菌酯 2000 倍液或 60% 百泰水分散粒剂 1000 倍液、33.5% 喹啉铜 750 倍液治疗黄瓜靶斑病也具有显著效果。

第二节　西瓜传染性病害

一、西瓜猝倒病

（一）症状

西瓜猝倒病是西瓜苗期主要病害之一。种芽感病，苗未出土，种芽或胚茎、子叶已腐烂；幼苗受害，近土面的胚茎基部开始有黄色水渍状病斑，随后变为黄褐色，干枯收缩线状，子叶尚未凋萎，幼苗已猝倒。有时带病幼苗外观与健苗无异，但紧贴于土面，不能挺

图 1-27　西瓜猝倒病幼苗发病症状

立，细检此苗，茎基部已干缩成线状。此病在苗床内蔓延迅速，开始只见个别病苗，几天后便出现成片猝倒。当苗床湿度大时，病部表面及其附近土表可长出一层白色棉絮状菌丝体（图 1-27）。

（二）病原特征

西瓜猝倒病病原菌为瓜果腐霉 [*Pythium aphanidermatum* (Eds.) Fitzp.] 和德里腐霉（*P. deliense* Mours），均属鞭毛菌亚门真菌。在 CMA 培养基上菌丛白色绵毛状，菌丝体发达，具分枝，无隔膜，菌丝宽 3 ～ 7 微米。游动孢子囊顶生，膨大成形状不规则的姜瓣状，萌发后形成球状泡囊，泡囊内含游动孢子 8 ～ 29 个，游动孢子肾形双鞭毛，休止时呈球状，大小 11 ～ 12 微米。藏卵器顶生球状，无色，大小 18 ～ 36 微米，雄器同丝或异丝生，近椭圆形。卵孢子球形光滑，不满器，浅黄色，直径 17 ～ 28 微米。

（三）病害发生规律及流行特点

西瓜猝倒病属真菌性病害，病菌腐生性很强，以卵孢子或菌丝在

病株残体或土壤中越冬。在土温 10 ~ 15℃，湿度大或夜温很低，白天光照不足时病菌繁殖最快，温度在 30℃ 以上则受到抑制或不发病。

（四）防治方法

1.用无病新土育苗

营养土中的有机肥要充分腐熟。营养钵浇水要一次浇透，待水充分渗下后才能播种。不可把种芽直接插入营养土中，先用约筷子粗的细棒在营养钵中捣穴后，把芽放入穴中。选用抗病、包衣的种子，如未包衣，则用拌种剂或浸种剂灭菌后，才催芽、播种。出苗后，严格控制温度、湿度及光照；可结合炼苗、揭膜、通风、排湿。播种后用药土作覆盖土，发病后用药土围根或喷药。营养土在使用前，最少要晒 3 周以上。

2.拌种

2% 戊唑醇干拌剂或 5% 特普灵拌种剂进行拌种，用量为种子量的 0.1%。

3.浸种

25%、10% 扑霜灵可湿性粉剂 500 ~ 1000 倍液浸种；或 50% 多菌灵可湿性粉剂 500 ~ 600 倍液浸种；或 70% 甲基脱布津可湿性粉剂 800 ~ 1000 倍液浸种。

4.药土

甲基托布津或多菌灵或好速净或杀毒矾或恶霜灵 1 份 + 干细土 200 份混匀，撒施。

5.喷施

喷施 30% 噁霉灵可湿性粉剂 800 倍液，或 64% 杀毒矾可湿性粉剂 600 ~ 800 倍液，或 70% 甲基托部津可湿性粉剂 1000 倍液，或 50% 多菌灵可湿性粉剂 800 倍液，或 68% 金雷水分散剂 600 ~ 800 倍液，或 5% 井冈霉素水剂 1500 倍液，或 25% 好速净可湿性粉剂（有效成分：黄芪多糖、黄芩素）600 ~ 800 倍液，或 25% 苗遇清悬浮剂（有效成分为灭锈胺）1500 ~ 2000 倍液。

6.加强管理合理轮作

因地制宜选育和种植抗病品种。选用无病新土、塘土、稻田土育苗，并喷施消毒药剂加新高脂膜对土壤进行消毒处理，播种前可用新高脂膜拌种，下种后随即用药土盖种，并喷施新高脂膜提高出苗率。

7.加强苗期管理

施用充分腐熟的有机肥，避免偏施氮肥；适时灌溉，雨后及时排水，防止田间湿度过大，培育壮苗；并喷施新高脂膜能防止病菌侵染，提高抗自然灾害能力，提高光合作用强度，保护瓜苗茁壮成长。

二、西瓜蔓枯病

（一）症状

叶子受害时，最初出现黑褐色小斑点，以后成为直径 1 ～ 2 厘米的病斑。病斑为圆形或不规则圆形，黑褐色或有同心轮纹。发生在叶缘上的病斑，一般呈弧形。老病斑上出现小黑点。病叶干枯时病斑呈星状破裂。连续阴雨天气，病斑迅速发展可遍及全叶，叶片变黑而枯死。蔓受害时，最初产生水浸状病斑，中央变为褐色枯死，以后褐色部分呈星状干裂，内部呈木栓状干腐。蔓枯病与炭疽病在症状上的主要区别是：蔓枯病病斑上不产生粉红色黏物质，而生有黑色小点状物（图 1-28，图 1-29）。

图 1-28　西瓜蔓枯病茎受害状　　图 1-29　西瓜蔓枯病果实受害状

（二）病原特征

西瓜蔓枯病病原菌为瓜类球腔菌（*Mycosphaerlla melonis*），属子囊菌亚门真菌。分生孢子器球形至扁球形，黑褐色，顶部呈乳状突起，孔口明显。分生孢子短圆形至圆柱形，无色透明，两端较圆，初为单胞，后产生 1 ～ 2 个隔膜，分隔处略缢缩。子囊壳细颈瓶状或球形，黑褐色。子囊孢子短粗形或梭形，无色透明，1 个分隔。

（三）病害发生规律及流行特点

西瓜蔓枯病是常见的西瓜病害，因引起蔓枯而得名。此病在全国各地均有发生，在长江三角洲西瓜产区尤为严重。除西瓜外，还为害洋香瓜、白兰瓜、哈密瓜、南瓜、黄瓜等，造成病株提早死亡而减产。西瓜蔓枯病以病菌的分生孢子器及子囊壳附着于病部混入土中越冬。来年温湿度适合时，散出孢子，经风吹、雨溅传播为害。种子表面也可以带菌。病菌主要经伤口侵入西瓜植株内部引起发病。病菌在 5 ～ 35℃ 的温度范围内部可侵染为害，20 ～ 30℃ 为发育适宜温度，在 55℃ 温度范围内都可侵染为害。在 55℃ 温度条件下，10 分钟即可死亡。高温多湿，通风透光不良，施肥不足或植株生长弱时，叶片受害重。叶片受害初期出现褐色小斑点，逐渐发展为直径 1 ～ 2 厘米有同心轮纹的不规则圆斑，以叶缘为多。老病斑出现小黑点，干枯后呈星状破裂。茎蔓和果实受害开始也为水浸状病斑，中央部分变褐枯死，之后呈星状干裂，成为木栓状干腐。蔓枯病与炭疽病区别是病斑上无粉红色分泌物；与枯萎病区别是发病慢，全株不枯死且维管束不变色。西瓜枯萎病各个时期均可发生，以结果期发病最重，其病菌适宜温度在 25 ～ 30℃，土温低于 23℃，高于 34℃，发病则轻，土壤含水量高，湿度大时发病重。该病主要靠含菌土壤传播，重茬种植，土壤中病菌多，病株率可达 70% 左右，病残体及病肥，种子亦可传病。

（四）防治方法

1.选用无病种

主要从远离病株的健康无病植株上采种。对可能带菌的种子，要进行种子消毒。西农 8 号、京抗 2 号、郑抗 3 号、丰抗 8 号、台湾黑宝等品种抗病性较好，可因地制宜选用。

2.对种子消毒

可选用 36% 三唑酮多悬浮剂 100 倍液浸种 30 分钟，或 50% 复方多菌灵胶悬剂 500 倍液浸种 60 分钟，或用 55℃ 温水浸种 20 分钟，捞出稍晾干后直播。也可用占种子量 0.5% 的 37% 抗菌灵可湿性粉剂拌种，对蔓枯病有较好的预防作用。

3.加强栽培管理

创造较干燥、通风良好的环境条件，并注意合理施肥，使西瓜植株生长健壮，提高抗病能力。要选地势较高、排水良好、肥沃的砂质壤土地种植。防止大水漫灌，雨后要注意排水防涝。及时进行植株调整，使之通风透光良好。施足基肥，增施有机肥料，注意氮、磷、钾肥的配合施用，防止偏施氮肥。发现病株要立即拔掉烧毁，并喷药防治，防止继续蔓延为害。

4.苗床土壤处理

每立方米土用50%多菌灵可湿性粉剂80～120克，混匀后作育苗土，或用50%甲霜灵可湿性粉剂每平方米土壤用药8～12克，兑细土8～10千克制成药土，上盖下垫，可预防该病。育成苗移栽前3～5天用36%三唑酮多悬浮剂每亩100克兑水50千克喷雾，或20%施宝灵乳油2000倍液喷于苗床，带药移栽，可减轻大田前期发病。

5.合理轮作

与大田作物或非瓜类蔬菜作物实行3～5年轮作，可减轻蔓枯病的发生。避免连作，选择光线充足、通风良好、便于排水的地块栽培；防止过湿，根附近的叶片要摘除，以利于通风；及时清理病株茎叶，深埋或烧毁；高畦栽培，覆盖地膜，膜下浇水。

6.药剂防治

已经发生过蔓枯病的西瓜地，要在蔓长30厘米时开始喷药。初发现病株的地，要立即喷药，药剂可用40%福星乳油8000倍液，或20%"氟硅唑咪鲜胺"800倍液，或75%百菌清可湿性粉剂600倍液，或56%"嘧菌酯百菌清"800倍液，每隔5～7天喷一次，连喷2～3次。还可用70%甲基托布津可湿性粉剂800～1000倍液，或80%代森锌可湿性粉剂800倍液，或70%代森锰锌可湿性粉剂500倍液，或50%混杀硫悬浮剂500倍液，或50%多硫胶悬剂500倍液，或36%甲基硫菌灵胶悬剂400倍液，每7～10天喷1次，连续防治2～3次。

三、西瓜炭疽病

（一）症状

西瓜炭疽病在整个生长期内均可发生，但以植株生长中、后期发生最重，造成落叶枯死，果实腐烂。在幼苗发病时，子叶上出现圆形褐色病斑，发展到幼茎基部变为黑褐色，且缢缩，甚至倒折（图1-30）。

成株期发病时，在叶片上出现水浸状圆形淡黄色斑点，后变褐色，边缘紫褐色，中间淡褐色，有同心轮纹。病斑扩大相互融合后易引起叶片穿孔干枯（图1-31）。在未成熟的果实上，初期病斑呈现水浸状，淡绿色圆斑。成熟果实上开始为突起病斑，后期扩大为褐色凹陷，并环状排列许多小黑点，潮湿时生出粉红色黏性物，多呈畸形或变黑腐烂。

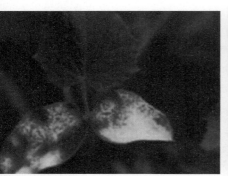 

图1-30　西瓜炭疽病（一）　　　　图1-31　西瓜炭疽病（二）

（二）病原特征

西瓜炭疽病病原菌为 *Colleetotrichum lagenarium* (Pass.) Ell. et Halst，属半知菌亚门、黑盘孢目、毛盘孢属。

（三）病害发生规律及流行特点

西瓜炭疽病是由半知菌亚门刺盘孢属真菌侵染所致，其发病最适温度为22～27℃，10℃以下、30℃以上病斑停止生长。病菌在残棵或土里越冬，第二年温湿度适宜，越冬病菌产生孢子，开始初次侵染。附着在种子上的病菌可以直接侵入子叶，引起幼苗发病。病菌在适宜条件下再产生孢子盘或分生孢子，进行再次侵染。分生孢子主要通过流水、风雨及人们生产活动进行传播。摘瓜时，果实表面若带有分生孢子，贮藏运输过程中也可以侵染发病。炭疽病的发生和湿度关系较大，在适温下，相对湿度越高，发病越重。相对湿度在

87% ~ 95% 时，其病菌潜伏期只有三天，湿度越低，潜伏期越长，相对湿度降至 54% 以下时则不发病。此外，过多施用氮肥，排水不良，通风不好，密度过大，植株衰弱和重茬种植，发病严重。

（四）防治方法

炭疽病的防治应重点选用抗病品种，调节室内湿度，使其降至 70% 以下，并抓好全生育期的保护。

1.农业防治

（1）选用抗病品种　选用齐红、齐露、开杂 2 号、开杂 5 号、京欣、兴蜜防治西瓜炭疽病。

（2）种子消毒　培育无病壮苗。

（3）实行轮作，合理施肥　减少氮素化肥用量，增施钾肥和有机肥料。

（4）覆地膜　地面全面覆地膜并要加强通风调气，降低室内空气湿度至 70% 以下。

（5）合理密植　科学整枝，防止密度过大，以降低室内小气候湿度。

2. 药剂防治

保护地栽培西瓜，可采用烟雾法或粉尘法施药。预防可用 70% 代森联 700 倍液，或 20% 噻菌酮 500 倍液，或 80% 代森锰锌可湿性粉剂 700 倍液，或 72% 百菌清 1000 倍液叶面喷雾。苗期用多菌灵 500 倍液，或甲基托布津 800 倍液，或甲霜灵·锰锌 500 倍液，或炭疽福美 600 倍液，细致喷洒，每 10 天左右一次。伸蔓以后，用 1：1 的等量式波尔多液 240 倍液细致喷洒，每 10 天左右一次。结果后用 1：2 的等量式波尔多液 200 倍液或碱式硫酸铜 600 倍液喷洒，每 10 天左右一次，连续 1 ~ 2 次。此外，70% 代森锰锌 500 倍液、72.2% 霜霉威盐酸盐 800 倍液、木霉菌制剂 600 倍液、64% 恶霜·锰锌 500 倍液、77% 氢氧化铜 500 倍液对其也有很好的防效。

四、西瓜枯萎病

（一）症状

西瓜枯萎病又叫蔫萎病、蔓割病，是西瓜的一种重要病害。该病有潜伏侵染特征，幼苗感病多数表现不明显，到成株开花结果期陆续显症。幼苗发病时呈立枯状。定植后，下部叶片枯萎，接着整株叶片全部枯死。茎基部缢缩，出现褐色病斑，有时病部流出琥珀色胶状物，其上生有白色霉层和淡红色黏质物（分生孢子）。茎的维管束褐变，有时出现纵向裂痕。根部褐变，与茎部一同腐烂（图1-32）。

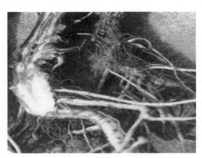

图1-32　西瓜枯萎病

（二）病原特征

西瓜枯萎病是由半知菌亚门真菌——西瓜尖镰孢菌侵染所致。尖镰孢菌西瓜专化型［*Fusarium oxysporum* f. sp. Niveum (E. F. Smith) Snyder et Hansen.］是 Snyder 和 Hansen 于 1940 年定名的，该菌属于半知菌亚门、丛梗孢目、瘤座孢科真菌。也有报道认为病原还有 *Fusarium oxysporum* f.sp. *melonis*。西瓜枯萎病菌在 PSA 平板上，（25±1）℃下培养 14 天后，气生菌丝体为白色棉絮状，稀疏或浓密；菌落底色呈白色、米黄色或紫色。镰刀菌的大型分生孢子无色，大多为镰刀形，少数为纺锤形，具有 1 ～ 5 个分隔，一般为 3 个，孢子顶端渐尖，大小为 18.3（7.8 ～ 33.8）微米 ×3.4（2.6 ～ 5.2）微米。小型分生孢子无色透明，形状不规则，大多为长椭圆形或纺锤形，无隔膜或偶见 1 个隔膜，少数 2 个隔膜，大小为 6.4（2.0 ～ 13.0）微米 ×3.4（2.0 ～ 4.5）微米。厚垣孢子顶生或串生，圆形或长圆形，浅黄色，大小为 10.8（5.2 ～ 14.3）微米 ×9.9（5.2 ～ 11.7）微米。

西瓜枯萎病镰刀菌在适合西瓜生长的任何温湿度条件下均可以生长，温度对镰刀菌的影响很复杂，在一定温度范围内，随着温度的升高，镰刀菌生长旺盛，昼夜温差的变化有利于镰刀菌的生长。西瓜枯萎病镰刀菌在 PDA 培养基上的最适生长温度为 28 ～ 30℃，最适宜的酸度为 pH6 ～ 7。另外，通气也会影响孢子的产生，及时通气有助于形成良好的孢子，固体或半固体培养物比液体培养物易产生孢子。

（三）病害发生规律及流行特点

病菌主要以菌丝、厚垣孢子或菌核在未腐熟的有机肥或土壤中越冬。在土壤中可存活 6 ～ 10 年。病菌可通过种子、肥料、土壤、浇水传播，以堆肥、沤肥传播为主要途径。病害发生与温湿度关系密切。病菌生长温度为 5 ～ 35℃，土温 24 ～ 30℃为病菌萌发和生长适宜温度。该病为土传病害，发病程度取决于土壤中可侵染菌量。一般连茬种植，地下害虫多，管理粗放，或土壤黏重、潮湿等病害发生严重。病菌从根顶端附近的细胞间隙侵入，边增殖边到达中心柱产生毒素，堵塞导管，破坏根组织，阻碍水分通过。连续降雨后，天气晴朗，气温迅速上升时，发病迅速。

（四）防治方法

防治西瓜最有效的方法是嫁接换根。对没有嫁接的自根苗西瓜，要坚持"以防为主、综合防治"的植保方针，认真抓好农业防治、生物防治等综合防治措施。

1.选择抗病品种

种植抗病西瓜品种是首选措施，如选用西农八号、丰抗八号等品种。

2. 嫁接栽培

由于西瓜枯萎病病菌难以侵染葫芦、瓠瓜、南瓜等，以这些作物为砧木进行嫁接换根，这种方法是预防西瓜枯萎病的较好途径。可选用葫芦为砧木，进行靠接，只要注意彻底断掉西瓜根，苗栽植时，不使嫁接口部位与土壤接触，就可有效地防止西瓜枯萎病的发生。

3.水旱轮作

西瓜枯萎病在土壤中可存活 10 年，但在水中存活期限只有 130 多天。因此，水旱轮作是预防枯萎病的最佳方法。

4.种子处理

用漂白粉 2% ～ 4% 溶液浸泡 30 分钟后捞出并清洗干净，可杀死种子表面的枯萎病病菌及炭疽病病菌。

5.慎用育苗土

育苗用的营养土应选用稻田土或墙土，禁用瓜田或菜园土，农家肥要充分腐熟，不用带有病株残体的农家肥。

6.生态防治

高温闷棚是设施西瓜枯萎病防治比较有效的方法。西瓜枯萎病的发生取决于土壤中残留病菌量的多少，病菌生长温度范围为 10～35℃，分生孢子在 55℃下致死需要 10 分钟。在 7～8 月份灌水，高温闷棚能使棚内地温长时间维持 40℃以上，严格密封条件下，土壤达到 40℃日均温度只需 10 天，室内检测土中病残体所携带西瓜枯萎病菌在 41℃下致死需要 4 天，43℃下只需 1 天。推测认为，枯萎病菌高温闷棚致死需要 14 天，但因土壤内部环境变化的影响，大田土层深处枯萎病菌高温致死的时间估计要比室内长。田间试验证明，灌水闷棚 20 天以上对第 1 茬连作西瓜的枯萎病防效达 90%～100%，闷棚 25 天以上对第二茬的防效也在 84.5% 以上。

五、西瓜白粉病

（一）症状

西瓜白粉病主要危害叶片，其次是叶柄和茎，一般不危害果实。发病初期叶面或叶背产生白色近圆形星状小粉点，以叶面居多，当环境条件适宜时，粉斑迅速扩大，连接成片，成为边缘不明显的大片白粉区，上面布满白色粉末状霉（即病菌的菌丝体、分生孢子梗和分生孢子），严重时整个叶面布满白粉（图 1-33）。叶柄和茎上的白粉较少。病害逐渐由老叶向新叶蔓延。发病后期，白色霉层因菌丝老熟变为灰色，病叶枯黄、卷缩，一般不脱落。当环境条件不利于病菌繁殖或寄主衰老时，病斑上出现成堆的黄褐色的小粒点，后变黑（即病菌的闭囊壳）。

图 1-33 西瓜白粉病（病叶）

（二）病原特征

该病病原菌为瓜类单囊壳 [*Sphaerotheca cucurbitae* (Jacz.) Z. Y. Zhao]、葫芦科白粉菌（*Erysipecu curbitacearum* Zheng & Chen），

均属子囊菌亚门真菌。瓜类单囊壳菌丝体生于叶的两面和叶柄上，初生白圆形斑，后展生至全叶；分生孢子腰鼓形或广椭圆形，串生，大小（19.5～30）微米×（12～18）微米。子囊果球形，褐色或暗褐色，散生，大小75～90微米，壁细胞不规则，为多角形或长方形，直径9～33微米；具4～8根附属丝，呈丝状至屈膝状弯曲，长为子囊果直径的0.5～3倍，基部稍粗，平滑，具隔膜3～5个，无色至下部浅褐色；具1个子囊，广椭圆形至近球状，无柄或具短柄，壁厚，顶壁不变薄，大小为（60～70）微米×（42～60）微米；子囊孢子4～8个，椭圆形，大小为（19.5～28.5）微米×（15～19.5）微米。瓜类作物都可被此病菌侵染，瓜类单囊壳子囊果散生、子囊孢子4～8个，附属丝无色或仅下部淡褐色，有别于单囊壳。葫芦科白粉菌也引起西瓜白粉病。另有报道，真菌子囊菌亚门专性寄生菌单丝壳白粉菌［*S. fulginea* (Schlecht ex Fr.) Poll］、二孢白粉菌（*E.cichorocearum*）以及葎草单囊壳菌（*S. humuli* DC. Burro）也能引起西瓜白粉病。

（三）病害发生规律及流行特点

病菌可在温室、塑料棚的瓜类作物或病残体上越冬，成为翌年的初侵染源。田间再侵染主要靠发病后病部产生的分生孢子，借气流或雨水传播蔓延，进行多次再侵染。该病在10～25℃即可发生，湿度大、温度较高，利于其侵入和扩展，尤其是高温干旱与高温高湿条件交替出现，更有利于该病流行。塑料棚或温室栽培西瓜白粉病发生重，主要原因是白粉菌对温湿度的要求容易得到满足，生产中过于高温干旱或连续阴雨对白粉病扩展有明显抑制作用。种植密度大，株、行间郁闭，通风透光不好，发病重。土壤黏重、偏酸，多年重茬，田间病残体多；氮肥施用太多，生长过嫩，肥力不足，耕作粗放，杂草丛生的田块，植株抗性降低，发病重。育苗用的营养土带菌，有机肥没有充分腐熟或带菌，或有机肥料中混有本科作物病残体的易发病。地势低洼积水、排水不良，土壤潮湿，易发病；高温、高湿、长期连阴雨，日照不足，易发病。高温干旱与高温高湿交替时发病重。

（四）防治方法

1.农业防治

合理密植，及时整枝压蔓，不偏施氮肥，增施磷、钾肥，促进植株健壮生长，可提抗病力。避免在阴雨天气进行农事操作，及时防治害虫，减少植株伤口。注意田园清洁，及时摘除病叶，带出田外烧毁，病穴施药或生石灰，减少重复传播病害的机会。可和非本科作物轮作，水旱轮作最好。

2.药剂防治

在生长前期喷洒 2～3 次 50% 硫黄悬浮剂 300 倍液，或硫黄粉，以有效地预防白粉病发生。发病初期及时摘除病叶，然后每隔 5～7 天喷一次药，连喷 3～4 次。药剂可选用 15% 三唑酮（粉锈宁）可湿性粉剂 1500 倍液，或 70% 甲基托布津可湿性粉剂 1000 倍液，或可湿性硫黄 600 倍液，或 70% 百菌清可湿性粉剂 1000 倍液，或 60% 防霉宝 2 号 1000 倍液，或 6% 乐必耕可湿性粉剂 1000～1500 倍液，或 12.5% 速保利可湿性粉剂 2500 倍液，或 5% 三泰隆可湿性粉剂 2000 倍粉剂。保护地栽培可采用 5% 百菌消粉尘剂，每亩 1 千克。采果前 7 天停止用药。对上述杀菌剂产生耐药性的地区，可选用 40% 福星乳油 8000～10000 倍液，隔 20 天左右 1 次，防治 1 次后，再改用上述杀菌剂。

六、西瓜叶枯病

（一）症状

西瓜叶枯病主要为害叶片，幼苗叶片受害，病斑褐色；成株期先在叶背面叶缘或叶脉间出现明显的水浸状褐色斑点，湿度大时导致叶片失水青枯，天气晴朗气温高，易形成 2～3 毫米圆形至近圆形褐斑，布满叶面，后融合为大斑，病部变薄，形成叶枯。茎蔓染病，产生梭形或椭圆形稍凹陷的褐色病斑。果实染病，在果实上生有四周稍隆起的圆形褐色凹陷斑，可深入果肉，引起果实腐烂。湿度大时病部长出灰黑色至黑色霉层（图 1-34）。

（二）病原特征

西瓜叶枯病病原菌为瓜链格孢 [*Alternaria cucumerina* (Ell. et Ev.) Elliott.]，属半知菌亚门真菌。病菌分生孢子梗单生或 3～5 根束生，正直或弯曲，褐

图 1-34 西瓜叶枯病叶

色或顶端色浅，基部细胞稍大，具隔膜 1～7 个，大小为（23.5～70）微米 ×（3.5～6.5）微米；分生孢子多单生，有时 2～3 个链生，常分枝，分生孢子倒棒状或卵形至椭圆形，褐色，孢子具横隔膜 8～9 个，纵隔膜 0～3 个，隔膜处缢缩，大小为（16.5～68）微米 ×（7.5～16.5）微米，喙长 10～63 微米，宽 2～5 微米，最宽处 9～18 微米，色浅，呈短圆锥状或圆筒形，平滑或具多个疣，0～3 个隔膜。在 PDA 培养基上菌落初白色，后变灰绿色，背面初黄褐色，后为墨绿色，气温 25℃，经 4～5 天能形成分生孢子。该菌生长温度 3～45℃，25～35℃较适，28～32℃最适；在 pH3.5～12 均可生长，pH6 最适。孢子萌发温度 4～38℃，28℃最适；相对湿度高于 73% 均可萌发，相对湿度 85% 时，萌发率高达 94%。

（三）病害发生规律及流行特点

西瓜叶枯病是由半知菌亚门真菌瓜链格孢菌侵染引起的。该病菌以菌丝体和分生孢子随病残体在土壤表面和种子中越冬，翌年播种西瓜后遇温湿度适宜，引起初次侵染，后发生大量分生孢子，借风雨传播进行再次侵染，致使病害不断蔓延。该病菌在 3～45℃ 范围内均可生长，以 28～32℃ 最适宜。发病与湿度关系密切，雨多、雨量大，相对湿度高时，发病严重；湿度低于 70% 以下，很难发病。另外，连作，种植密度大，杂草多，氮肥施用量大，发病较重。

（四）防治方法

（1）建立无病留种田，选用适宜当地栽培的耐病品种。目前较抗病的品种有郑州 5 号、郑杂 7 号、西农 8 号、粤优 2 号、抚州西瓜、新红宝等。

（2）收获后注意清除病残体，集中深埋或烧毁，不要在田边堆放病残体。

（3）采用配方施肥技术，施用酵素菌沤制的堆肥，避免偏施过施氮肥，在坐瓜前开始喷施惠满丰液肥，每亩 320 毫升，加 500 倍水，提高抗病性。

（4）科学地确定播种期，露地宜在日均温稳定在 15℃ 以上、5 厘米深处土温稳定在 12℃ 以上时播种，即"桃始花，种西瓜"。如欲抢早可采用地膜覆盖使其达到上述温度再播种。

（5）对有带菌可能的种子，用 75% 百菌清可湿性粉剂或 50% 扑海因可湿性粉剂 1000 倍液浸种 2 小时，冲净后催芽播种。

（6）有条件的提倡采用避雨栽培法，露地西瓜雨后要特别注意开沟排水，防止湿气滞留，对减轻该病具重要作用。

（7）加强测报，掌握在发病前未见病斑时开始喷洒 50% 速克灵可湿性粉剂 1500 倍液，或 50% 扑海因可湿性粉剂 1000 倍液，或 75% 百菌清可湿性粉剂 600 倍液，或 70% 代森锰锌可湿性粉剂 500 倍液，或 80% 大生可湿性粉剂 600 倍液，每亩喷兑好的药液 60 升，隔 7～10 天 1 次，连续防治 3～4 次。保护地栽培的西瓜，可以采用 45% 百菌清烟剂 200 克／亩。傍晚进行，分放 4～5 个点，先密闭大棚、温室，然后点燃烟熏，隔 7 天熏 1 次。

（8）采用搭架栽培法，每亩 1500 株，采用单蔓整枝，6～7 叶时摘去第一朵雌花，保留 12～13 片叶子，不仅增产、增收，还可减轻该病。

七、西瓜病毒病

（一）症状

西瓜病毒病在田间主要表现为花叶型和蕨叶型两种症状。花叶型：初期顶部叶片出现黄绿镶嵌花纹，以后变为皱缩畸形，叶片变小，叶面凹凸不平，新生茎蔓节间缩短，纤细扭曲，坐果少或不坐果（图 1-35）。蕨叶型：新生叶片变为狭长，皱缩扭曲，生长缓慢，植株矮化，有时顶部表现簇生不长，花器发育不良，严重的不能坐果。发病较晚的病株，果实发育不良，形成畸形瓜，也有的果面凹凸不平，果小，瓜瓤暗褐色，对产量和质量影响很大（图 1-36）。

（二）病原特征

导致西瓜上发生病毒病的主要病毒类型有：西瓜花叶病毒 2 号（WMV-2）、甜瓜花叶病毒（MMV）、黄瓜花叶病毒（CMV）、黄瓜绿斑花叶病毒（CGMMV）等。

（三）病害发生规律及流行特点

日平均气温 5℃时病毒的潜育期为 7～9 天；日平均气温 18℃时，潜育期为 11 天。温度高，日照强，天气干旱，有利于蚜虫的繁殖和

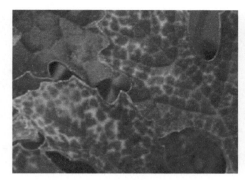

图 1-35　西瓜病毒病花叶型　　图 1-36　西瓜病毒病蕨叶型

迁飞，也有利于病毒病的蔓延。缺水缺肥，管理粗放，治虫不及时和邻近毒源的温室发病重。病毒主要通过种子带菌和蚜虫汁液接触传毒。农事操作，如整枝、压蔓、授粉等都可引起接触传毒，也是田间传播、流行的主要途径。高温、干旱、日照强的气候条件，有利于蚜虫的繁殖和迁飞，传毒机会增加，则发病重；肥水不足、管理粗放、植株生长势衰弱或邻近瓜类菜地，也易感病；蚜虫发生数量大的年份发病重。

（四）防治方法

1. 种子处理

用 55 ～ 60℃温水浸种 20 分钟，然后放入冷水中冷却，捞出晾干备播。

2. 农业防治

冬前深翻地 30 厘米，冻土晒垡，有利于培育壮苗；平衡施肥，增施磷、钾肥；选用抗病耐虫良种，如西农 8 号、丰抗 8 号、抗病早冠龙、京抗系列等；播种后盖地膜，及时间苗、定苗，中耕锄草 3 ～ 4 次，松土保墒，促进根系生长，铲除田间杂草，消灭蚜虫等害虫；西瓜、甜瓜不宜混种，以免相互传毒；及时浇水追肥，促进西瓜健壮生长；对长势弱的植株增施肥水，使田间植株健壮均匀，增强抗病虫害能力。

3. 药剂防治

发病初期用药，常用药剂有 20% 病毒 A 可湿性粉剂 500 倍液、

1.5%植病灵乳剂1000倍液、抗毒剂1号300倍液，交替用药，每7～10天防治1次，连续防治2～3次。春季田间干旱，气候较暖，光照强，蚜虫繁殖快，数量大，及时用40%乐果1000倍液，每5～7天防治1次，连续防治2～3次；夏季温度高，光照强，田间湿度大，易杂草丛生，蚜量集中，用5%抗蚜威可湿性粉剂2000倍液，每隔7～10天防治1次，连续防治2～3次。

八、西瓜疫病

（一）症状

西瓜疫病是一种高温高湿型的土传病害，俗称死秧，全国各地均有发生，南方发病重于北方，在西瓜生长期多雨年份，发病尤重。除西瓜外，该病还为害甜瓜和其他瓜类作物。幼苗、成株均可发病，为害叶、茎及果实。苗期发病，子叶染病先呈水浸状暗绿色圆形斑，中央逐渐变成红褐色。幼苗茎基部受害，呈暗绿色水渍状软腐，病部缢缩，最后猝倒枯死。成株期发病，茎蔓部生纺锤形水浸状暗绿色纺锤形凹陷斑，病部明显缢缩，病斑迅速扩展，天气潮湿时形成褐色软腐，患部以上叶片萎蔫青枯死亡，维管束不变色。叶片受害，初生暗绿色水浸状圆形或不整形病斑，迅速扩展为近圆形或不规则大型黄褐色病斑，湿度大时，腐烂或像开水烫过，干后为淡褐色，易破碎（图1-37）。果实染病，

图1-37　西瓜疫病

则形成暗绿色圆形水浸状凹陷斑，后迅速扩及全果，致果实腐烂，有腥臭味，潮湿时病斑凹陷腐烂长出一层稀疏的白色霉状物。

（二）病原特征

该病病原菌为真菌鞭毛菌亚门德雷疫霉（*Phytophthora drechsleri* Tucker）［异名为甜瓜疫霉（*Phytophthora melonis* Katsura）］和辣椒疫霉（*P. capsici* L.）。菌丝丝状，无色，宽3.5～7.1微米，多分枝。幼菌丝无隔，老熟菌丝长出瘤状结节或不规则球状体，内部充满原生质。

在果实病部的菌丝球状体大部分成串，常在发病初期孢子囊未出现前产生，从此长出孢囊梗或菌丝。孢囊梗直接从菌丝或球状体上长出，平滑，中间偶现单轴分枝，个别形成隔膜。孢子囊顶生，卵球形或椭圆形。雄器无色，球形或扁球形。卵孢子淡黄色或黄褐色。

（三）病害发生规律及流行特点

西瓜疫病由真菌鞭毛菌亚门德雷疫霉和辣椒疫霉侵染所致，其中以德雷疫霉为主，但在某些地方辣椒疫霉也对西瓜造成一定的危害。病菌主要以卵孢子在土壤中的病株残余组织内或未腐熟的肥料中越冬，并可长期存活。厚垣孢子在土中也可存活数月，种子也能带菌，但带菌率极低，这些都是翌年田间发病的初侵染源。卵孢子和厚垣孢子通过雨水、灌溉水传播，形成孢子囊和游动孢子，从气孔或直接穿透侵入引起发病。植株发病后，在病斑上产生孢子囊，借风雨传播，进行再侵染。果实成熟期，果面出现果粉时，病菌难于侵入，但可从未成熟果或害虫危害处或伤口侵入而发病。病菌喜高温、高湿的环境，最适发病温度为 28 ～ 30℃，低于 15℃发病受抑制。在气温适宜的条件下，雨季到来的早晚、降雨量、降雨天数的多少，是发病和流行程度的决定因素。田间发病高峰在雨量高峰后。中心病株出现后，日降雨量达 50 毫米以上，或旬降雨量在 100 毫米以上，则病势发展快，易形成流行。如 10 天以上无雨，又不浇水，则病害停止蔓延。雨季高温高湿条件下，排水通风不良，种植过密，发病重；地势低洼、排水不良、畦面高低不平、容易积水和多年连作的地块，以及浇水过多，种植过密，施氮肥过多或施用带菌肥料，均加重发病。浙江地区主要发病盛期在 4 ～ 7 月，长江中下游地区春夏两季发病重。

（四）防治方法

1.选用抗病品种

在近年来国内推荐的 60 多个西瓜品种中，对疫病表现抗病性的有：湘西瓜 3 号、4 号和 6 号（较抗），湖南沁无籽西瓜（抗，湖南邵阳），琼雪（较抗，上海），庆红宝（抗，黑龙江大庆）等。

2.农业防治

（1）轮作　与非瓜类作物进行 3 年以上的轮作。

（2）清除菌源　清洁田园，切断越冬病菌传染源，发现病株及时拔除，集中深埋或烧毁。不用未腐熟的、带有病残体的有机肥。

（3）合理密植，深沟高畦栽培，雨后及时排水，控制田间湿度。设施栽培的西瓜应采用膜下渗浇小水或滴灌，节水保温，以利降低棚室湿度。严禁大水漫灌、串灌。

3.药剂防治

（1）种子消毒　播前用 55℃温水浸种 15 分钟，晾干播种或催芽播种。或用 20% 甲基立枯磷乳油 500 ～ 700 克拌种子 100 千克。

（2）预防　发病前可用 68.75% 氟吡菌胺霜霉威（银法利）可湿性粉剂 600 倍液，或 70% 丙森锌（安泰生）可湿性粉剂 400 ～ 600 倍液，或 60% 吡唑醚菌酯代森联（百泰）1200 倍液，或 70% 代森联（品润）700 倍液灌根或喷雾。

（3）发病初期防治　可喷洒 72% 霜脲·锰锌（克露）可湿性粉剂 700 倍液，或 50% 烯酰吗啉（安克）可湿性粉剂 2500 倍液，或 25% 双炔酰菌胺（瑞凡）2500 倍液，70% 乙膦·锰锌可湿性粉剂 500 倍液，72.2% 霜霉威盐酸盐（普力克、再生）水剂 800 倍液，隔 7 ～ 10 天一次，连续防治 3 ～ 4 次。必要时还可用上述杀菌剂灌根，每株灌兑好的药液 0.25 ～ 0.4 升，如能喷洒与灌根同时进行，防效明显提高。

九、西瓜根结线虫病

（一）症状

西瓜根结线虫病主要发生在根部，常以侧根发病较多。受害后的症状有一个共同特征，即被害根部形成大小不同的瘤状物，称为根结（或根瘤），根瘤是受线虫侵染后，致细胞变大、增生而成的。根瘤大小不一，表面光滑，初为白色，后变成淡褐色。根结可以相互连合成念珠状，使一条根甚至大部分根全变成根结（图 1-38）。地上部植株轻者表现不明显，重者生长缓慢，植株矮小发黄，生长不良，结瓜少而小，甚至不结瓜，植株黄化，萎蔫枯死。植株易从地下拔出，剖开根结，病部组织里有很小的乳白色线虫埋于其中。

（二）病原特征

侵染西瓜的根结线虫称南方根结线虫 1 号小种，属植物寄生线虫。病原线虫雌雄异形。雄成虫线状，尾端稍圆，无色。雌成虫为洋

图 1-38　西瓜根结线虫病（根结）

梨形。以成虫、卵在根部病组织或以幼虫在土壤中越冬。

（三）病害发生规律及流行特点

西瓜根结线虫病以卵和 2 龄幼虫在西瓜和其他寄主的土壤中越冬。幼虫在根部吸食作物体内营养，继续发育产卵，产生新一代幼虫为害。带虫土壤、病根、流水是主要传播媒介，农事操作和灌溉是主要传播途径。带病未腐熟的有机肥和病苗是该病的初侵染源，它能在土壤中存活 1～3 年，连作年限越长，发病越重。土壤温度 25～30℃，持水量 40%～50%，线虫繁育快，幼虫在土壤温度低于 10℃、高于 36℃时停止活动，55℃经 10 分钟死亡。地势高燥、土壤疏松、中性砂质壤土最适宜其活动，极易爆发成灾。土壤湿黏板结，不利于其活动繁殖。

（四）防治方法

根结线虫病属于土壤病害，传播途径广，一旦土壤被其污染，就很难清除，靠单一防治措施，难以达到预期效果，必须根据其发病特点，贯彻"预防为主，综合防治"方针，才能收到良好效果。

1.恢复土壤生态环境

恢复土壤良好的生态环境是根本的防治措施。大量使用化肥，导致土壤生态恶化，是土传病害和线虫猖獗的根本原因。土壤中的微生物分为有益菌和有害菌（包括线虫）。有益菌能改良土壤，促进作物生长发育，然而它们需依靠有机质才能生存和繁殖。大量使用化肥，造成土壤有机质大幅降低，致使有益菌的生存环境恶化而减少。有害菌在缺少有机质的情况下，进入植株体内吸收作物的营养生存和繁殖。有益菌和有害菌呈此消彼长的关系。失去了有益菌的抑制，有害菌就会大量繁殖，必然危害作物生存。所以说增施腐熟的有机肥，提高土壤有机质含量，恢复土壤良好的生态环境，是防治土传病害的根本。另外，配合轮作换茬，可有效控制线虫危害，确保西瓜高产、优质。

2.合理轮作换茬

与禾本科或葱蒜类作物进行 2 年以上轮作，有良好防治效果，实行水旱轮作的效果更好。轮作可断绝线虫的食物源，使其没法生存。根据有关调查发现，发病较重的棚室，改种葱蒜类和禾本科作物 3 年后，再种西瓜时就很少发病。

3.冷冻处理土壤

发病重的棚室，作物收获后，在小雪前后灌一次透犁水，去掉棚膜，经 2 个月的冰冻，可有效杀灭线虫。

4.高温闷棚

夏季作物收获后，把棚室清理干净，利用高温闷棚：每亩用 50～100 千克的石灰氮（氰氨化钙）均匀撒在地面上，再每亩撒入 4～6 厘米长的麦秸 600～1000 千克，然后深翻 20 厘米以上，再起垄、覆膜、灌水后密封棚室。当 20 厘米土层温度达到 45℃后，继续闷棚不少于 7 天。闷棚后揭膜翻地晾晒，利用阳光暴晒 5～7 天效果更佳。

5.选用无病壮苗

从外地购苗，一定要检疫，严防病苗传入，这是防止病害传播的关键措施。育苗要选用无病土，使用无病肥，培育无病壮苗。

6.加强田间管理

结合整地，将表土翻至 30 厘米以下，可减轻线虫危害。合理施肥浇水，增强植株抗病性能。及时清理病株残体、田间寄主，集中焚烧或深埋，防止传播。

7.选用生物制剂防治

过去使用的杀线虫化学农药，多数产品对环境污染较重，对人畜不安全，现在大多已被禁用。近年出现的阿维菌素乳油等一些绿色、环保、高效低毒的生物农药，防效良好。在西瓜育苗和定植前，按每平方米用 1.8% 阿维菌素乳油 1 毫升，与适量细土拌匀撒入苗床或定植沟内。田间出现发病植株时，可用 1.8% 阿维菌素乳油 1500 倍液浇灌病株，每株灌药液 250～300 毫升，间隔 7～10 天一次，视情况连续灌药 3 ～ 4 次，可有效控制线虫危害。

十、西瓜细菌性叶斑病

（一）症状

西瓜细菌性叶斑病，又称西瓜细菌性角斑病，是西瓜大棚生产前期及大田中、后期常见的病害，也是西瓜的重要病害之一。西瓜细菌性叶斑病全生育期均可发生，叶片、茎蔓和瓜果都受害。苗期染病，子叶和真叶沿叶缘呈黄褐至黑褐色坏死干枯，最后瓜苗呈褐色枯死。

成株染病，叶片上初生半透明水渍状小点，后随病程发展扩大成浅黄色斑，边缘有黄绿色晕环，最后病斑中央变褐或呈灰白色破裂穿孔，湿度大时叶背溢出乳白色菌液（图 1-39）。茎蔓染病呈油渍状黄绿色小点，逐渐变成近圆形、红褐至暗褐色坏死斑，边缘黄绿色油渍状，随病害发展病部凹陷龟裂，呈灰褐色，空气潮湿时病部可溢出白色菌脓。

图 1-39　西瓜细菌性叶斑病

（二）病原特征

该病病原菌为丁香假单胞菌黄瓜致病变种细菌（*Pseudomonas syringae* pv. *lachrymans*），属假单胞杆菌属。

（三）病害发生规律及流行特点

西瓜细菌性叶斑病病菌在种子上或随病残体留在土壤中越冬，成为翌年的初侵染源。病原细菌靠种子远距离传播病害。土壤中的病菌通过灌水、风雨、气流、昆虫及农事操作中的人为接触在田间传播蔓延。病菌由气孔、伤口、水孔侵入寄主。细菌侵入后，初在寄主细胞间隙中，后侵入到细胞内和维管束中，侵入果实的细菌则沿导管进入种子，造成种子带菌。发病的适宜温度 18 ～ 26℃，相对湿度 75% 以上，湿度愈大，病害愈重，暴风雨过后病害易流行。地势低洼、排水不良，重茬，氮肥过多，钾肥不足，种植过密的地块，病害均较重。

（四）防治方法

1.选育和种植抗病品种

因地制宜选育和种植抗病品种，重病田与非瓜类蔬菜轮作2年以上。

2.农业防治

（1）加强栽培管理　适时移栽，合理密植，注意通风透气；施足基肥，增施磷钾肥，雨后做好排水，降低田间湿度，培育壮苗；田间发现病株及时拔除，收获后结合深翻整地清洁田园，减少来年菌源。

（2）种子处理　从无病瓜上采种，并进行种子消毒处理。可用55℃温水浸种15分钟，或40%福尔马林150倍液浸种90分钟，清水冲洗后催芽播种，或用链霉·土霉素（新植霉素）3000倍液浸种30分钟，再用清水浸4小时，捞出催芽播种。

3.药剂防治

发病初期可喷：链霉·土霉素（新植霉素）5000倍液、30%（丁、戊、己）二元酸铜（琥胶肥酸铜）可湿性粉剂500倍液、60%琥·乙膦铝可湿性粉剂500倍液、77%氢氧化铜（可杀得）可湿性粉剂400倍液、47%春雷·王铜（加瑞农）可湿性粉剂600～800倍液、12%松脂酸铜（绿乳铜）乳油300～400倍液、70%甲霜铜可湿性粉剂600倍液，以上药剂可交替使用，每隔7～10天喷一次，连续喷3～4次。铜制剂使用过多易引起药害，一般不超过3次。喷药需仔细周到地喷到叶片正面和背面，可以提高防治效果。发现食叶蚜虫，及时进行防治，切断病菌传播途径。

十一、西瓜细菌性果腐病

（一）症状

染西瓜细菌性果腐病的瓜苗沿叶片中脉出现不规则褐色病斑，有的扩展到叶缘，叶背面呈水浸状（图1-40）。果实染病，果表面出现数个几毫米大小灰绿色至暗绿色水浸状斑点，后迅速扩展成大型不规

图1-40　西瓜细菌性果腐病

则斑，变褐或龟裂，果实腐烂，并分泌出黏质琥珀色物质，瓜蔓不萎蔫，病瓜周围病叶上出现褐色小斑，病斑通常在叶脉边缘，有时有黄晕，病斑周围呈水浸状。

（二）病原特征

该病病原菌为类产碱假细胞西瓜亚种西瓜细菌性斑豆假单胞（*Pseudomonas pseudoalcaligenes* subsp. *citrulli*），属细菌。病菌为革兰氏阴性，菌体短杆状，极生单根鞭毛。

（三）病害发生规律及流行特点

病菌主要在种子和土壤表面的病残体上越冬，成为来年的初侵染源。病菌在埋入土中的西瓜皮上可存活8个月，在病残体上存活2年，种子表面和种胚均可带菌，带菌种子是病害远距离传播的主要途径。带菌种子萌发后病菌即侵染子叶，引起初侵染。病叶上产生的病菌借风、雨、昆虫及灌溉水传播，从伤口或气孔侵入，形成多次再侵染。果实发病后在病部大量繁殖，通过雨水或灌溉水向四周扩展进行多次重复侵染。高温、高湿的环境易发病，特别是炎热季节伴有暴风雨的条件下，有利于病菌的繁殖与传播，病害发生重。

（四）防治方法

1.选用无病、抗病良种

选用无病、抗病良种并进行种子消毒。用福尔马林100倍液浸种30分钟，或用次氯酸钠300倍液浸种30分钟，或用100万单位硫酸链霉素500倍液浸种2小时，然后用清水冲洗净，催芽、播种。

2.农业防治用

无病土育苗，与非瓜类作物实行2年以上轮作。加强田间管理：及时排除田间积水；合理整枝，减少伤口；生长期及收获后清除病蔓、病叶，并深埋；对表皮发病轻微且已成熟的西瓜，及时采收，减少损失。

3.药剂防治

发病初期，开始喷洒14%络氨铜水剂300倍液，或50%琥胶肥酸铜可湿性粉剂500倍液，或72%农用链霉素可湿性粉剂400倍液，或1：（0.5～0.8）的200～240倍波尔多液，或20%噻菌酮600倍液，或 47% 春雷·氧氯铜（加瑞农）可湿性粉剂 800 倍液等药剂，连续防治 3 ～ 4 次。

十二、西瓜绵疫病

（一）症状

西瓜绵疫病发生在生长中后期，果实膨大后，由于地面湿度大，靠近地面的果面由于长期受潮湿环境的影响，极易发病。果实上先出现水浸状病斑，而后软腐，湿度大时长出白色绒毛状菌丝，后期病瓜腐烂，果实先出现水浸状病斑，而后软腐（图 1-41）。

图 1-41　西瓜绵疫病

（二）病原特征

该病病原菌为瓜果腐霉 [*Pythium aphanidermatum* (Edson) Fitzpatrick]，属鞭毛菌亚门真菌。菌丝无色、无隔。游动孢子囊呈棒状或丝状，分枝裂瓣状，不规则膨大。藏卵器球形，雄器袋状。卵孢子球形，厚壁，淡黄褐色。

（三）病害发生规律及流行特点

病菌以卵孢子在土壤表层越冬，也可以菌丝体在土中营腐生生活，温湿度适宜时卵孢子萌发或土中菌丝产生孢子囊萌发释放出游动孢子，借浇水或雨水溅射到幼瓜上引起侵染。田间高湿或积水易诱发此病。通常地势低洼，土壤黏重，地下水位高，雨后积水或浇水过多，田间湿度高，均有利于发病。结瓜后雨水较多的年份，以及在田间积水的情况下，发病较重。

（四）防治方法

施用充分腐熟的有机肥。采用高畦栽培，避免大水漫灌，大雨后及时排水，必要时可把瓜垫起。与禾本科作物轮作 3 ～ 4 年。发病初期，可采用下列杀菌剂或配方进行防治：687.5 克 / 升霜霉·氟吡胺悬浮剂 800 ～ 1200 倍液，60% 唑醚·代森水分散粒剂 1000 ～ 2000 倍液，250 克 / 升双炔酰菌胺悬浮剂 1500 ～ 2000 倍液，500 克 / 升氟啶胺悬浮剂2000～3000倍液，50%氟吗·锰锌可湿性粉剂1000～1500倍液，440克/升精甲·百菌悬浮剂1000～2000倍液，25%甲霜·霜霉可湿性粉剂1500～2500倍液。兑水喷雾，视病情间隔5～7天喷1次。

第三节　冬瓜传染性病害

一、冬瓜炭疽病

（一）症状

冬瓜炭疽病主要为害叶片和果实。叶片被害，病斑呈近圆形或圆形，初为水渍状，后变为黄褐色，边缘有黄色晕圈。严重时，病斑相互连接成不规则的大病斑，致使叶片干枯。潮湿时，病部分泌出粉红色的黏质物（图1-42）。果实被害，开始产生水渍状浅绿色的病斑，后变为黑褐色稍凹陷的圆形或近圆形病斑，上生有粉红色黏质物（图1-43）。

图1-42　冬瓜炭疽病（病叶）

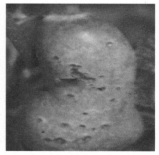

图1-43　冬瓜炭疽病（病瓜）

（二）病原特征

该病病原菌为葫芦科刺盘孢 [*Colletrichum lagenarium* (Pass.) Ell.et Halst]，属半知菌亚门刺盘孢属真菌；有性世代为 *Glomerella lagenaria* (Pass.) Watanable et Tamura，属子囊菌亚门，但在自然条件下很少出现。分生孢子盘产生在寄主表皮下，熟后突破寄主表皮外露。分生孢子梗无色，单胞，圆筒状，大小为（20～25）微米×（2.5～3.0）微米。分生孢子单胞，无色，长圆或卵圆形，一端稍尖，大小为（14～20）微米×（5.0～6.0）微米，多数聚结成堆后呈粉红色。分生孢子盘上着生一些暗褐色的刚毛，长90～120微米，有2～3个横隔。孢子萌发的适温为22～27℃，4℃以下不能萌发。病菌生长适温为24℃，30℃以上、10℃以下即停止生长。孢子萌发除温度适宜外，还需要有充足的氧气。

（三）病害发生规律及流行特点

病原菌主要以菌丝体附着在种子上，或随病残株在土壤中越冬，亦可在温室或塑料木棚骨架上存活。越冬后的病菌产生大量分生孢子，成为初侵染源。通过雨水、灌溉、气流传播，也可以由昆虫携带传播或田间操作时传播。湿度高，叶面结露，病害易流行。氮肥过多、大水漫灌、通风不良，植株衰弱，发病重。

（四）防治方法

1.田间操作

除病灭虫，绑蔓、采收均应在露水落干后进行，减少人为传播蔓延，增施磷钾肥以提高植株抗病力。

2.种子处理

用50%代森铵水剂500倍液浸种1小时，或50%多菌灵可湿性粉剂500倍液浸种30分钟，清水冲洗干净后催芽。

3.发病初期

喷洒50%甲基硫菌灵可湿性粉剂700倍液＋新高脂膜+70%代森锰锌可湿性粉剂600倍液、50%苯菌灵可湿性粉剂1500倍液+80%炭疽福美可湿性粉剂（福美双·福美锌）800倍液、2%嘧啶核苷类抗生素水剂200倍液、50%多菌灵可湿性粉剂500倍液+65%代森锌可湿性粉剂500倍液、50%异菌脲可湿性粉剂800倍液+70%代森锰锌可湿性粉剂600倍液、50%咪鲜胺锰盐可湿性粉剂1000倍液、25%咪鲜胺乳油1000倍液+70%代森锰锌可湿性粉剂600倍液、50%咪鲜胺锰盐可湿性粉剂1500倍液＋新高脂膜+70%代森锰锌可湿性粉剂600倍液、25%溴菌腈可湿性粉剂500倍液+70%代森锰锌可湿性粉剂600倍液，间隔7～10天1次，连续防治4～5次。

二、冬瓜灰斑病

（一）症状

冬瓜灰斑病叶上初生褪绿黄斑，长圆形至不规则形，后期病斑融合连片，病斑浅褐色至褐色，老病斑中央灰色，边缘褐色，大小1～2毫米，有时生出灰色毛状物，即病原菌分生孢子梗和分生孢子（图1-44）。

图1-44　冬瓜灰斑病

（二）病原特征

该病病原菌为瓜类尾孢（*Cercospora citrullina* Cooke），属半知菌亚门真菌。菌丛生于叶两面，叶面多，子座无或小；分生孢子梗10根以下簇生，淡褐色至浅橄榄色，直或略屈曲，具隔膜0～3个，顶端渐细，孢痕明显，无分枝，大小为（7.5～72.5）微米×（4.5～7.75）微米；分生孢子无色或淡色，倒棍棒形或针形至弯针形，具隔0～16个，端钝圆尖或亚尖，基部平截，大小为（15～112.5）微米×（2～4）微米。

（三）病害发生规律及流行特点

病原菌以菌丝块或分生孢子在病残体及种子上越冬，翌年产生分生孢子借气流及雨水传播，从气孔侵入，经7～10天发病后产生新的分生孢子进行再侵染。多雨季节此病易发生和流行。

（四）防治方法

（1）选用无病种子播种。

（2）种子用50%多菌灵可湿性粉剂500倍液浸种30分钟。

（3）实行与非瓜类蔬菜2年以上轮作。

（4）发病初期及时喷洒50%混杀硫悬浮剂500～600倍液或50%多·硫悬浮剂600～700倍液，隔10天左右1次，连续防治2～3次。保护地可用45%百菌清烟剂熏烟，用量每亩200～250克，或喷撒5%百菌清粉尘剂1千克/亩，隔7～9天1次，视病情防治1次或2次。采收前7天停止用药。

三、冬瓜叶斑病

（一）症状

冬瓜叶斑病主要为害叶片，病斑圆形或近圆形，深褐色，最大直径达 10 毫米以上。斑上微具轮纹，生长后期病斑上生出黑色小粒点，即病菌分生孢子器（图 1-45）。

图 1-45　冬瓜叶斑病

（二）病原特征

该病病原菌为黄瓜壳二孢（*Ascochyta cucumis* Fautr. et Roum.），属半知菌亚门真菌。病菌分生孢子器球形至扁球形，直径 40～50 微米，器壁膜质，淡黄色；分生孢子椭圆形至长卵形，无色，双细胞，大小为 (8.8～11.0)微米×(2～2.5) 微米。有性态为瓜类球腔菌 [*Mycosphaerella citrulling* (Smith) Gross.]。

（三）病害发生规律及流行特点

病菌以分生孢子器在病株残体上或土表越冬，翌年条件适宜时，放射出分生孢子，借气流传播引起初侵染。发病后，病部产生的分生孢子借风雨传播蔓延，不断进行再侵染。

（四）防治方法

（1）收获后及时清园，把病残株集中在一起沤肥或烧毁。

（2）发病初期结合防治炭疽病，喷洒 36% 甲基硫菌灵悬浮剂 500 倍液或 50% 多菌灵可湿性粉剂 600 倍液、40% 混杀硫胶悬剂 600 倍液、50% 苯菌灵可湿性粉剂 1500 倍液、60% 防霉宝超微可湿性粉剂 800 倍液，每亩喷兑好的药液 70～75 升，隔 10 天左右 1 次，连续防治 2～3 次。采果前 3 天停止用药。

四、冬瓜黑星病

（一）症状

冬瓜黑星病主要为害叶、茎和果实。叶片染病，初生水渍状污点，后扩大为褐色至墨色斑，易穿孔（图 1-46）。茎和果实上症状未见到。

（二）病原特征

瓜 疮 痂 枝 孢 霉（*Cladosporium cucumerinum* E11. et Arthur），属半知菌亚门真菌。菌丝白色至灰色，具分隔。分生孢子梗细长，丛生，褐色或淡褐色，形成合轴分枝，大小为（160～520）微米 ×（4～5.5）微米。分生孢子近梭形至长梭形，串生，有 0～2 个隔膜，

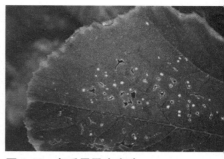

图1-46　冬瓜黑星病病叶

淡褐色。单胞分生孢子大小为（11.5～17.8）微米 ×（4～5）微米；双胞分生孢子大小为（19.5～24.5）微米 ×（4.5～5.5）微米。病菌生长发育温度为 2～35℃，最适温度 20～22℃。除危害冬瓜外，还侵染西葫芦、南瓜、甜瓜、黄瓜等。

（三）病害发生规律及流行特点

该病病原菌以菌丝体或分生孢子丛在种子或病残体上越冬，翌春分生孢子萌发进行初侵染和再侵染，借气流和雨水传播蔓延。湿度大时，夜温低可加重病害扩展。

（四）防治方法

（1）选用抗病品种。

（2）选留无病种子，做到从无病棚、无病株上留种，采用冰冻滤纸法检验种子是否带菌。

（3）用 50% 多菌灵可湿性粉剂 500 倍液浸种 30 分钟后冲净再催芽，或用占种子重量 0.3% 的 50% 多菌灵可湿性粉剂拌种，均可取得良好的杀菌效果。

（4）覆盖地膜，采用滴灌等节水技术，轮作倒茬，重病棚（田）应与非瓜类作物进行轮作。

（5）加强栽培管理。尤其定植后至结瓜期控制浇水十分重要。保护地栽培，尽可能采用生态防治，要注意温湿度管理，采用放风排湿、控制灌水等措施降低棚内湿度，减少叶面结露，抑制病菌萌发和侵入，白天控温 28～30℃，夜间 15℃，相对湿度低于 90%。中温

低湿棚平均温度21～25℃，或控制大棚湿度高于90%不超过8小时，可减轻发病。

五、冬瓜黑斑病

（一）症状

冬瓜黑斑病病菌寄生于葫芦科叶片或果实上，果实染病初生水渍状小圆斑，褐色，之后病部逐渐扩展为深褐色至黑色病斑，未见叶片染病（图1-47）。

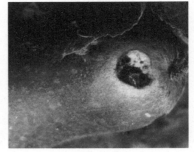

图1-47　冬瓜黑斑病病瓜

（二）病原特征

该病病原菌为瓜链格孢（*Alternaria cucumerina*），属半知菌亚门真菌。菌丛生于叶两面，分生孢子梗单生或小丛生，直立或弯曲，有时呈屈膝状，圆筒形，具分隔，色浅或近褐色，大小110微米×（6～10）微米，通常可见几个发育的分生孢子的孢痕；分生孢子单生，偶见2个链生，倒棍棒状，具长喙，浅色至金褐色，平滑或具小疣，长约130～220微米，基部最宽处为15～24微米，分生孢子具6～9个横隔和几个纵隔，喙分隔浅褐色，基部宽4～5微米，很快变狭至1～1.2微米。可侵染葫芦科植物。

（三）病害发生规律及流行特点

果实染病病菌来自于土壤中的病残体上，在田间借气流或雨水传播，条件适宜时几天即显症。该病的发生与田间生态条件关系密切，坐瓜后遇高温、高湿易发病。田间管理粗放，肥力差，发病重。

（四）防治方法

（1）选用无病种瓜留种。

（2）增施复合肥增强抗病力。

（3）发病初期喷洒针对性药剂和新高脂膜，可改造高毒农药为中毒、中毒农药为低毒、低毒农药为微毒。控制农药挥发飘逸，防小雨水冲刷，降低每亩用药量（减半），提高防治效果。

六、冬瓜绵疫病

（一）症状

冬瓜绵疫病主要为害近成熟果实、叶和茎蔓。果实染病，先在近地面处出现水渍状黄褐色病斑，后病部凹陷，其上密生白色棉絮状霉层，最后病部或全果腐烂（图1-48）。叶片染病，病斑黄褐色，后生白霉腐烂。茎蔓染病，蔓上病斑绿色，呈湿腐状。

（二）病原特征

该病病原菌为辣椒疫霉（*Phy-tophthora apsici*），属子囊菌亚门真菌。孢囊梗丝状，分枝顶端生孢子囊，孢子囊卵圆形，顶端有乳头状突起，萌发时释放出许多游动孢子。卵孢子圆球形，淡黄色。厚垣孢子球形，单胞，黄色，壁厚平滑。

图1-48　冬瓜绵疫病

（三）病害发生规律及流行特点

病菌以卵孢子、厚垣孢子在病残体上和土壤中越冬。田间通过雨水进行传播。一般6月中下旬开始发病，7月底至8月上旬进入发病盛期。气温高，雨水多，发病较重。

（四）防治方法

1.农业防治

定植前施用酵素菌沤制的堆肥或充分腐熟的有机肥，苗期适时中耕松土，以促发根和保墒，甩蔓后及时盘蔓、压蔓；遇有大暴雨后要及时排水。发现病瓜及时摘除，携出田外深埋或沤肥，秋季拉秋后要注意清洁田园，及时耕翻土地。

2.药剂防治

发病初期可采用以下杀菌剂或配方进行防治：69%烯酰·锰锌可湿性粉剂1000～1500倍液；50%氟吗·锰锌可湿性粉剂500～1000倍液；72.2%霜霉威水剂600～800倍液+75%百菌清可湿性粉剂

600 ～ 800 倍液；50% 氟吗·乙铝可湿性粉剂 600 ～ 800 倍液 +70% 代森锰锌可湿性粉剂 800 ～ 1000 倍液；53% 甲霜灵·锰锌水分散粒 剂 600 ～ 800 倍液；70% 丙森锌可湿性粉剂 600 ～ 800 倍液；60% 琥 铜·乙铝·锌可湿性粉剂 500 ～ 800 倍液兑水喷雾防治，视病情隔 7 ～ 10 天 1 次。

七、冬瓜细菌性角斑病

（一）症状

冬瓜角斑病主要为害叶片、叶柄和果实，有时也侵染茎。苗期 至成株期均可受害。真叶染病，初为鲜绿色水浸状斑，渐变淡褐色，

病斑受叶脉限制呈多角形，黄褐 色，湿度大时叶背溢有乳白色浑 浊水珠状菌脓，病部质脆易穿孔， 区别于霜霉病（图 1-49）。茎、叶 柄染病，侵染点出现水浸状小 点，沿茎沟纵向扩展，呈短条 状，湿度大时也见菌脓，严重的 纵向开裂呈水浸状腐烂，变褐干 枯，表层残留白痕。果实染病， 出现水浸状小斑点，扩展后不规

图 1-49　冬瓜细菌性角斑病病叶

则或连片，病部溢出大量污白色菌脓，病菌侵入种子，致种子带菌。

（二）病原特征

该病病原菌为丁香假单胞杆菌 [*Pseudomonas syringae* pv. *1 achrymans* (Smith et Bryan) Young, Dye & Wilkie]，流泪致病变种（黄瓜角斑病 假单胞菌），属细菌。菌体短杆状相互呈链状连接，具端生鞭毛 1 ～ 5 根，大小为（0.7 ～ 0.9）微米 ×（1.4 ～ 2）微米，有荚膜，无芽孢， 革兰氏染色阴性，在金氏 B 平板培养基上，菌落白色，近圆形或略 呈不规则形，扁平，中央凸起，污白色，不透明，具同心环纹，边缘 一圈薄且透明，菌落直径 5 ～ 7 毫米，外缘有放射状细毛状物，具黄 绿色荧光。生长适温 24 ～ 28℃，最高 39℃，最低 4℃，48 ～ 50℃ 经 10 分钟致死。

（三）病害发生规律及流行特点

病原菌在种子内、外或随病残体在土壤中越冬，成为翌年初侵染源。病菌由叶片或果实伤口、自然孔口侵入，进入胚乳组织或胚幼根的外皮层，造成种子内带菌。此外，采种时病瓜接触污染的种子致种子外带菌，且可在种子内存活1年，土壤中病残体上的病菌可存活3～4个月。生产上如播种带菌种子，出苗后子叶发病，病菌在细胞间繁殖，冬瓜病部溢出的菌脓，借大量雨珠下落，或结露及叶缘吐水滴落、飞溅传播蔓延，进行多次重复侵染。露地冬瓜蹲苗结束后，随雨季到来和田间浇水开始，始见发病，病菌靠气流或雨水逐渐扩展开来，一直延续到结瓜盛期，后随气温下降，病情缓和。发病温限10～30℃，适温24～28℃，适宜相对湿度70%以上。病斑大小与湿度相关：夜间饱和湿度大于6小时，叶片上病斑大且典型；湿度低于85%，或饱和湿度持续时间不足3小时，病斑小；昼夜温差大，结露重且持续时间长，发病重。在田间浇水次日，叶背出现大量水浸状病斑或菌脓。有时，只要有少量菌源即可引起该病发生和流行。

除侵染冬瓜、节瓜外，还侵染葫芦、西葫芦、丝瓜、甜瓜、西瓜、黄瓜、笋瓜等。

（四）防治方法

1.选用耐病品种

冬瓜的抗病材料有粉皮2号、蓝宝石1号、粉杂冬瓜09-3、墨地龙、铁杆粉斯（XPD013-2016）、小家碧玉（XPD014-2016）等。

2.种子处理

从无病瓜上选留种，瓜种可用70℃恒温干热灭菌72小时，或50℃温水浸种20分钟，捞出晾干后催芽播种；还可用次氯酸钙300倍液浸种30～60分钟，或40%福尔马林150倍液浸种1.5小时，或100万单位硫酸链霉素500倍液浸种2小时，冲洗干净后催芽播种。

3.强栽培管理

重病地块实行2年以上的轮作，用无病土壤育苗。高畦种植，合理灌溉，不大水漫灌，雨后及时排除田间积水。棚室合理调节温湿度，要适时支架提蔓、绑蔓，加强通风降湿。温室大棚冬瓜、黄瓜要求叶面不结露或结露时间不超过2小时，中午和下午放风，使相对湿度降到 70%～ 80%，如气温达到 13℃以上可整夜通风降湿。浇水应在晴天上午进行，浇后闭棚，使温度上升，闷 1 小时后缓慢放风，遇连阴雨或发生霜霉病、角斑病后应控制浇水。不在露水未干时进行农事操作。当季瓜类收获后应彻底清除病残体并集中销毁。

4.药剂防治

发病初期可施农药防治，可选用杀菌剂有 72% 农用链霉素可溶性粉剂 4000 倍液，或新植霉素 5000 倍液，或 77% 氢氧化铜可湿性粉剂 500 倍液，或 47% 加瑞农可湿性粉剂 600 倍液，或 30% 琥胶肥酸铜可湿性粉剂 500 倍液，或 14% 络氨铜水剂 350 倍液，或 3% 多抗霉素 800 ～ 1000 倍液等，7 ～ 10 天喷药 1 次，连续防治 2 ～ 3 次。用 5% 加瑞农粉尘剂喷粉，每次每亩用药 1 千克。

5.可施用 VA 菌根

施用 VA 菌根（*Glomus macrocarpum*）可减轻冬瓜细菌性角斑病的发生。

八、冬瓜软腐病

（一）症状

冬瓜软腐病主要为害果实，初呈水渍状，后逐渐变软，病部凹陷，内部组织腐烂，常因此病致瓜条折断落地，病瓜具恶臭味（图 1-50）。

图 1-50　冬瓜软腐病病瓜

（二）病原特征

冬瓜软腐病病原菌为细菌胡萝卜软腐欧氏杆菌胡萝卜软腐亚种[*Erwinia carotovora* subsp. *carotovora* (Jones) Bergey et al.，或 *Erwinia aroideae* (Towns.) Holland]。菌体短杆状，周生 2 ～ 8 根鞭毛。革兰氏染色阴性，生长发育适温 25 ～ 30℃，最高 40℃，最低 2℃，50℃经 10 分钟致死。

（三）病害发生规律及流行特点

胡萝卜软腐欧氏杆菌胡萝卜软腐亚种主要侵染冬瓜、芹菜、莴苣及十字花科、茄科蔬菜等。

病菌随病残体在土壤中越冬。翌年，借雨水、灌溉水及昆虫传播，由伤口侵入。病菌侵入后分泌果胶酶溶解中胶层，导致细胞分崩离析，致细胞内水分外溢，引起腐烂。阴雨天或露水未落干时整枝打杈，或虫伤多，发病重。

（四）防治方法

及时防治冬瓜、节瓜害虫，减少虫伤。必要时喷洒碱式硫酸铜悬浮剂 300 ～ 400 倍液或 50% 琥胶肥酸铜可湿性粉剂 500 倍液、72%农用硫酸链霉素可溶性粉剂 4000 倍液、77% 可杀得可湿性微粒粉剂500 倍液、47% 春雷·王铜（加瑞农）可湿性粉剂 700 倍液，隔 7 ～ 10天 1 次，连续防治 2 ～ 3 次。采收前 5 天停止用药。

九、冬瓜疫病

（一）症状

冬瓜疫病在全国各地均有不同程度的发生。在夏季雨水较多的南方地区，常造成大面积死秧，可造成 20% ～ 60% 的减产，有的年份甚至绝收，成为影响产量的重要因素之一。

冬瓜疫病主要为害茎和果实，也可为害叶片。叶片发病，初呈圆形或不规则形暗绿色水浸状病斑，边缘不明显。湿度大时，病斑扩展很快，病叶迅速腐烂。先从近地面茎基部开始，初呈水渍状暗绿色，病部软化萎缩，上部叶片萎蔫下垂，全株枯死。果实发病，先从花蒂部发生，出现水渍状暗绿色近圆形凹陷的病斑，后果实皱缩软腐，表面生有白色稀疏霉状物（图 1-51）。

图 1-51　冬瓜疫病病果

（二）病原特征

该病病原菌为甜瓜疫霉（*Phytophthora melonis Kalsura*），属鞭毛菌亚门真菌。

（三）病害发生规律及流行特点

病原菌以菌丝体和厚垣孢子、卵孢子随病残体在土壤中或土杂肥中越冬，主要借助流水、灌溉水及雨水溅射而传播，也可借助施肥传播，从伤口或自然孔口侵入致病。发病后病部上产生孢子囊及游动孢子，借助气流及雨水溅射传播进行再侵染，病害得以迅速蔓延。如雨季来得早，雨量大，雨天多，该病易流行。连作、低湿、排水不良、田间郁闭、通透性差，或施用未充分腐熟的有机肥，发病重。

高温高湿是冬瓜疫病发生的必要条件，6～9月间危害最严重。因此，地下水位高、连雨闷热、黏重土壤、低洼易涝、无架栽培等都易发病且病症严重。

（四）防治方法

1.选用抗病品种

青皮有白粉的冬瓜品种较抗病，如广东南海青皮冬瓜，以及黑皮冬瓜、杂一代12号、杂一代16号等。

2.种子处理

可用72.2%霜霉威水剂或25%甲霜灵可湿性粉剂800倍液浸种30分钟后再用清水浸种催芽，或用40%拌种双可湿性粉剂按种子重量0.3%拌种。于发病前开始施药，尤其是雨季到来之前先喷1次预防，雨后发现中心病株时拔除，并采用下列杀菌剂或配方进行防治：10%氰霜唑悬浮剂2000～2500倍液+75%百菌清可湿性粉剂600～800倍液；72.2%霜霉威水剂600～800倍液+70%代森锰锌可湿性粉剂800～1000倍液；72%霜脲·锰锌可湿性粉剂500～800倍液；25%噻菌酯悬浮剂1000～2000倍液；30%醚菌酯悬浮剂2000～3000倍液；70%丙森锌可湿性粉剂600～800倍液；68.75%噁唑菌酮·锰锌水分散粒剂800～1000倍液；25%甲霜灵可湿性粉剂600～800倍液+50%克菌丹可湿性粉剂500～800倍液；兑水喷雾，视病情隔7～10天1次。

3.采用高畦栽植，避免积水

苗期控制浇水，结瓜后做到见湿见干，发现疫病后，浇水减到最低量，控制病情发展。但进入结瓜盛期要及时供给所需水量，严禁雨前浇水。发现中心病株，拔除深埋。结瓜后垫草或搭架把瓜吊起来或垫高，避免接触地面，雨季适当提前采收。

4.药剂防治

田间发现病情应加强防治，发病期，可采用下列杀菌剂进行防治：全新卵菌纲杀菌剂氟吡菌胺·霜霉威（银法利）687.5克/升悬浮剂1000～2000倍液；70%呋酰·锰锌可湿性粉剂600～1000倍液；25%双炔酰菌胺悬浮剂1000～1500倍液；69%烯酰·锰锌可湿性粉剂1000～1500倍液；52.5%噁唑菌酮·霜脲氰水分散粒剂1500～2000倍液；68%精甲霜·锰锌水分散粒剂600～800倍液；66.8%丙森·异丙菌胺可湿性粉剂600～800倍液；兑水喷雾，视病情隔5～7天1次。

十、冬瓜褐斑病

（一）症状

冬瓜褐斑病又称靶斑病，主要为害叶片、叶柄和茎蔓。叶片染病病斑圆形或不规则形，大小差异较大，小的直径3～5毫米，大的20～30毫米，平均10～15毫米；小型

图1-52　冬瓜褐斑病

病斑黄褐色，中间稍浅，大型病斑深黄褐色，湿度大时，病斑正背两面均可长出灰黑色霉状物，后期病斑融合，致叶片枯死。叶柄、茎蔓染病，病斑椭圆形灰褐色，病斑扩展绕茎1周后，致整株枯死（图1-52）。

（二）病原特征

该病病原菌为瓜棒孢霉（*Corynespora melonis* Lindau），属半知菌亚门真菌。菌丝无色，细长，具分枝。分生孢子梗生于叶两面、多单生，个别3～5根丛生，丛生的有子座；分生孢子梗不分枝，具分

隔 1 ～ 7 个，褐色，大小为（150 ～ 650）微米 ×（5 ～ 8）微米；分生孢子顶生在梗端，单生或串生，棍棒状，直立或略弯，浅褐色，顶端钝圆，基部膨大，有 2 ～ 7 分隔，分隔处无缢缩，分生孢子大小（41.3 ～ 286.7）微米 ×（8.5 ～ 17）微米；厚垣孢子壁厚，粗短，深褐色。

（三）病害发生规律及流行特点

病菌以菌丝或分生孢子随病残体留在土壤中越冬，翌春条件适宜时产生分生孢子，借气流或雨水传播蔓延，进行初侵染，发病后病部又产生新的分生孢子。分生孢子多在白天传播，尤以 10 ～ 14 时最多，病菌侵入后经 6 ～ 7 天潜育期后即显症。在冬瓜一个生长季节，该病可进行多次再侵染，致病情不断加重。发病适温 25 ～ 28℃，相对湿度 100%，昼夜温差大、植株衰弱、偏施氮肥的棚室易发病，缺少微量元素硼时发病重。经观察，冬瓜不同品种间抗病性有差异。

（四）防治方法

1.选用抗病品种和无病种子

选用抗病品种和无病种子，有冬瓜褐斑病发生的地区，种子可用 50℃温水浸种 30 分钟后冷却，晾干后再催芽播种。

2.轮作

应与非瓜类作物实行 2 ～ 3 年以上的轮作。冬瓜收获后一定要把病残体集中烧毁或深埋，及时深翻，以减少菌源。

3.合理施肥

施用充分腐熟的有机肥，采用配方施肥技术，注意搭配磷、钾肥，防止脱肥，注意适量施入硼肥。棚室保护地栽培冬瓜，加强温湿度管理，科学灌水，最好采用膜下滴灌，及时放风排湿，创造利于冬瓜生长发育、不利于病菌侵入的温湿度条件，可有效地预防冬瓜褐斑病的发生。

4.药剂防治

发病初期开始喷洒 70% 代森锰锌可湿性粉剂 500 倍液，或 75%百菌清可湿性粉剂 600 倍液，或 60% 防霉宝超微可湿性粉剂 800 倍液，或 70% 代森锰锌可湿性粉剂 800 倍液 +50% 福美双粉剂 800 倍液，或50% 甲基硫菌灵可湿性粉剂 1000 倍液 +75% 百菌清可湿性粉剂 1000

倍液，或 50% 速克灵可湿性粉剂 3000 倍液 +75% 百菌清可湿性粉剂 1000 倍液，隔 7 ～ 10 天 1 次，连续防治 2 ～ 3 次。棚室保护地可选用烟剂 1 号或烟剂 1 号与 2 号等量混合剂熏烟，每亩 50 ～ 300 克，于傍晚关闭通风口，熏 1 夜，翌晨放风。采果前 7 天停止用药。

十一、冬瓜菌核病

（一）症状

塑料棚、温室或露地冬瓜、节瓜，苗期至成株期均可染冬瓜菌核病。主要为害果实和茎蔓。果实染病多在残花部，先呈水浸状腐烂，后长出白色菌丝，菌丝纠结成黑色菌核。茎蔓染病初在近地面的茎部产生褪色水浸状斑，后逐渐扩大呈褐色，高湿条件下，病茎软腐，长出白色绵毛状菌丝。病茎髓部遭破坏腐烂中空或纵裂干枯。叶柄、叶、幼果染病初呈水浸状并迅速软腐，后长出大量白色菌丝，菌丝密集形成黑色鼠粪状菌核（图 1-53）。病部以上叶、蔓萎凋枯死。

图 1-53　冬瓜菌核病（鼠粪状菌核）

（二）病原特征

冬瓜菌核病的病原菌为核盘菌 [*Sclerotinia sclerotiorum* (Lib.) deBary]，属子囊菌亚门真菌。菌核初白色，后表面变黑色鼠粪状，大小不等，（1.1 ～ 6.5）微米 ×（1.1 ～ 3.5）毫米，由菌丝体扭集在一起形成。干燥条件下，存活 4 ～ 11 年，水田经 1 个月腐烂。5 ～ 20℃，菌核吸水萌发，产出 1 ～ 30 个浅褐色盘状或扁平状子囊盘，系有性繁殖器官。子囊盘柄的长度与菌核的入土深度相适应，一般 3 ～ 15 毫米，有的可达 6 ～ 7 厘米，子囊盘柄伸出土面为乳白色或肤色小芽，逐渐展开呈杯状或盘状，成熟或衰老的子囊盘变成暗红色或淡红褐色。子囊盘中产生很多子囊和侧丝，子囊盘成熟后子囊孢子呈烟雾状弹射，高达 90 厘米，子囊无色，棍棒状，内生 8 个无色的子囊孢子。子囊孢子椭圆形，单胞，大小为（10～15）微米×（5～10）微米。一般不产生分生孢子。除侵染葫芦科外，还侵染茄科、十字花科、豆科等多种蔬菜。0～35℃菌丝能生长，菌丝生长及菌核形成最适温度为 20℃，最高 35℃，50℃经 5 分钟致死。

（三）病害发生规律及流行特点

菌核遗留在土中或混杂在种子中越冬或越夏。混在种子中的菌核，随播种带病种子进入田间传播蔓延，冬瓜菌核病属分生孢子气传病害类型，其特点是以气传的分生孢子从寄生的花和衰老叶片侵入，以分生孢子和健株接触进行再侵染。侵入后，长出白色菌丝，开始为害柱头或幼瓜。在田间带菌雄花落在健叶或茎上经菌丝接触，易引起发病，并以这种方式进行重复侵染，直到条件恶化，又形成菌核落入土中或随种株混入种子间越冬或越夏。南方 2～4 月及 11～12 月适其发病，北方 3～5 月及 9～10 月发生多。本病对水分要求较高；相对湿度高于 85%，温度在 15～20℃利于菌核萌发和菌丝生长、侵入及子囊盘产生。因此，低温、湿度大或多雨的早春或晚秋有利于该病发生和流行，菌核形成时间短、数量多。连年种植葫芦科、茄科及十字花科蔬菜的田块、排水不良的低洼地或偏施氮肥或霜害、冻害条件下发病重。

（四）防治方法

以提高温度的生态防治为主，辅之以药剂防治，可以控制冬瓜菌核病流行。

1.农业防治

有条件的实行与水生作物轮作或夏季把病田灌水浸泡半个月，或收获后及时深翻，深度要求达到 20 厘米，将菌核埋入深层，抑制子囊盘出土。同时采用配方施肥技术，增强寄主抗病力。

2.物理防治

播前用 10% 盐水漂种 2～3 次，汰除菌核，或塑料棚采用紫外线塑料膜，可抑制子囊盘及子囊孢子形成。也可采用高畦覆盖地膜抑制子囊盘出土释放子囊孢子，减少菌源。

3.药剂防治

定植前用 20% 甲基立枯磷配成药土耙入土中，每亩用药 0.5 千克兑细土 20 千克拌匀；种子用 50℃温水浸种 10 分钟，即可杀死菌核。

4.生态防治

棚室上午以闷棚提温为主，下午及时放风排湿，发病后可适当提高夜温以减少结露，早春日均温控制在 29℃或 31℃高温，相对湿度低于 65% 可减少发病，防止浇水过量，土壤湿度大时，适当延长浇水间隔期。

第四节　南瓜传染性病害

南瓜为一年生双子叶草本植物，别名番瓜、北瓜、笋瓜、金瓜等，属于葫芦科、南瓜属。南瓜适应性强，在中国各地都有栽种，嫩果味甘适口，是夏秋季节的瓜菜之一，老瓜可作饲料或杂粮，所以有很多地方又称为饭瓜。西餐中常用南瓜来做成南瓜派，即南瓜甜饼。南瓜瓜子可以作零食，还具有一定的药用价值。

一、南瓜霜霉病

霜霉病是南瓜的毁灭性病害，各地均有发生，病株一般减产15% ～ 25%，严重的减产40% 以上。

（一）症状

霜霉病是南瓜的重要病害之一，俗称"跑马干"，主要危害叶片。发病初期叶片背面出现水浸状黄色斑点，病斑逐渐扩大后，受叶脉限制呈黄褐色不规则的多角形病斑。与黄瓜霜霉病不同，南瓜霜霉病不会产生明显的多角形病斑，而是略微呈圆形。在潮湿条件下，病斑背面长有灰黑色霉层。此病一般由下部叶片向上部叶片发展，发病重时，病斑连成片，使叶片变黄干枯，易破碎，病田植株一片枯黄，似火烧状。抗病品种发病时，叶片褪绿斑扩展缓慢，病斑较小，呈多角形甚至圆形，病斑背面霉层稀疏或没有，病势发展较慢，叶片上病斑不易连片（图 1-54、图 1-55）。

图 1-54　南瓜霜霉病病叶（正面）　　　图 1-55　南瓜霜霉病（田间）

（二）病原特征

南瓜霜霉病的病原菌为古巴假霜霉菌［ *Pseudoperonospora cubensis* (Berk. et Curt) Rostov.］，属鞭毛菌亚门真菌，隶属于霜霉菌目，是一种专性寄生菌。菌丝体无隔膜、无色，以卵形或指状分枝的吸器伸入寄主细胞内吸收养分。无性繁殖产生孢囊梗和孢子囊。孢子囊可随风雨、黄瓜甲虫、农器具等进行传播。古巴假霜霉菌无性繁殖产生孢子囊，孢子囊对不良环境条件抵抗力较差，存活期短，因此在北方高寒地区难以越冬。

（三）病害发生规律及流行特点

南瓜霜霉病病菌以在土壤或病株残体上的孢子囊及潜伏在种子内的菌丝体越冬或越夏。以孢子囊随风雨进行传播，从寄主叶片表皮直接侵入，引起初次侵染，以后随气流和雨水进行多次再侵染。病菌喜温暖高湿的环境条件。各种栽培形式的南瓜，当叶片上有水滴，气温达到 20 ～ 25℃时，任何时候都可以发生。连续降雨或大棚湿度大时发病的可能性增大，一旦发生，病情发展十分迅速。适宜发病温度为10 ～ 30℃，最适为 15 ～ 20℃，相对湿度 90% 以上容易发生流行。叶面有水滴或水膜病菌容易侵入和萌发。当温度在 20℃左右，相对湿度 80% 左右，持续 6 ～ 24 小时，该病开始发生蔓延。春季多雨、多雾、多露，且温度上升到 20 ～ 25℃，霜霉病可迅速发生流行，引起南瓜、黄瓜、西葫芦霜霉病。分生孢子遇到水滴便萌发出芽管，释放出游动孢子。当游动孢子落到其他叶片上，便可侵染发病。

病原菌可随季风或雨水从南向北传播；也可从保护地传播到露地，再由露地传回保护地，形成周年发病。

（四）防治方法

1.选地与肥水管理

种植南瓜地要选地势高燥、通风透光、排水性能好的田块，进行深沟高畦栽培，施足有机肥，增施磷钾肥，提高植株的抗病性。生长前期适当控制浇水次数。

2.加强温湿度管理

日出后棚温控制在 25～30℃，通风使相对湿度降到 60%～70%，做到温湿度双限制，抑制发病，同时利于南瓜光合作用；下午温度降至 20～25℃，相对湿度降到 70% 左右，实现单湿度抑制病害，温度利于光合物质的输送和转化。

3.高温闷棚

利用南瓜和病菌对高温忍耐性的不同来抑制病菌发育或杀死病菌，方法是：在发病初期，选择晴天中午将保护地关闭，使棚内南瓜生长点附近的温度上升到 45℃但不超过 47℃，维持 2～3 小时，然后逐步通风降温。闷棚处理时要求土壤含水量高，棚内湿度高，避免灼伤南瓜生长点。

4.药剂防治

发病前进行预防，药剂可选用 75% 百菌清可湿性粉剂 600 倍液等喷雾。在发病初期 7 天内及时防治，药剂可选用 64% 杀毒矾可湿性粉剂 1000 倍液等喷雾，注意交替使用。保护地栽培、棚室内熏烟可选用百菌清烟剂，将药剂分成多份，均匀分布于棚室内，傍晚将棚室关闭，然后点燃烟剂，使烟剂均匀弥漫，次日早晨通风。一般隔 7 天左右熏烟 1 次，或根据病情确定间隔时间。喷粉防治可在温室或大棚内，用 5% 百菌清粉尘剂，每 1000 米^2 用药 1～1.5 千克。喷粉应在早晨或傍晚进行，喷前将放风口关闭，喷后 1 小时可以放风，隔 7～10 天再喷 1 次。

定植缓苗后就应进行预防性喷药，可选用广谱、价低的百菌清、多菌灵、三乙膦酸铝等农药，隔 7 天左右喷雾 1 次。发病后更要加强药剂防治，以防止其迅速蔓延。发病时，可选用 75% 百菌清可湿性粉剂 600 倍液，或 70% 乙膦・锰锌可湿性粉剂 500 倍液，或 72% 霜脲氰・锰锌可湿性粉剂 800 ～ 900 倍液等药剂喷雾防治，5 ～ 7 天喷 1 次，根据病情连续喷 3 ～ 6 次。

对药剂产生耐药性的地区，可改用 69% 烯酰吗啉・锰锌可湿性粉剂 1000 倍液，或 70% 丙森锌可湿性粉剂 500 ～ 700 倍液喷雾防治。采收前 7 天停止用药。

二、南瓜白粉病

（一）症状

南瓜白粉病是南瓜发生最普遍而严重的一种病害，南瓜是瓜类白粉病中受害最大的一种瓜类。南瓜白粉病主要危害叶片，叶片表面多被白粉状物覆盖，导致光合作用明显受阻，严重的叶片枯黄乃至焦枯，影响南瓜结实。叶柄和茎也有发病，还危害黄瓜、苦瓜、网纹甜瓜和香瓜等瓜类作物。南瓜从苗期至收获期均可受到白粉病的侵害，并以生长中后期危害较重（图 1-56、图 1-57）。

图 1-56　南瓜白粉病病叶（正面）　　图 1-57　南瓜白粉病病叶（背面）

（二）病原特征

该病病原菌为半知菌亚门的粉孢属（*Oidium* sp.）真菌。引起甘肃省武威地区南瓜白粉病的病原菌为单囊壳属单囊壳菌 [*Sphaerotheca fuliginea* (Schlecht. Ex Fr.) Poll]。

瓜类单囊壳菌是属于白粉菌目、白粉菌科、单囊壳属的一种真菌，子囊果为散生。寄生在葫芦科植物上。菌丝体生于叶的两面和叶柄上，存留，开始为白圆斑，后展生，长满全叶；分生孢子成串，腰鼓形、广椭圆形，大小为 [19.5 ～ 30（33）] 微米 ×（12 ～ 18）微米；子囊果散生，球形，褐色至暗褐色，直径 72 ～ 99 微米，壁细胞不规则长方形或多角形，直径 9 ～ 42 微米；附属丝 4 ～ 8 根，丝状，屈膝状弯曲，长度为子囊果直径的 0.5 ～ 3 倍，基部稍粗，平滑，有 3 ～ 5 个隔膜，无色或下部淡褐色；子囊 1 个，广椭圆形、近球形，无柄或有短柄，壁厚，顶部壁不变薄，大小为 [60 ～ 70（84）] 微米 × [42 ～ 60（63）] 微米；子囊孢子 4 ～ 8 个，椭圆形，大小为（19.5 ～ 28.5）微米 ×（15 ～ 19.5）微米。

（三）病害发生规律及流行特点

南瓜白粉病在高温高湿与高温干燥交替出现时发病达到高峰，同时在尿素等氮肥施用较多、种植过密、潮湿的田块容易发病或发病较重。生产结束后病菌在老株和病残体上越冬。

在华南地区，病菌以无性态分生孢子作为初侵与再侵接种体，依靠气流在田间寄主作物间传播侵染，完成病害周年循环，并无明显越冬期。病菌在作物生长季节结束前后常产生有性态闭囊壳（在粉状物中呈针头大的小黑粒）以越夏或越冬，但在南方特别是广东地区，很少产生病菌有性阶段，即使存在，其在病害循环中所起的作用并不重要。温暖多湿或高温干旱的天气皆有利于本病发生。品种间抗性尚缺全面调查。目前仅知台湾选育的凤凰南瓜抵抗力强，湖北沙市的坛子南瓜、山西太谷的晋南瓜 3 号也较抗白粉病。其他一些一般表现抗逆性或抗病较强的品种，如轿顶南瓜（江西井冈山）、多伦大倭瓜和倭瓜（内蒙古）、五月早南瓜（湖北咸宁）、雁脖南瓜（河北）、盒子南瓜（江苏）和木瓜南瓜（台湾）等是否也抗白粉病，则有待各地进一步观察鉴定。

（四）防治方法

1.选用抗病良种

目前种植较多的日本夷香南瓜、锦栗南瓜、橘红南瓜有一定的抗病性，但要做好提纯复壮工作，选用无病种苗。北蜜 1 号与中栗 6 号南瓜新品种属中抗品种。

2.种子消毒

播前先在阳光下晒种 1～2 天,以杀灭表皮杂菌,提高发芽势;用 50～55℃温水搅拌浸种 30 分钟,温度降低到 30℃继续浸种 8～10 小时,再放入 1% 高锰酸钾溶液消毒 20～30 分钟,冲净后在 28～30℃下催芽 48～72 小时,露白时播种。

3.加强管理,合理施肥

与禾本科作物实行 2～3 年轮作。每亩施腐熟农家肥 5000～7000 千克、三元复合肥 20 千克、氯化钾 15 千克、尿素 5 千克。伸蔓期一般不追肥,果实膨大期每亩追施硫酸钾复合肥 20 千克,并保持土壤湿润,雨后及时清沟排水。及时摘除基部病、老黄叶,并深埋或集中烧毁。加强田间通风透光,增强植株抗逆性。

4.叶面喷保护膜

发病前或发病初期,用 99.1% 敌死虫 300～500 倍液喷在叶片上,使其形成一层保护膜,每 5～7 天喷 1 次,连续喷 2～3 次。

5.药剂防治

4 月下旬至 7 月适时用药防治,病害发生前可选用 53.8% 可杀得 2000 型 1000 倍液。发病初期可选用 10% 世高 1500 倍液,或 40% 福星 8000 倍液,或 43% 普力克 5000 倍液,或 12.5% 速保利 2000 倍液,或 2% 加收米 600 倍液进行喷雾,隔 7～10 天喷 1 次,连续喷 2～4 次。也可采用小苏打 600 倍液防治,在个别叶片有 1～2 个病斑时开始喷雾,每隔 3～4 天喷 1 次,连续喷 4～6 次。小苏打既能防病害,又能促进生长,且使南瓜产量提高 10%～20%。喷雾时尽量采用小孔径,以降低叶片表面湿度。

三、南瓜黑星病

(一)症状

幼苗染病,子叶上产生黄白色近圆形斑,扩展后引致全叶干枯。叶片染病,初为污绿色近圆形斑点,穿孔后,孔的边缘不整齐略皱,且具黄晕。嫩茎染病,初现水渍状暗绿色梭形斑,后变暗色,凹陷龟裂,湿度大时病斑上长出灰黑色霉层,即病菌分生孢子梗和分生孢子。成株期染病,叶片上产生黄白色圆形小斑点,后穿孔留有黄白色圈（图 1-58）。卷须染病则变褐腐烂。生长点染病，经几天烂掉形成秃桩。瓜蔓被害，病部中间凹陷，形成疮痂状病斑，表面生灰黑色霉层。果实染病，初流胶，渐扩大为暗绿色凹陷斑，表面长出灰黑色霉层，致病部呈疮痂状，病部停止生长，形成畸形瓜。

图 1-58　南瓜黑星病病叶（正面）

（二）病原特征

南瓜黑星病病原菌是瓜疮痂枝孢霉（*Cladosporium cucumerinum* Ell. et Arthur），属半知菌亚门真菌。菌丝白色至灰色，具分隔。分生孢子梗细长，直立，丛生或单生，褐色或淡褐色，顶部、中部有分枝或单枝，大小为（160～520）微米×（4～5.5）微米，上生分生孢子。分生孢子卵形、近梭形，褐色或橄榄绿色，单生或串生，有 0～2 个隔膜，成单胞或双胞，少数三胞。单胞大小为（11.5～17.8）微米×（4～5）微米；双胞大小为（19.5～24.5）微米×（4.5～5.5）微米。病菌生长发育温限 2～35℃，适温 20～22℃。

（三）病害发生规律及流行特点

病菌以菌丝体或分生孢子丛在种子或病残体上越冬，翌春分生孢子萌发进行初侵染和再侵染，借气流和雨水传播蔓延。湿度大时，夜温低可加重病害扩展。

（四）防治方法

1.进行种子消毒

用 55～60℃温水浸种 15 分钟，或 50% 多菌灵可湿性粉剂 500 倍液浸种 20 分钟后冲净催芽。直播时可用占种子重量 0.3% 的 50% 多菌灵可湿性粉剂拌种。

2.采用覆盖地膜栽培及滴灌技术

采用覆盖地膜栽培及滴灌技术，降低种植密度。播前或移栽前，应深翻晒土，减少菌源。适时中耕除草，浇水追肥，升高棚室温度，定时放风，降低棚内湿度。

3.设施消毒

定植前用烟雾剂熏蒸棚室（此时棚室内无蔬菜），杀死棚内残留病菌。生产上常用硫黄熏蒸消毒，每 100 米³ 空间用硫黄 0.25 千克、锯末 0.5 千克混合后分几堆点燃熏蒸一夜。此法可杀灭附着在设施建材表面的多种病菌。

4.喷施激素

在生长期适时喷施促花王 3 号抑制主梢旺长，促进花芽分化；在开花前、幼果期、果实膨大期喷施壮瓜蒂灵能够增粗瓜蒂，加大营养输送量，促进瓜体快速发育，使瓜形漂亮、汁多味美。

5.药剂防治

发现中心病株后应及时清除并集中烧毁，喷施 50% 多菌灵可湿性粉剂 500 倍液，或 50% 苯菌灵可湿性粉剂 1000 倍液，或 75% 甲基托布津可湿性粉剂 600 倍液，或 2% 农抗 BO-10 水剂 200 倍液，或 75% 百菌清可湿性粉剂 600 倍液等药剂进行防治。每隔 7 天 1 次，连续防治 3 ～ 4 次。

四、南瓜疫病

（一）症状

南瓜茎、叶、果均可染南瓜疫病。茎蔓部染病，病部凹陷，呈水浸状，变细、变软，致病部以上枯死，病部产生白色霉层（图 1-59）。叶片染病，初生圆形暗色水渍状斑，软腐、下垂，干燥时呈灰褐色，易脆裂。果实染病，初生大小 1 厘米左右凹陷水渍状暗绿色斑，后迅速扩展，并在病部生出白色霉状物，菌丝层排列紧密，难于切取，经 2 ～ 3 天或几天后果实软腐，在成熟果实表面上有的产生蜡质物，生产上果实底部虫伤处最易染病，影响商品价值（图 1-60）。

（二）病原特征

南瓜疫病病原菌为辣椒疫霉（*Phytophthora capsici* Leonian），属鞭毛菌亚门真菌。在 CA 培养基上菌落呈放射状或均匀絮状，气生菌丝中等或繁茂，菌丝宽 3 ～ 10 微米；孢囊梗呈不规则或伞状分枝，细长，粗 1.5 ～ 3.5 微米；孢子囊卵形至肾脏形或梨形至近球形、椭圆形至不规则形，形态变异大，大小为（40 ～ 81）微米 ×（29 ～ 52）微

图 1-59　南瓜疫病（病茎）

图 1-60　南瓜疫病（病瓜）

米，长宽比值 1.4 ～ 2.7，乳突 1 个明显，个别 3 个，高 2.7 ～ 5.4 微米。孢子囊基部钝圆形或渐尖，脱落后具长柄，柄长 17 ～ 61 微米，萌发成菌丝或间接萌发释放游动孢子，每个含 14 ～ 36 个孢子。游动孢子肾脏形，大小为（10 ～ 15）微米 ×（8 ～ 10）微米，鞭毛长；休止孢子球形，8 ～ 10 微米，间接萌发能形成卵形小孢子囊，大小为（8 ～ 13）微米 ×（6 ～ 8）微米，有的形成厚垣孢子，球形至不规则形，顶生或间生，18 ～ 28 微米；藏卵器球形，大小为 22 ～ 32 微米，平滑，柄棍棒状，偶有圆锥形；雄器球形至圆筒形，无色，围生，大小为（10 ～ 20）微米 ×（9 ～ 14）微米；卵孢子无色，球形，平滑，直径 21 ～ 30 微米。病菌对淀粉利用能力极强。生长最适温度 24 ～ 28℃，最高 36.5℃，最低 7℃。

（三）病害发生规律及流行特点

北方寒冷地区病菌以卵孢子在病残体上和土壤中越冬，种子上不能越冬，菌丝因耐寒性差也不能成为初侵染源；在南方温暖地区病菌主要以卵孢子、厚垣孢子在病残体或土壤及种子上越冬，其中土壤中病残体带菌率高，是主要初侵染源。

（四）防治方法

1.选用抗病品种

选用友谊 1 号抗疫病、枯萎病品种或饭瓜（番瓜）等早熟品种，及多伦大矮瓜、大瓜、矮瓜等抗逆性强的品种。

2.合理施肥

施用沤制的堆肥，施用促丰宝复合液肥，采用配方施肥技术，减少化肥施用量，提高抗病力。

3.加强田间管理

蹲苗后进入枝叶及果实旺盛生长期或进入高温雨季，气温高于32℃，尤其要注意暴雨后及时排除积水，雨季应控制浇水，严防田间湿度过高或湿气滞留。

4.药剂防治

南瓜进入生长中后期以田间喷雾为主，防止再侵染；田间发现中心病株后，须抓准时机，喷洒与浇灌并举。及时喷洒和浇灌50%甲霜铜可湿性粉剂 800 倍液或 70% 乙膦·锰锌可湿性粉剂 500 倍液、72.2% 普力克水剂 600 ～ 800 倍液、58% 甲霜灵·锰锌可湿性粉剂 400 ～ 500 倍液、64% 杀毒矾可湿性粉剂 500 倍粉、60% 琥·乙膦铝（DTM）可湿性粉剂 500 倍液、47% 加瑞农可湿性粉剂 600 ～ 800 倍液、56% 靠山水分散微颗粒剂 600 ～ 800 倍液、72% 克露或克霜氰或霜脲·锰锌（克抗灵）可湿性粉剂 800 ～ 1000 倍液、30% 绿得保胶悬剂 400 ～ 500 倍液、18% 甲霜胺·锰锌可湿性粉剂 600 倍液。此外，于夏季高温雨季浇水前每亩撒 96% 以上的硫酸铜 3 千克，后浇水，防效明显。采收前 3 天停止用药，对上述杀菌剂产生耐药性的地区可改用 69% 安克·锰锌可湿性粉剂或水分散粒剂 1000 倍液。

五、南瓜斑点病

（一）症状

南瓜斑点病为害叶片和花轴。叶斑圆形至近圆形或不定形。叶缘黑褐色，病健部交界处呈湿润状，湿度大时斑面密生小黑点，严重的叶斑融合，致叶片局部枯死（图 1-61、图 1-62）。花轴或花染病呈黑色湿润状，或呈黑褐色腐烂。

（二）病原特征

该病病原菌为南瓜叶点霉，异名正圆叶点霉，属半知菌亚门真菌。分生孢子器散生或聚生球形至扁球形，黑褐色，具孔口。直径 65 ～ 140 微米；分生孢子椭圆形，有的一端稍狭细，单胞，无色，大小为（5 ～ 7）微米 ×（2 ～ 3）微米，成熟时分生孢子自孔口呈卷须状涌出，侵染葫芦科植物。南瓜斑点病还可以由"瓜角斑壳针孢"（*Septoria*

图 1-61　南瓜斑点病病叶（一）　　　　图 1-62　南瓜斑点病病叶（二）

cucurbitacearum Sacc.）引起，可能属同名病害而病原不同。

（三）病害发生规律及流行特点

病菌以分生孢子器或菌丝体随病残体遗落土中越冬，翌春以分生孢子进行初侵染和再侵染，借雨水溅射传播。该病华南始见于 5 月后的高温多湿季节，北方多见于 8 ～ 9 月份。高温多湿的天气是发病的重要条件，地势低洼或株间郁闭通透性差，发病重。

（四）防治方法

1. 合理轮作

避免在低洼地种植，种植前应及时清除前茬作物病残体，深翻晒土，配合喷施消毒药剂加新高脂膜 800 倍液对土壤进行消毒处理；并选用抗病品种，播种前用新高脂膜拌种驱避地下病虫，隔离病毒感染，提高种子发芽率。

2. 加强管理

适时中耕除草，浇水追肥，同时注意改善株间通透性，并在生长期适时喷施促花王 3 号抑制主梢旺长，促进花芽分化；在开花前、幼果期、果实膨大期喷施壮瓜蒂灵能够增粗瓜蒂，加大营养输送量，促进瓜体快速发育，使瓜形漂亮，汁多味美。

3. 药剂防治

发病初期及时喷洒 70% 甲基硫菌灵可湿性粉剂 800 倍液 +75% 百菌清可湿性粉剂 800 倍液、40% 多硫悬浮剂 600 倍液、50% 敌菌灵可湿性粉剂 400 ～ 500 倍液、50% 扑海因可湿性粉剂 1500 倍液。

注意喷匀喷足，隔 10 ～ 15 天 1 次，连续防治 2 ～ 3 次。同时配合喷施新高脂膜 800 倍液增强药效，提高药剂有效成分利用率，巩固防治效果。

六、南瓜炭疽病

（一）症状

炭疽病是南瓜上的主要病害，在南瓜生长各阶段均可发病，严重降低南瓜产量。幼苗期发病，病苗子叶上出现褐色圆形病斑，蔓延至幼茎茎基部缢缩而造成猝倒；成株期发病，病叶初呈水浸状圆形病斑，后呈黄褐色（图 1-63），在茎或叶柄上，病斑长圆形，凹陷，初呈水浸状黄褐色后变成黑色，病斑蔓延茎周围，则植株枯死。果实病斑初呈暗绿色水浸状小斑点，扩大后呈圆形或椭圆形，暗褐至黑褐色，凹陷，龟裂，湿度大时中部产生红色黏质物（图 1-64）。

图 1-63　南瓜炭疽病（叶正面）　　　　图 1-64　南瓜炭疽病（瓜）

（二）病原特征

南瓜炭疽病病原菌为葫芦科刺盘孢菌，属半知菌亚门。

（三）病害发生规律及流行特点

病菌主要以菌丝体或拟菌核在种子上或随病残株在田间越冬，翌年条件适宜时，产生大量分生孢子，成为初侵染源。病菌分生孢子通过雨水传播，孢子萌发适温 22 ～ 27℃，病菌生长适温 24℃，8℃以下、30℃以上即停止生长。

传播途径及发病条件：病菌主要以菌丝体或拟菌核附在被害组织、土壤或种子上越冬，第二年条件适宜时，产生大量分生孢子，成为初侵染源。后病部又能形成分生孢子盘及分生孢子，造成再次侵染。病菌分生孢子传播主要依靠雨水或地面流水的冲溅，故一般贴近地面的叶片首先发病。湿度大是诱发此病的主要因素：在温度适宜、空气相对湿度达 85%～95% 时，病菌潜育期只有 3 天，温度在 10～30℃ 范围内都可发病，最适 20～24℃，湿度越大，发病越重。地势低洼、排水不良，在条件适宜情况下，南瓜炭疽病发病速度快，如不及时防治，2～3 天后病害明显加重，造成植株生长停滞。

（四）防治方法

1.合理轮作

实行与非瓜类作物进行 3 年以上的轮作，以减少病菌侵染源。

2.消除越冬菌源

每亩用生石灰 100 千克进行灌水溶田 20～30 天，然后进行冬翻晒白待种，从而达到消除菌源、调节土壤酸碱度的目的。

3.选用抗病品种或进行种子消毒

将种子用 55～60℃ 热水浸种 15 分钟，然后倒入凉水冷却，或用 4% 福尔马林 200 倍液浸种 30 分钟后清洗、催芽，从而减少初侵染源。

4.土壤消毒

结合浇定根水，用敌克松可湿性粉剂 1000 倍液灌根，进行土壤消毒。

5.药剂防治

根据常年发病时期提前 3～5 天喷药防治，可用 50% 多菌灵可湿性粉剂、70% 甲基托布津粉剂 1000～1500 倍液、百菌清 500～600 倍液喷施，每隔 7～10 天喷 1 次，连续 2～3 次，可预防病害发生。

七、南瓜灰斑病

（一）症状

南瓜灰斑病多见于秋季，主要为害叶片。初在叶面上产生褪绿黄斑，长圆形至不规则形，有时沿叶脉扩展，病斑大小不一，直径 0.5～2 毫米，后期病斑融合连成一片，褐色或深褐色，老病斑边缘褐色，中间灰色，有时长出灰色霉状物，即病原菌分生孢子梗和分生孢子（图 1-65）。

（二）病原特征

该病病原菌为瓜类尾孢（*Cerco-spora citrullina* Cooke），属半知菌亚门真菌。菌丛生于叶两面，叶面多，子座无或小；分生孢子梗 10 根以下簇生，淡褐色至浅橄榄色，直或略屈曲，具隔 0 ～ 3 个，顶端渐细，孢痕明显，无分枝，大小为（7.5 ～ 72.5）微米 ×（4.5 ～ 7.75）微米；分生孢子无色或淡色，倒棍棒形或针形

图 1-65　南瓜灰斑病（正面）

至弯针形，具隔 0 ～ 16 个，端钝圆尖或亚尖，基部平截，大小为（15 ～ 112.5）微米 ×（2 ～ 4）微米。

（三）病害发生规律及流行特点

南瓜病菌以菌丝块或分生孢子在病残体及种子上越冬，翌年产生分生孢子，借气流及雨水传播，经 5 ～ 6 小时结露才能从气孔侵入，经 7 ～ 10 天发病后产生新的分生孢子进行再侵染。多雨季节此病易发生和流行。

（四）防治方法

（1）选用无病种子，或用 2 年以上的陈种播种。

（2）种子用 55℃温水恒温浸种 15 分钟。

（3）实行与非瓜类蔬菜 2 年以上轮作。

（4）发病初期及时喷洒 50% 多霉·威（多菌灵加万霉灵）可湿性粉剂 1000 倍液或 50% 苯菌灵可湿性粉剂 1500 倍液、60% 防霉宝超微可湿性粉剂 800 倍液、50% 多·硫悬浮剂 600 倍液，每亩喷兑好的药液 50 升，隔 10 天左右一次，连续防治 2 ～ 3 次。采收前 5 天停止用药。

八、南瓜黑斑病

（一）症状

南瓜黑斑病主要发生在南瓜生长中后期或贮藏期，为害叶片、茎蔓和果实。下部老叶染病具不明显轮纹的褐斑；果实染病，多发生在

日灼或其他病斑上，布满一层黑色霉状物，即病原菌分生孢子梗和分生孢子。严重时造成果腐，整个瓜内充满黑色病菌（图1-66）。

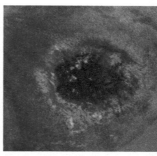

图1-66　南瓜黑斑病

（二）病原特征

该病病原菌为细交链孢 [*Alternaria alternata* (Fr.) Keissl.]，属半知菌亚门真菌。分生孢子梗单生，或数根束生，暗褐色；分生孢子倒棒形，褐色或青褐色，3～6个串生，有纵隔1～2个，横隔3～4个，横隔处有缢缩现象。

（三）病害发生规律及流行特点

病菌主要在病残体上越冬，以菌丝体或分生孢子在病残体上，或以分生孢子在病组织内，或黏附在种子表面越冬，成为翌年初侵染源。在田间借气流或雨水传播，条件适宜时几天即显症。其发生与日灼病有联系，多发生在日灼处。坐瓜后遇高温、高湿该病易流行，田间管理粗放、肥力弱，发病重，特别是浇水或风雨过后病情扩展迅速；土壤肥沃，植株健壮，发病轻。

（四）防治方法

1.防止日灼

在生长期间一定要防止南瓜发生日灼。

2.药剂防治

发病初期喷洒80%新万生可湿性粉剂500～600倍液、58%雷多米尔·锰锌可湿性粉剂、58%甲霜灵·锰锌可湿性粉剂500倍液、60%琥·乙膦铝可湿性粉剂500倍液、75%百菌清可湿性粉剂600倍液、64%杀毒矾可湿性粉剂500倍液、80%大生可湿性粉剂500倍液或30%绿得保悬浮剂300倍液，隔7～10天1次，连续防治2～3次。采收前7天停止用药。

九、南瓜蔓枯病

（一）症状

南瓜蔓枯病危害叶片、茎蔓和果实。叶片染病，病斑初褐色，圆形或近圆形，大小 10 ～ 20 毫米，其上微具轮纹。茎蔓部病斑椭圆形至长梭形，灰褐色，边缘褐色，病斑扩大，使茎部腐烂，有时溢出琥珀色的树脂状胶质物，干后结成红色到黑色的小黑点，病斑稍凹陷。严重时形成蔓枯，致果实朽住不长。该病多发生在茎基部，也可通过叶柄侵染茎蔓，因此病斑也多发生在节的附近。后期病部干缩、纵裂（图 1-67、图 1-68）。与枯萎病不同的是，茎基部横断面仍呈绿色，而枯萎病导管明显变褐。

图 1-67　南瓜蔓枯病（正面）　　　图 1-68　南瓜蔓枯病（田间）

果实染病，轻则形成近圆形灰白色斑，大小 5 ～ 10 毫米，具褐色边缘，发病重的开始时形成不规则褪绿或黄色圆斑，后变灰色至褐色或黑色，最后病菌进入果皮引起干腐，一些腐生菌乘机侵入引致湿腐，危害整个果实。

（二）病原特征

该病病原菌为半知菌亚门真菌瓜类黑腐小球壳菌壳菌［*Mycosphaerella melonis* (Passerini) Chiu et Walker］，属子囊菌亚门真菌；无性态瓜叶单隔孢（*Ascochytacu cumis* Fautr. et Roum），属半知菌亚门真菌。瓜类黑腐小球壳菌子实体生在叶表皮下，后半露，子座壁深褐色，子囊平行排列，具少量拟侧丝，子囊成熟后侧丝消失，子囊壳较薄膜质，大小为（64 ～ 176）微米 ×（64 ～ 160）微米，具孔口，直径 9.6 ～ 24 微米；子囊倒棍棒状，无色，大小为（27.9 ～ 47.1）微米 ×（5.9 ～ 9.9）微米；子囊孢子无色，双胞，两细胞常一大一小，分隔明显，大小为（5.5～12.5）微米×（2～5）微米；分生孢子器生于叶面和茎蔓上，多聚生，初埋生，后大部分突破表皮外露，球形或扁球形，器壁浅褐色，膜质，顶部具乳头状突起，孔口明显；孢子器大小75～150微米，孔口直径15～42微米；器孢子无色透明，短圆形至圆柱形，两端较圆，正直，初单胞，后生一隔膜，隔膜处无缢缩或偶稍有缢缩，大小为（10～17.5）微米×（2.75～4.0）微米。

（三）病害发生规律及流行特点

病菌以分生孢子器、子囊壳随病残体或在种子上越冬，翌年，病菌可穿透表皮直接侵入幼苗，对老的组织或果实多由伤口侵入，在南瓜果实上也可由气孔侵入。适于菌丝生长和孢子萌发温度为24～28℃，在此温度范围内孢子萌发率高，高于28℃发芽率明显下降，在8～24℃范围内，孢子萌发率随温度升高而增加，24℃产孢量最高，低于8℃、高于32℃均不产孢。在8～24℃范围内，随温度升高，产孢量增加，高于24℃，产孢量明显下降。pH6.2～8.4病菌生长最好，其中pH7.6最佳。

（四）防治方法

1.实行轮作

清洁田间，深翻土地，与非瓜类作物（如禾本科作物）实行2～3年的轮作。选择排水良好的高燥地块种植。及时清除病残体，带出田外深埋或焚烧。培育壮苗，整地时增施磷钾肥料，使植株生长健壮。注意整枝，摘除过密的叶蔓，改善通风透光条件。加强温湿度管理，对温室栽培的南瓜，管理上应以增温、排湿、通风透气为主。采用配方施肥，施足充分腐熟有机肥。采用高畦栽培，另外，雨季要及时排除积水。

2.喷施壮瓜蒂灵

分别在花蕾期、幼果期、果实膨大期喷施壮瓜蒂灵，使瓜蒂增粗，强化营养定向输送量，促进瓜体健康生长，增强植株抗南瓜蔓枯病能力。

3.药物防治

从无病植株上采种。种子处理，可在播种前用55℃温水浸种15分钟，或用40%甲醛100倍液浸种30分钟，或用福美双可湿性粉剂拌种等方法处理种子。

发病初期，可选用 75% 百菌清可湿性粉剂 600 倍液，或 50% 甲基硫菌灵可湿性粉剂 500～1000 倍液，或 50% 混杀硫悬浮剂 500～600 倍液，或 56% 氧化亚铜水分散微颗粒剂 600～800 倍液，或 47% 春雷·氧氯铜可湿性粉剂 700 倍液，或 50% 多菌灵可湿性粉剂 500 倍液，或 70% 代森锰锌可湿性粉剂 1500 倍液等喷雾防治，掌握在发病初期全田用药，隔 3～4 天后再防 1 次，以后视病情变化决定是否用药。也可用 40% 百菌清悬浮剂或 50% 甲硫悬浮剂 50 倍液涂抹病部进行防治。

十、南瓜细菌性枯萎病

（一）症状

南瓜细菌性枯萎病发病初期叶片上出现暗绿色水浸状病斑，茎部受害处变细，两端呈水浸状，病部以上的茎叶萎蔫。该病扩展迅速，不久全株突然萎凋死亡。剖开茎蔓用手捏挤，会从维管束的横断面上溢出白色菌脓，可轻轻拉成丝状。导管一般不变色，根部也不腐烂（图 1-69）。

图 1-69　南瓜细菌性枯萎病

（二）病原特征

该病病原菌拉丁学名 *Erwinia amylovora* var. *tracheiphila* (Smith) Dye，异名 *E. tracheiphila* (Smith) Bergey。

（三）病害发生规律及流行特点

南瓜细菌性枯萎病属系统性侵染的维管束病害，病菌由甲虫传播，可侵染葫芦科香瓜属、南瓜属、西瓜属的蔬菜。

（四）防治方法

收获后清除病叶，及时深埋。施用腐熟有机肥，采用配方施肥技术，减少化肥施用量。发病前喷含铜制剂加以预防，如 27% 铜高尚悬乳剂 600 倍液，或 1∶4∶600 铜皂液，或 50% 甲霜铜可湿性粉剂 600 倍液，连续防治 3～4 次。发病后喷 72% 农用链霉素可溶性粉剂 4000 倍液等抗细菌药剂。

十一、南瓜细菌性角斑病

（一）症状

南瓜细菌性角斑病主要为害叶片、叶柄、卷须和果实，有时也可侵染茎。受害叶片初为近圆形、暗绿色，水渍状斑，渐变成淡褐至黄褐色，病斑扩大受叶脉限制呈多角形，湿度大时叶背产生乳白色黏液即菌脓，后为一层白色膜，气候干燥时病斑干裂易穿孔（图 1-70）。茎、叶柄、卷须的侵染点出现水渍状小点，湿度大时有菌脓。果实受害后腐烂，有异味，早落。

图 1-70　南瓜细菌性角斑病

（二）病原特征

该病病原菌为丁香假单胞杆菌黄瓜角斑病致病变种 [*Pseudomonas syringae* pv. *lachrymans*（Smith et Bryan）Young, Dye & Wilkie]，属薄壁菌门假单胞菌属。菌体短杆状，相互连接呈链状，端生 1～5 根鞭毛，大小为（0.7～0.9）微米×（1.4～2）微米，有荚膜，无芽孢，革兰氏染色阴性。在金氏 B 平板培养基上，菌落白色，近圆或略呈不规则形，扁平，中央凸起，污白色，不透明，具同心环纹，边缘一圈薄且透明，菌落直径 5～7 毫米，外缘有放射状细毛状物，具黄绿色荧光。该菌属好气性，不耐酸性环境。生长适温 24～28℃，范围 4～39℃，48～50℃经 10 分钟致死。该菌常危害黄瓜、西瓜、豆角、棉花、甜柿等。

（三）病害发生规律及流行特点

一般低温、高湿、重茬的温室、大棚发病重。南瓜细菌性角斑病为细菌性病害。病菌在种子或随病株残体在土壤中越冬。翌春由雨水或灌溉水溅到茎、叶上发病。菌脓通过雨水、昆虫、农事操作等途径传播，发病适宜温度为 18～25℃，相对湿度为 75% 以上。在降雨多、湿度大、地势低洼、管理不当、连作、通风不良时，发病严重。磷、钾肥不足时发病也重。黄河以北地区露地南瓜，每年 7 月中旬为角斑病发病高峰期，棚、室南瓜 4 ～ 5 月发病。

（四）防治方法

1.种子处理

播前用 40% 福尔马林 150 倍液浸种 1.5 小时，或 100 万单位硫酸链霉素 500 倍液浸种 2 小时，洗净后播种。

2.农业防治

加强栽培管理；与非瓜类作物轮作倒茬；及时清除病株、病叶。

3.药剂防治

用 72% 农用链霉素可溶性粉剂 4000 倍液，或 60% 百菌通可湿性粉剂 500 倍液，或 77% 可杀得可湿性粉剂 400 ～ 500 倍液等喷雾，这些药剂间隔 7 ～ 10 天，喷药 2 ～ 3 次。

十二、南瓜细菌性缘枯病

（一）症状

南瓜细菌性缘枯病主要为害叶片。初在叶缘水孔附近产生水渍状斑点，后扩展成浅褐色不规则形病斑，周围具晕圈；发病重的形成"V"字形褐色大斑。病斑多时，整个叶片枯死（图 1-71，图 1-72）。

图 1-71 南瓜细菌性缘枯病（一）　　图 1-72 南瓜细菌性缘枯病（二）

（二）病原特征

该病病原菌为边缘假单胞菌边缘假单胞致病型［*Pseudomonas*

marginalis pv. *Marginalis* (Brown) Stevens]。除侵染南瓜外，还可侵染黄瓜。

（三）病害发生规律及流行特点

病原菌在种子上或随病残体留在土壤中越冬，成为翌年初侵染源。病菌从叶缘水孔等自然孔口侵入，靠风雨、田间操作传播蔓延和重复侵染。经观察南瓜细菌性缘枯病的发生主要受降雨引起的湿度变化及叶面结露影响，我国北方春夏两季大棚相对湿度高，尤其每到夜里随气温下降，湿度不断上升至 70% 以上或饱和，且长达 7 ～ 8 小时，这时笼罩在棚里的水蒸气，遇露点温度，就会凝降到南瓜叶片或茎上，形成叶面结露，这种饱和状态持续时间越长，缘枯病的水浸状病斑出现越多，有的在病部可见菌脓。与此同时，南瓜叶缘吐水为该菌活动及侵入、蔓延提供了重要的水湿条件，引起该病流行。

（四）防治方法

1.选用耐病品种

选用耐病品种进行种植，是一项重要的防治措施。

2.无病留种与种子处理

从无病瓜上选留种，瓜种可用 70℃ 恒温干热灭菌 72 小时，或50℃温水浸种 20 分钟，捞出晾干后催芽播种；还可用次氯酸钙 300 倍液浸种 30 ～ 60 分钟，或 40% 福尔马林 150 倍液浸种 1.5 小时，或 100万单位硫酸链霉素 500 倍液浸种 2 小时，冲洗干净后催芽播种。

3.无病土育苗

与非瓜类作物实行 2 年以上轮作，加强田间管理，生长期及收获后清除病叶，及时深埋。

4.露地推广避雨栽培，开展预防性药剂防治

露地推广避雨栽培，于发病初期或蔓延开始期喷洒 14% 络氨铜水剂 300 倍液，或 50% 甲霜铜可湿性粉剂 600 倍液，或 50% 琥胶肥酸铜（DT）可湿性粉剂 500 倍液，或 60% 琥·乙膦铝（DTM）可湿性粉剂 500 倍液，或 77% 可杀得可湿性微粒粉剂 400 倍液，每亩用兑好的药液 60 ～ 75 升，连续防治 3 ～ 4 次。琥胶肥酸铜对白粉病、霜霉病有一定兼防作用。也可选用硫酸链霉素或 72% 农用链霉素可溶性粉剂 4000 倍液、或 1∶4∶600 铜皂液或 1∶2∶300 ～ 400 波尔多液；另外，40 万单位青霉素钾盐兑水稀释成 5000 倍液也可有效预防。

十三、南瓜病毒病

（一）症状

1.花叶型

叶片上出现黄绿相间的花叶斑驳，叶片成熟后叶小，皱缩，边缘卷曲。果实上表现为瓜条出现深浅绿色相间的花斑（图1-73）。

2.皱叶型

多出现在成株期，叶片出现皱缩，病部出现隆起绿黄相间斑驳，叶片边缘难于开展，同时叶片变厚、叶色变浓（图1-74）。

图 1-73　南瓜病毒病（花叶型）　　　图 1-74　南瓜病毒病（皱叶型）

3.蕨叶型

南瓜植株生长点新叶变成蕨叶，成鸡爪状。果实受害后果面出现凹凸不平、颜色不一致的色斑，而且果实膨大不正常（图1-75）。

图 1-75　南瓜病毒病（蕨叶型）

（二）病原特征

南瓜病毒病由黄瓜花叶病毒（CMV）、甜瓜花叶病毒（MMV）和烟草环斑病毒（TRSV）等多种病毒侵染所致。病毒颗粒球状，直径 28 ～ 30 纳米。病毒汁液稀释限点 1000 ～ 10000 倍，钝化温度 60 ～ 70℃，10 分钟，体外存活期 3 ～ 4 天，不耐干燥，在指示植物普通烟、心叶烟及曼陀罗上呈系统花叶，在黄瓜上也现系统花叶。

（三）病害发生规律及流行特点

气温在 24 ～ 28℃时，植株染病也不显症状。

当温度高于 30℃时，染病植株才表现受害症状。高温干旱有利于蚜虫迁飞和繁殖，易诱发南瓜病毒病流行。浙江及长江中下游地区南瓜病毒病有春季 5 ～ 6 月和秋季 9 ～ 11 月两个发生盛期，一般秋季重于春季。

（四）防治方法

1.选用抗病毒病的品种

涡阳金丝瓜及上海崇明的 86-1、86-2 两个品系均表现抗病，生产上可大面积推广应用。

2.合理施肥

施用酵素菌沤制的堆肥，注意氮肥、磷肥、钾肥的配合，可提高南瓜抗病性。

3.采用间作

采用南瓜与大麦间作，共生期 20 天左右，由于麦秆遮挡，可减轻蚜虫迁入，发病时期延后 3 ～ 12 天，可减缓发病。

4.避蚜

南瓜定植后，用银灰膜覆盖，可避蚜，减少病毒病发生。

5.药剂防治

发病初期喷洒 5% 菌毒清可湿性粉剂 400 倍液、20% 盐酸吗啉胍铜可湿性粉剂（毒克星）500 倍液、0.5% 抗毒剂 1 号水剂 300 倍液、20% 病毒宁水溶性粉剂 500 倍液或 NS-83 增抗剂 100 倍液，或用植物病毒钝化剂 -912，每亩用药 75 克，加少量水调成糊状，用 1 千克开水浸泡 12 小时以上，充分搅匀晾凉后兑水 15 千克，于定植、初果期、盛果期早晚各喷 1 次。此外，还可喷洒硫酸锌 1000 ～ 1500 倍液。

第五节 西葫芦传染性病害

一、西葫芦蔓枯病

（一）症状

西葫芦苗期发病，多在茎的下部，病部呈油浸状，后变黄褐色，稍凹陷，表皮龟裂，常分泌出黄褐色树脂状物，严重时病茎折断，导管不变色。成株发病，病茎表皮呈黄白色，枯干，潮湿时变黑褐色，后密生小黑点（图1-76）。叶片上病斑黄褐色，圆形，有不明显的同心轮纹，上生小黑点，病斑扩展至叶面1/3以上时叶片即干枯（图1-77）。

图1-76 西葫芦蔓枯病茎部
受害症状

图1-77 西葫芦蔓枯病叶片症状

（二）病原特征

西葫芦蔓枯病病原菌无性态为西瓜壳二孢（*Ascochyta citrullina* Smith），属半知菌亚门真菌。子实体生在叶表皮下，后半露，子座壁深褐色，子囊平行排列，具少量拟侧丝，子囊成熟后侧丝消失，子囊壳薄膜质，大小为（64～176）微米×（64～160）微米，具孔口，直径9.6～24微米。子囊倒棍棒状、无色，大小为（27.9～47.1）微米×（5.9～9.9）微米；子囊孢子无色，双胞，两细胞常一大一小，分隔明显，大小为（5.5～12.5）微米×（2～5）微米。分生孢子器生于叶面和茎蔓上，多聚生，初期埋生，后大部分突破表皮外露，球形、扁球形，器壁浅褐色，膜质，顶部具乳头状突起，孔口明显，孢子器大小为 75 ～ 150 微米，孔口直径为 15 ～ 42 微米，器孢子无色透明，短圆形至圆柱形，两端较圆，正直，初期为单胞，后生一隔膜，隔膜处无缢缩或偶有缢缩，大小为（10 ～ 17.5）微米 ×（2.75 ～ 4.0）微米。

（三）病害发生规律及流行特点

病原菌以分生孢子器、子囊壳在病残体及架材上越冬和越夏，借风雨传播，引起初次侵染，以后在病斑上产生病菌继续传播蔓延，引起再侵染。种子表面也可带菌，发芽后病菌直接危害子叶。病菌发育适温为 20 ～ 24℃，最适发育酸碱度为 pH 值 5.7 ～ 6.4。高温多湿、天气闷热，发病迅速。重茬地、低洼地雨后积水、大水勤浇、缺肥、生长衰弱的地块，发病均重。温室及塑料大棚栽培，过度密植、光照不足、通风不良时容易发病。

（四）防治方法

1.农业防治

与非瓜类作物实行 2 ～ 3 年轮作。建造温室要选择地势较高、排水良好的地块，温室内加强通风透光，降低棚内湿度。底肥中增施过磷酸钙和钾肥，在结瓜以前、雨后及浇水后及时中耕，发病后适当控制浇水，降低土壤及空气湿度。在整个生长期间，要多次追肥，防止早衰。发现病株及时拔除，收获后要清洁田间，将病残体清除。

2.药剂防治

苗床用 50% 多菌灵可湿性粉剂 8 克 / 米 ^{2} 进行床土消毒。用 50%的多菌灵可湿性粉剂 1000 倍液浸种 35 分钟，也可用占种子重 0.15%的 50% 多菌灵可湿性粉剂拌种。发病初期喷 75% 百菌清可湿性粉剂 600 倍液，或 40% 三乙膦酸铝可湿性粉剂 500 倍液，或 70% 丙森锌可湿性粉剂 500 ～ 800 倍液，或 50% 福美双可湿性粉剂 500 ～ 800 倍液，或 43% 戊唑醇水剂 3000 倍液，或 64% 恶霜·锰锌可湿性粉剂 600 ～ 800 倍液。

二、西葫芦灰霉病

（一）症状

西葫芦灰霉病是西葫芦棚室栽培中的一种重要病害，可造成减产

20%左右，严重的可达80%以上，甚至造成毁棚。该病危害花、幼瓜、茎、叶等，以危害花和幼瓜最为普遍。发病初期，花蕾、幼瓜蒂部成水渍状，色渐变浅，病部变软、腐烂。潮湿时，病斑表面密生灰黑色霉状物。花冠枯萎腐烂，瓜条停止生长，瓜尖腐烂（图1-78）。叶部发病，病斑初为水渍状，后变为浅灰褐色，病斑直径达 0.2 ～ 0.25 厘米，其边缘较明显，中间有时有灰色霉状物，有时有不明显的轮纹（图1-79）。茎上发病，溃烂，生灰褐色霉状物，前部瓜蔓折断死亡。

图1-78　西葫芦灰霉病瓜条受害症状

图1-79　西葫芦灰霉病叶片症状

（二）病原特征

该病病原菌为灰葡萄孢（*Botrytis cinerea* Pers.），属半知菌亚门真菌。分生孢子梗单生，几根成束，具 2 ～ 5 个分隔，后期分枝，顶端膨大，上生小梗，小梗上着生分生孢子。分生孢子单胞，无色，近圆形，大小为（5.5 ～ 16）微米 ×（5.0 ～ 9.25）微米。

（三）病害发生规律及流行特点

病原菌以菌核、分生孢子、菌丝在土壤内及病残体上越冬。分生孢子借气流、浇水、农事操作传播，多从伤口、薄壁组织，尤其易从开败的花、老叶叶缘侵入。高湿、较低温度、光照不足、植株长势弱时，易发病。连作地、前茬病重、土壤病菌多，地势低洼积水、排水不良，土质黏重，土壤偏酸，氮肥施用过多，栽培过密，不通风透光，种子带菌，育苗用的营养土带菌，有机肥没有充分腐熟、带菌，早春多雨、气候温暖、空气湿度大，秋季多雨、多雾、重露、寒流来早时，易发病。大棚栽培往往为了保温而不放风排湿，引起湿度过大，易发病。感病生育盛期为开花期和挂果期。感病流行期为 3 ～ 5 月和 10 ～ 12 月。

（四）防治方法

1.农业防治

清洁田园及大棚膜，及时摘除病花、病叶、病果等发病组织，并及时带出棚室深埋销毁。搞好棚室内的温湿度调节，利用生态条件控制病害发生。推广高畦覆膜、滴灌栽培法，适时浇水，上午尽量保持较高温度，病菌在 33℃不产生分生孢子，并可使棚内露水雾化蒸发，下午加大放风量，降低棚内湿度，夜晚要适当提高棚温，避免或减少叶面结露。在用 2,4-D 蘸花时，因其易造成伤口而利于病菌侵入，可在蘸花的同时在 2,4-D 中加入多菌灵等杀菌剂，以控制病菌侵入。在农事操作过程中，尽量避免造成伤口，减少病害的人为传播。

2.药剂防治

发病时可喷施 25% 咪鲜胺乳油 1000 倍液，或 40% 嘧霉胺悬浮剂 1000 ～ 1500 倍液，或 65.5% 霜霉威盐酸盐水剂 600 ～ 1000 倍液，或 65% 甲霜灵可湿性粉剂 800 ～ 1000 倍液，或抗霉菌素 120 水剂 1500 倍液，或 50% 多菌灵可湿性粉剂 500 ～ 800 倍液，或 70% 噁霉灵可湿性粉剂 500 ～ 1000 倍液，或 15% 或 25% 春雷氧氯铜可湿性剂 1500 倍液，或 50% 异菌脲可湿性粉剂 1000 ～ 1500 倍液，或 50% 苯菌灵可湿性粉剂 1500 倍液，或 20% 甲基立枯磷乳油 1000 倍液。

三、西葫芦绵疫病

（一）症状

棚室栽培中西葫芦绵疫病发生越来越严重，并呈迅速蔓延的趋势。该病主要为害果实，有时为害叶、茎及其他部位。果实上的病斑椭圆形，水浸状，暗绿色。干燥条件下，病斑稍凹陷，扩展不快，仅皮下果肉变褐腐烂，表面生白霉。湿度大、气温高时，病斑迅速扩展，整个果实变褐色，软腐，表面布满白色霉层，产生病瓜烂在田间（图 1-80）。叶上先出现暗绿色，圆形、不规则形水浸状病斑，湿度大时软腐似开水煮过状。

（二）病原特征

西葫芦绵疫病病原菌为瓜果腐霉菌［*Pythium aphanidermatum* (Eds.) Fitzp.］，属鞭毛菌亚门真菌。在 CA 培养基上菌落呈放射状、均匀絮状，气生菌丝中等、繁茂，菌丝宽 3～10 微米。孢囊梗呈不规则、伞状分枝，细长，粗1.5～3.5 微米。孢子囊卵形至肾脏形、梨形至近球形，椭圆

图 1-80　西葫芦绵疫病瓜条受害症状

形至不规则形，形态变异大，大小为（40～81）微米×（29～52）微米。游动孢子肾脏形，大小为（10～15）微米×（8～10）微米，鞭毛长；休止孢子球形，8～10 微米，间接萌发能形成卵形小孢子囊，大小为（8～13）微米×（6～8）微米，有的形成厚垣孢子，球形至不规则形，顶生、间生。藏卵器球形，大小为 22～32 微米，平滑，柄棍棒状或圆锥形；雄器球形至圆筒形，无色，围生，大小为（10～20）微米×（9～14）微米。卵孢子无色，球形，平滑，直径 21～30 微米。病菌生长最适温度 24～28℃，最高 36.5℃，最低 7℃。

（三）病害发生规律及流行特点

北方寒冷地区病原菌以卵孢子在病残体上和土壤中越冬，种子上不能越冬，菌丝因耐寒性差也不能成为初侵染源。在南方温暖地区病菌主要以卵孢子、厚垣孢子在病残体、土壤及种子上越冬，其中土壤中病残体带菌率高，是主要初侵染源。条件适宜时，越冬后的病菌经雨水飞溅、灌溉水传到茎基部、近地面果实上，引起发病。重复侵染主要来自病部产生的孢子囊，借雨水传播为害。田间 25～30℃，相对湿度高于 85% 发病重。一般雨季、大雨后天气突然转晴，气温急剧上升，病害易流行。土壤湿度 95% 以上，持续 4～6 小时，病菌即完成侵染，2～3 天就可完成一代。易积水的菜地，定植过密，通风透光不良，发病重。

（四）防治方法

1.农业防治

农业防治选用抗病品种，当前生产中较抗绵疫病的品种主要有早青1代、阿太1代等早熟品种。施用充分腐熟的有机肥。采用高畦栽培，避免大水漫灌，大雨后及时排水，必要时可用干草把瓜垫起。应尽量避免与黄瓜等作物连作，以免相互传染；实行2～3年以上轮作可有效预防绵疫病的发生。

2.药剂防治

进行种子杀菌消毒，可采用50%多菌灵可湿性粉剂2000倍液浸种30分钟，捞出用清水冲净后，再按常规方法催芽。发病初期喷50%甲霜灵可湿性粉剂800倍液，或70%乙膦·锰锌可湿性粉剂500倍液，或72.2%霜霉威盐酸盐水剂600～800倍液，或58%甲霜·锰锌可湿性粉剂400～500倍液，或64%恶霜·锰锌可湿性粉剂500倍粉，或60%琥·乙膦铝可湿性粉剂500倍液，或47%春雷氧氯铜可湿性粉剂600～800倍液，或80%霜脲氰可湿性粉剂600～800倍液，或50%福美双可湿性粉剂600～800倍液，或72%霜脲·锰锌可湿性粉剂800～1000倍液。此外，夏季高温雨季浇水前每亩撒96%以上的硫酸铜3千克，后浇水，防效明显，采收前3天停止用药。

四、西葫芦菌核病

（一）症状

西葫芦菌核病主要为害茎蔓、瓜条。茎蔓被害，初期出现水渍状、浅褐色，后期茎蔓软腐，长出白色菌丝。严重时病茎纵裂干枯，茎内出现黑色菌核。瓜条受害，先发生于残花部，然后引起瓜条发病，病

图1-81　西葫芦菌核病瓜条上的菌丝

瓜呈现水渍状腐烂，长出白色菌丝，以后菌丝上长出菌核（图1-81）。菌核病是由真菌侵染引起的病害，常在塑料大棚内越冬，随气流传播到植株上，从伤口、花器侵入体内，引起病害。

（二）病原特征

该病病原菌为核盘菌［*Sclerotinia sclerotiorum*（Lib.）De Bary］，属子囊菌亚门真菌。菌核初为白色，老熟后变黑色鼠粪状，由菌丝体扭集在一起形成。子囊盘浅褐色，盘状、扁平状。子囊盘柄的长度3～15毫米，伸出土面为乳白色，后展开呈杯状。子囊盘成熟后子囊孢子呈烟雾状弹射。子囊棍棒状，无色，内生子囊孢子8个。子囊孢子单胞，无色，椭圆形，大小为（10～15）微米×（5～10）微米。0～35℃菌丝能生长，菌丝生长及菌核形成的最适温度20℃，最高35℃，50℃经5分钟致死。

（三）病害发生规律及流行特点

病原以菌核落在土中，或混杂在种子中越冬、越夏。混在种子中的菌核，随播种带病种子进入田间，遗留在土中的菌核遇有适宜温湿度条件即萌发产出子囊盘，释放出子囊孢子，随气流传播蔓延，侵染衰老花瓣、叶片，长出白色菌丝，开始危害柱头、幼瓜。病菌对水分要求较高，低温、湿度大、多雨的早春、晚秋有利于发病和流行。连作田块、排水不良的低洼地，偏施氮肥、霜害、冻害条件下，发病重。在田间带菌雄花落在健叶、茎上经菌丝接触，易引起发病。

（四）防治方法

1.农业防治

种子用50℃温水浸种10分钟。最好实行水旱轮作，病田在夏季灌水浸泡半个月。棚室上午以闷棚提温为主，下午及时放风排湿，发病后适当提高夜温以减少结露，早春日均温控制在31℃高温，相对湿度低于65%可减少发病。防止浇水过量，土壤湿度大时，适当延长浇水间隔期。采取高畦覆膜栽培技术，实行膜下灌水。在果实膨大前，及时摘除病叶、病花、病果及老叶黄叶，并且带出田外，集中处理。收获后及时深翻。

2.药剂防治

定植前用40%五氯硝基苯15千克/公顷配成药土耙入土中。棚室栽培出现子囊盘时，用10%腐霉利烟剂或45%百菌清烟剂3.75千克/公顷熏1夜，每隔8～10天左右熏1次，或喷撒5%百菌清粉剂15千克/公顷。开花盛期和发病始期，利用晴好天气，及时喷50%

异菌脲可湿性粉剂 1500 倍液，或 50% 腐霉利可湿性粉剂 1500 倍液，或 50% 乙烯菌核利可湿性粉剂 1000 倍液，或 75% 百菌清可湿性粉剂 500 倍液，或 95% 丙环唑可湿性粉剂 1000 ～ 1500 倍液，或 72% 霜脲·锰锌可湿性粉剂 800 ～ 1000 倍液，或 50% 异菌脲可湿性粉剂 1000 ～ 1500 倍液，或 50% 多菌灵可湿性粉剂 800 倍液，或 40% 菌核净可湿性粉剂 500 倍液，每隔 7 ～ 8 天喷 1 次，连续喷 2 ～ 3 次。

五、西葫芦褐腐病

（一）症状

图 1-82　西葫芦褐腐病瓜条受害症状

西葫芦褐腐病俗称"烂蛋"，是一种真菌性病害。该病主要为害花和幼瓜。病菌先侵染萎蔫的花，致使花变褐软腐，病菌从花蒂侵入后逐渐蔓延到幼果，被侵染的果实从顶部向下腐烂，速度很快，致使幼果迅速腐烂，即果腐。少数情况下，成熟果实也可发病，局部变褐软腐（图 1-82）。

（二）病原特征

该病病原菌为瓜笄霉 [*Choanephora cucurbitarum* (Berk. et Rav.) Thaxt.]，属接合菌亚门真菌。分生孢子梗直立在寄主上，无色透明，无隔膜，不分枝，顶端膨大成大头针状泡囊，泡囊上又生许多小分枝，小分枝末端膨大成大孢子囊和小孢子囊。大孢子囊大，直径 40 ～ 50 微米，小孢子囊生在球状泡囊上，小孢子囊大小为（13 ～ 14）微米 ×（11 ～ 12）微米。小孢子囊含 2 ～ 5 个孢子，多为 3 个，大小为（10 ～ 13）微米 ×（5 ～ 8）微米，多为单胞，柠檬形至梭形，褐色、棕褐色，表皮具纵纹。

（三）病害发生规律及流行特点

病菌主要以菌丝体随病残体或产生接合孢子留在土壤中越冬，次年春天侵染西葫芦的花和幼果，发病后病部长出大量孢子，借风雨、昆虫传播，该菌腐生性强，只能从伤口侵入生活力衰弱的花和果实。

棚室保护地栽植西葫芦，遇有低温、高湿条件，浇水后放风不及时、放风量不够及日照不足、连续阴雨，该病易发生和流行。露地栽培的西葫芦流行与否主要取决于结瓜期植株茂密程度、雨日的多少和雨量大小，阴雨连绵、田间积水等情况，生产上栽植过密，株间郁闭，发病重。

（四）防治方法

1.农业防治

与非瓜类作物实行 3 年以上轮作。采用高畦栽培，合理浇水，严防大水漫灌，雨后及时排水。合理密植，注意通风，防止湿气滞留。最好采用搭架栽培法，改善通风透光条件。坐果后应及时摘除残花病果，集中深埋、烧毁。

2.药剂防治

用 75% 百菌清可湿性粉剂，或 50% 异菌脲可湿性粉剂 1000 倍液浸种 2 小时，冲净后催芽播种。开花至幼果期开始喷施 64% 恶霜·锰锌可湿性粉剂 400 ～ 500 倍液，或 75% 百菌清可湿性粉剂 600 倍液，或 58% 甲霜灵可湿性粉剂 500 倍液，或 58% 甲霜·锰锌可湿性粉剂 600 倍液，或 70% 乙膦·锰锌可湿性粉剂 500 倍液，或 50% 甲霜灵可湿性粉剂 600 倍液，或 50% 福美双可湿性粉剂 800 倍液，或 47% 春雷氧氯铜可湿性粉剂 800 ～ 1000 倍液。对上述杀菌剂产生耐药性时可改用 69% 烯酰吗啉·锰锌 1000 倍液。保护地可用 45% 百菌清烟剂，每亩 250 克熏一夜，省工、省药、易操作、防效高。采收前 3 ～ 5 天停止用药。

六、西葫芦枯萎病

（一）症状

（1）普通型　实生苗发病重，嫁接苗每年也有 5% 的发病，症状与黄瓜基本相似，进入结瓜期开始表现为植株一侧、基部叶片边缘变黄，随植株的生长，变黄的叶片逐渐增多，严重时，整株叶片变黄，以致植株枯死。纵剖病茎维管束变为黄褐

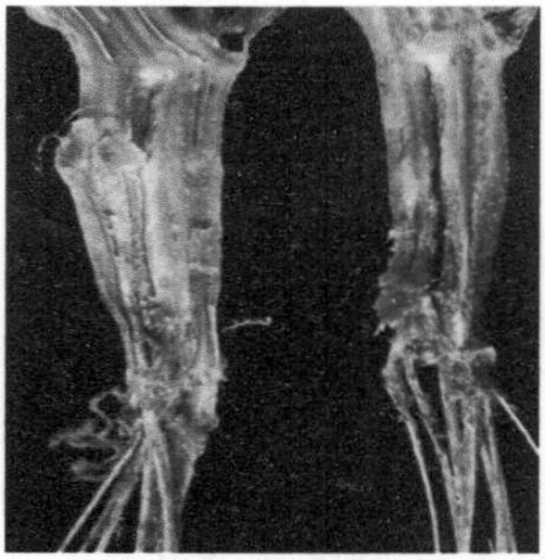

图 1-83　西葫芦枯萎病维管束变黄褐色

色（图1-83）。连作、土壤质地黏重、有机肥不腐熟是引起西葫芦枯萎病发生的主要条件。

（2）急性型　主要在嫁接苗上发生与为害，进入结瓜期开始表现，植株中萎蔫，早晚恢复，反复数日整个植株死亡，剖开茎，维管束不变色。

西葫芦枯萎病属于生理性病害，引起该病发生的原因是：嫁接时砧木与接穗的亲和力较差，或嫁接刀口吻合不完全，造成维管束对养分与水分供应的缺失，不能满足植株的需求，致使植株萎蔫死亡。

（二）病原特征

西葫芦枯萎病病原菌为尖镰孢菌黄瓜专化型 [*Fusarium oxysporum* (Schl.) F. sp. *cucumerinum* Owen.]，属半知菌亚门真菌。大型分生孢子，梭形、镰刀形，无色透明，两端渐尖，顶细胞圆锥形，有时微呈钩状，基部倒圆锥截形，有足细胞，具横隔 $0 \sim 3$ 个或 $1 \sim 3$ 个，1 个隔的大小为（$12.5 \sim 32.5$）微米 $\times$（$3.75 \sim 6.25$）微米，2 个隔的大小为（$21.25 \sim 32.5$）微米 $\times$（$5.0 \sim 7.5$）微米，3 个隔的大小为（$27.5 \sim 45.0$）微米 $\times$（$5.5 \sim 10.0$）微米。小型分生孢子，多生于气生菌丝中，椭圆形至近梭形、卵形，无色透明，大小为（$7.5 \sim 20.0$）微米 $\times$（$2.5 \sim 5.0$）微米。

（三）病害发生规律及流行特点

病原随病残体留在土壤中越冬。病菌可在土中可存活 $5 \sim 10$ 年，成为初侵染源。病菌从根部侵入，地上部重复侵染主要靠灌溉水。土温在 $8 \sim 34$℃时病菌均可生长。当土温在 $24 \sim 28$℃、土壤含水量大、空气相对湿度高时，发病最快。土温低、潜育期长、空气相对湿度 90% 以上，易发病。病菌发育和侵染适温为 $24 \sim 25$℃，最高 34℃，最低 4℃。土温 15℃潜育期 15 天，20℃潜育期 $9 \sim 10$ 天，$25 \sim 30$℃潜育期 $4 \sim 6$ 天，适宜 pH$4.5 \sim 6$。秧苗老化、连作地、有机肥不腐熟、土壤过分干旱、排水不良、土壤偏酸，是发病的主要条件。

（四）防治方法

1.农业防治

播种前，进行粒选，挑选无虫蛀、无霉变、无机械损伤的饱满种子。选用 5 ～ 8 年没种过瓜类作物的土壤，配制苗床营养土来育苗。种植的大田最好与非瓜类作物实行 5 ～ 6 年的轮作。有条件的地区进行与水稻隔 1 年的轮作。在重茬地、发病重的地块，结合播前整地，施入熟石灰 1200 ～ 1500 千克 / 公顷，改变土壤酸碱度。种植地要平整，不能积水。定植前，要深翻土地，施足腐熟的有机肥。定植后，要合理浇水，促使植株根系发育。结瓜后，要及时追肥，防早衰。采用嫁接防病，选用云南黑籽南瓜作砧木，山东小白皮西葫芦、早青一代西葫芦作接穗。病原耐热上限为 34 ～ 36℃，重病地块在种植前覆盖地膜，暴晒 3 ～ 5 天后，翻表土再晒 3 ～ 5 天表层土壤，可杀死土壤中病原。

2. 药剂防治

用 50% 多菌灵 500 倍液浸种 1 分钟。苗床用 50% 多菌灵可湿性粉剂 8 克 / 米^2 处理畦面。用 50% 多菌灵可湿性粉剂 60 千克 / 公顷，混入细干土，拌匀后施于定植穴内。用 30% 噁霉灵水剂 600 ～ 800 倍液，或在播种时喷淋 1 次，播种后 10 ～ 15 天再喷淋 1 次，灌根 2 次（在移栽时灌根 1 次，15 天后再灌根 1 次）。发病前或发病初期用 50% 多菌灵可湿性粉剂 500 倍液，或 50% 苯菌灵可湿性粉剂 1500 倍液，或 50% 甲基硫菌灵可湿性粉剂 400 倍液，或 60% 琥·乙膦铝可湿性粉剂 350 倍液，或 20% 甲基立枯磷乳油 1000 倍液，或 20% 增效多菌灵悬浮剂 200 ～ 300 倍液，或 50% 噁霉灵 800 倍液，或 72.2% 霜霉威水剂 400 倍液，或 50% 福美双可湿性粉剂 400 倍液灌根或喷雾。

七、西葫芦病毒病

（一）症状

西葫芦病毒病是西葫芦的重要病害，若发病，产量损失 20% 左右，流行年份可达 50% 以上。棚室栽培发病较轻，露地栽培发病严重。西葫芦受害，呈现系统性斑驳、花叶，叶上有深绿色疱斑，新叶先受害且严重。重病株上，上部叶片畸形呈鸡爪状，植株矮化，叶片变小，不能展开，后期叶片枯黄、死亡，病株不结瓜或结瓜少，瓜面上有瘤状突起、环形斑，小而畸形（图 1-84、图 1-85）。

（二）病原特征

该病病原为甜瓜坏死斑病毒 [melon necrotic spot virus (MNSV)]。

病毒颗粒线状，大小为 660 纳米 ×13 纳米，稀释限点为 1000 ～ 10000 倍，致死温度为 55 ～ 60℃，体外存活期为 3 ～ 5 天。

图 1-84　西葫芦病毒病病瓜症状

图 1-85　西葫芦病毒病病叶症状

甜瓜花叶病毒［melon mosaic virus (MMV)］，稀释限点为 2500 ～ 3000 倍，钝化温度为 60 ～ 62℃，体外存活期为 3 ～ 11 天。该病毒寄主范围较窄，只侵染葫芦科植物，不侵染烟草、曼陀罗。

南瓜花叶病毒［squash mosaic virus (SqMV)］。病毒颗粒球形，直径为 28 ～ 30 纳米，侧面有角。在各种葫芦科植物的体液中，热钝化温度（10 分钟）范围在 70 ～ 80℃，在 20℃条件下，体外保毒期可达 4 ～ 6 周以上。稀释终点为 10^{-4} 到 10^{-6}。

黄瓜花叶病毒［cucumber mosaic virus (CMV)］。病毒颗粒球状，直径为 28 ～ 30 纳米。病毒汁液稀释限点为 1000 ～ 10000 倍，钝化温度为 60 ～ 70℃（10 分钟），体外存活期为 3 ～ 4 天，不耐干燥。在指示植物普通烟、心叶烟及曼陀罗上呈系统花叶病毒，在黄瓜上也现系统花叶病毒。

（三）病害发生规律及流行特点

MMV 甜瓜种子可带毒，也可通过棉蚜、桃蚜和机械摩擦传染。高温干旱、强光照有利于发病。发病早晚、轻重与种子带毒率高低和甜瓜生长期气候有关，种子带毒率高，病害发生早，生长期天气干燥高温，蚜虫数量多，发病较重。

SqMV 在越冬菠菜及田间杂草上越冬，田间传病主要靠叶甲、蚱蜢等昆虫传毒。

CMV 感染的植物种子不带毒，主要在多年生宿根植物上越冬，由于鸭跖草、反枝苋、刺儿菜、酸浆等都是桃蚜、棉蚜等传毒蚜虫的越冬寄主，每当春季发芽后，蚜虫开始活动、迁飞，成为传播此病主要媒介。有 60 多种蚜虫可以传播 CMV。菟丝子能传毒。

球根带毒是造成该病远距离传播的重要原因，病毒在植株内逐年积累也是主要的初侵染源。发病适温为 20℃，气温高于 25℃ 多表现隐症。汁液摩擦及农事操作传毒。干旱及叶甲、蚱蜢发生量大发病重。播种过早，秋天高温干旱暖冬、春天气温回升早，有利于蚜虫越冬和繁殖及危害传毒，蚜虫发生量大，发病重。氮肥施用太多，生长过嫩，播种过密易发病。多年重茬、肥力不足、耕作粗放、杂草丛生的田块易发病。

（四）防治方法

1.农业防治

调整播期，尽量使西葫芦发病阶段避开高温高湿季节，避开蚜虫、灰飞虱成虫活动盛期。用银灰色塑料薄膜、普通农膜及窗纱上涂上银灰色油漆，平铺畦面四周可避蚜，用黄色板诱蚜，每亩用 6 ～ 8 块，利用蚜虫对黄色的趋性诱杀之。重点应放在越夏杂草和早播十字花科蔬菜上。在田间作业时，使用工具应消毒，发现病株应及时拔除，以免扩大传染。在传毒蚜虫迁入冬瓜地的始期和盛期，及时喷药剂杀灭蚜虫。

2.生物防治

防治病毒可用微生物源制剂 8% 宁南霉素水剂 200 倍液，或 5% 菌毒清水剂 250 倍液，或植物源制剂 0.5% 菇类蛋白多糖水剂 300 倍液，或 0.3% 苦·小檗碱·黄酮水剂 2000 倍液，隔 10 天左右 1 次，防治 1 ～ 2 次。

防治蚜虫可用 0.3% 苦参碱水剂 800 ～ 1000 倍液，或 15% 蓖麻油酸烟碱乳油 800 ～ 1000 倍液，或 0.65% 茼蒿素水剂 400 ～ 500 倍液，或 3.2% 烟碱川楝素水剂 200 ～ 300 倍液，或 1% 蛇床子素水乳剂 400 倍液，或 0.3% 印楝素乳油 600 ～ 1000 倍液，或 0.5% 藜芦碱醇溶液 800 ～ 1000 倍液，或 18% 杀虫双水剂 500 ～ 600 倍液，或 2% 阿维菌素乳油 2000 倍液。

3.药剂防治

（1）蚜虫大发生时喷施　50% 抗蚜威可湿性粉剂 2500 ～ 3000 倍液，或 25% 噻虫嗪水分散粒剂 6000 ～ 8000 倍液，或 10% 吡虫啉可湿性粉剂 800 ～ 1000 倍液，或 5% 啶虫脒乳油 2500 ～ 3000 倍液，或 40% 氧化乐果乳油 1000 ～ 1500 倍液，或 50% 马拉硫磷乳油 1000 ～ 1500 倍液，或 50% 对硫磷乳油 1000 ～ 1500 倍液，或 25% 噻嗪酮可湿性粉剂 750 ～ 1000 倍液，或 1% 对硫磷粉，或 1.5% 乐果粉 1.5 千克 / 亩。

（2）防治病毒用药　7.5% 菌毒·吗啉胍（克毒灵）水剂 500 倍液，或 20% 吗啉胍·乙铜（毒尽、病毒特）可湿性粉剂 500 倍液，或 40% 吗啉胍·羟烯腺·烯腺·（克毒宝）可溶性粉剂 1000 倍液，或 3.95% 三氮唑核苷·铜·锌（病毒必克）水乳剂 600 倍液，或 50% 磷酸二氢钾 3000 倍液 +20% 毒克星可湿性粉剂 500 倍液，或 50% 磷酸二氢钾 3000 倍液 +0.5% 抗毒丰菇类蛋白多糖水剂 250 ～ 300 倍液，或 50% 磷酸二氢钾 3000 倍液 +20% 病毒宁水溶性粉剂 500 倍液，或 50% 氯溴异氰尿酸可溶性粉剂，或 50% 磷酸二氢钾 3000 倍液 +5% 菌毒清可湿性粉剂 400 倍液，随配随用，隔 7 天 1 次，采收前 4 天停止用药，效果比单药防治好。

八、西葫芦软腐病

（一）症状

图 1-86　西葫芦软腐病病瓜症状

西葫芦软腐病主要为害西葫芦的根茎部及果实。根茎部受害，髓组织溃烂。湿度大时，溃烂处流出灰褐色黏稠状物，轻碰病株即倒折。果实受害，幼瓜染病，病部先呈褐色水浸状，后迅速软化腐烂如泥（图 1-86）。该病扩展速度很快，病瓜散出臭味是识别该病的重要特征。

（二）病原特征

该病病原菌为胡萝卜软腐欧氏杆菌胡萝卜软腐亚种［*Erwinia carotovora* subsp. *Carotovora*（Jones）Bergey et al.］。菌体短杆状，周生 2 ～ 8 根鞭毛。革兰氏染色阴性，生长发育适温为 25 ～ 30℃，最高为 40℃，最低 2℃，50℃经 10 分钟致死。

（三）病害发生规律及流行特点

病菌随病残体在土壤中越冬。次年春天，借雨水、灌溉水及昆虫传播，由伤口侵入。病菌侵入后分泌果胶酶溶解中胶层，导致细胞分崩离析，致细胞内水分外溢，引起腐烂。阴雨天、露水未落干时整枝打杈，虫伤多发病重。连作地、前茬病重、土壤存菌多、地势低洼积水、排水不良、土质黏重、土壤偏酸、氮肥施用过多、植株生长过嫩、虫伤多，易发病。栽培过密、株间通风透光差、种子带菌、育苗用的营养土带菌、有机肥没有充分腐熟、带菌、高温、高湿、多雨、大水漫灌、虫害发生严重，易发病。

（四）防治方法

1.农业防治

农业防治选用抗病品种，如早青 1 代、奇山 2 号、美国碧玉、京胡 2 号等。重病区或田块宜实行与葱蒜类蔬菜及水稻轮作。用 50℃温水浸种 20 分钟，捞出晾干后催芽播种，或用 70℃恒温干热灭菌 72 小时，效果较好。施石灰 1500 ～ 2250 千克 / 公顷，深翻晒土或灌水浸田一段时间落干后再整地。采用高畦地膜覆盖栽植；施用充分腐熟堆肥。禁止大水漫灌，注意通风透光，尤其是结瓜初期进入雨季要防止湿气滞留。加强检查，雨后及时排水，发现病株随时摘除，并撒石灰或淋灌病穴。采用黑籽南瓜作砧木进行嫁接栽培，可使植株根系强大、耐低温能力提高，抗病性增强。整枝打杈应选择晴天的中午进行，将整掉的侧枝及病叶、老叶及时运出田园，保持田园清洁。

2.生物防治

100 万单位硫酸链霉素 500 倍液浸种 2 小时，冲洗干净后催芽播种。发病时喷施 72% 农用硫酸链霉素可溶性粉剂 3000 ～ 4000 倍液。

3.药剂防治

40% 福尔马林 150 倍液浸种 1.5 小时，或次氯酸钙 300 倍液，浸种 30 ～ 60 分钟后催芽播种。用占种子重量 0.3% 的 47% 春雷氧氯铜可湿性粉剂拌种。喷施 70% 碱式硫酸铜悬浮剂（商品名：碱式硫酸铜）300 倍液，或 50% 琥胶肥酸铜可湿性粉剂 500 倍液，或 77% 氢氧化铜可湿性微粒粉剂 500 倍液，或 47% 春雷氧氯铜可湿性粉剂 800

倍液，隔 7 ～ 10 天 1 次，连续防治 2 ～ 3 次，采收前 3 天停止用药。为防止产生耐药性，提高防效，应轮换交替、复配使用。保护地喷撒 5% 防细菌粉尘剂 1 千克 / 亩，或 5% 百菌清粉尘剂 15 千克 / 公顷，或 6.5% 噁霉灵粉尘剂 15 千克 / 公顷；10% 腐霉利烟剂 3 ～ 3.75 千克 / 公顷或 45% 百菌清烟剂 3.75 千克 / 公顷，熏 3 ～ 4 小时，

九、西葫芦白粉病

（一）症状

苗期至收获期均可发生西葫芦白粉病害，主要为害叶片，叶柄和茎也可受害，果实很少受害。发病初期在叶面、叶背及幼茎上产生白色近圆形小粉点，后向四周扩展成边缘不明晰的白粉斑，严重的整个叶片布满白粉，后期白粉变为灰白色，在病斑上生出成堆的黄褐色小粒点，后小粒点变黑。危害严重时，全田叶片都布满白粉（图 1-87、图 1-88）。白粉病是西葫芦的主要病害，发病率 30% ～ 100%，对产量有明显的影响，减产 10% 左右，严重时可减产 50% 以上。

图 1-87　西葫芦白粉病叶片症状　　图 1-88　西葫芦白粉病茎部白粉状

（二）病原特征

西葫芦白粉病病原菌为单丝壳白粉菌 [*Sphaerotheca fuliginea* (Schlecht) Poll] 和瓜类单丝壳菌 [*S.cucurbitae* (Jacz.) Z. Y. Zhao]，属子囊菌亚门真菌。单丝壳白粉菌分生孢子梗无色，圆柱形，不分枝，分生孢子串生，无色，单细胞，椭圆形至长圆形，有的呈腰鼓状，大小为（17.8 ～ 27.9）微米 ×（12.2 ～ 15.2）微米。子囊果主要生在叶背，扁球形，聚生，暗褐色，直径 85 ～ 137 微米，多为 95 ～ 122 微米。

壁细胞呈不规则多角形，直径 6.3 ～ 20.3 微米，具 17 ～ 56 根附属丝，一般不分枝，少数呈不规则分枝 1 次或 1 ～ 2 次，弯曲，长 45 ～ 250 微米，个别达 315 微米，长为子囊果直径的 0.5 ～ 2 倍，粗细不均，有的上部细下部稍宽，宽 3.0 ～ 10.2 微米，多为 5.1 ～ 7.6 微米，壁薄，平滑，具隔膜 0 ～ 6 个，褐色，中部向上渐淡。子囊 5 ～ 13 个，多为 7 ～ 11 个，长卵形至矩圆形，或其他不规则形，具短柄，个别近无柄，大小为（48.3 ～ 68.6）微米 ×（25.4 ～ 35.6）微米。子囊孢子 2 个，卵形，带黄色，大小为（18.8 ～ 22.9）微米 ×（12.5 ～ 15.2）微米。

（三）病害发生规律及流行特点

病菌可在月季花、大棚及温室的瓜类作物、病残体上越冬，成为次年春天初侵染源。田间再侵染主要是发病后产生的分生孢子借气流、雨水传播。由于此菌繁殖速度很快，易导致流行。白粉病在 10 ～ 25℃均可发生，能否流行，取决于湿度和寄主的长势，低湿可萌发，高湿萌发率明显提高。因此，雨后干燥、少雨但田间湿度大，白粉病流行速度加快。较高的湿度有利于孢子萌发和侵入。高温干燥有利于分生孢子繁殖和病情扩展，尤其当高温干旱与高湿条件交替出现，又有大量白粉菌及感病的寄主，此病即流行。白粉病的分生孢子在 45% 左右的低湿度下也能充分发芽，反之在叶面结露持续时间长的情况下，病菌生长发育反而受到抑制。

（四）防治方法

1. 农业防治

选用抗病品种，如邯郸西葫芦、天津 25 号、长蔓西葫芦、阿太 1 号、早青 1 号等。培育壮苗，定植时施足底肥，增施磷肥、钾肥，避免后期脱肥。生长期注意通风透光，棚室提倡使用硫黄熏蒸器定期熏蒸预防。

2. 药剂防治

发病初期喷施 20% 三唑酮（粉锈宁）乳油 2000 倍液，或 60% 多菌灵盐酸盐 2 号 1000 倍液，或 6% 氯苯嘧啶醇可湿性粉剂 1000 ～ 1500 倍液，或 12.5% 烯唑醇可湿性粉剂 2500 倍液，或 43% 戊唑醇水剂 3000 倍液，或 70% 丙森锌可湿性粉剂 500 ～ 600 倍液，或 25% 丙环唑水剂 5000 倍液，或 15% 三唑酮可湿性粉剂 800 倍液，或 40% 腈菌唑可湿性粉剂1000倍液，或10%苯醚甲环水分散颗粒剂6000～7000倍液，对上述杀菌剂产生耐药性的地区，可选用40%氟硅唑8000～10000倍液，隔20天左右1次，防治1次后，再改用常用杀菌剂。

十、西葫芦细菌性叶枯病

（一）症状

西葫芦细菌性叶枯病主要为害叶片，有时也为害叶柄和幼茎。幼叶染病，病斑出现在叶面现黄化区，但不大明显，叶背面出现水渍状小点，后病斑变为黄色至黄褐色圆形或近圆形，大小1～2毫米，病斑中间半透明，四周具黄色晕圈，菌脓不明显或很少，有时侵染叶缘，引致坏死（图1-89）。

图1-89 西葫芦细菌性叶枯病

苗期生长点染病，可造成幼苗死亡，扩展速度快。幼茎染病，茎基部有的裂开，棚室经常可见但危害不重。

（二）病原特征

该病病原菌为油菜黄单胞菌黄瓜叶斑病致病变种［*Xanthomonas campestris* pv. *Cucurbitae*（Bryan）Dye］。菌体两端钝圆杆状，大小0.5微米×1.5微米，极生一根鞭毛，革兰氏染色阴性。发育适温25～28℃，36℃能生长，40℃以上不能生长，耐盐临界浓度3%～4%。对葡萄糖、甘露糖、半乳糖、阿拉伯糖、海藻糖、纤维二糖氧化产酸。不能还原硝酸盐，接触酶和卵磷脂酶阳性，氧化酶和脲酶阴性，水解淀粉和七叶灵，能液化明胶。石蕊牛奶呈碱性。

（三）病害发生规律及流行特点

病菌主要通过种子传播，在土壤中存活非常有限。西葫芦细菌性叶枯病在我国东北、内蒙古均有发生。棚室保护地常较露地发病重。

（四）防治方法

1.农业防治

（1）播种或移栽前，或收获后，清除田间及四周杂草，集中烧毁或沤肥；深翻地灭茬晒土，促使病残体分解，减少病源和虫源。

（2）育苗的营养土要选用无菌土，用前晒3周以上。

（3）和非本科作物轮作，水旱轮作最好。

（4）选用抗病品种，选用无病、包衣的种子，如未包衣则种子需用拌种剂或浸种剂灭菌。

（5）育苗移栽，播种后用药土覆盖，移栽前喷施一次除虫灭菌剂，这是防病的关键。

（6）适时早播，早移栽、早培土、早施肥，及时中耕培土，培育壮苗。移栽时汰除病苗、弱苗。

（7）选用排灌方便的田块，开好排水沟，降低地下水位，达到雨停无积水；大雨过后及时清理沟系，防止湿气滞留，降低田间湿度，这是防病的重要措施。

（8）土壤病菌多或地下害虫严重的田块，在播种前撒施或沟施灭菌杀虫的药土。

（9）施用酵素菌沤制的堆肥或腐熟的有机肥，不用带菌肥料，施用的有机肥不得含有禾本科作物病残体。

（10）采用测土配方施肥技术，适当增施磷钾肥，加强田间管理，培育壮苗，增强植株抗病力，有利于减轻病害。

（11）地膜覆盖栽培，可防止土中病菌危害地上部植株。

（12）及时防治害虫，减少植株伤口，减少病菌传播途径；发病时及时清除病叶、病株，并带出田外烧毁，病穴施药或生石灰。

（13）高温干旱时应科学灌水，以提高田间湿度，减轻蚜虫、灰飞虱危害与传毒。严禁连续灌水和大水漫灌。浇水时防止水滴溅起，是预防该病的重要措施。

（14）采用黑籽南瓜或葫芦作砧木进行嫁接栽培，可使植株根系强大、耐低温能力提高、抗病性增强，防病效果较好。

2.物理防治

用50℃温水浸种20分钟，捞出晾干后催芽播种，或用70℃恒温干热灭菌72小时，效果较好。

3.药剂防治

（1）浸种　次氯酸钙300倍液，浸种30～60分钟；或40%福尔马林150倍液浸种1.5小时；或100微克/升的硫酸链霉素500倍液浸种 2 小时，冲洗干净后催芽播种。

（2）喷施用药　70%绿得保悬浮剂 300 倍液，或 50% 琥胶肥酸铜可湿性粉剂 500 倍液，或 77% 可杀得可湿性微粒粉剂 500 倍液，或 47% 加瑞农可湿性粉剂 800 倍液，或 72% 农用硫酸链霉素可溶性粉剂 3000 ～ 4000 倍液，隔 7 ～ 10 天 1 次，连续防治 2 ～ 3 次。采收前 3 天停止用药。

十一、西葫芦匍枝根霉腐烂病

（一）症状

小西葫芦、金皮西葫芦根霉腐烂病发病率高达 10% ～ 40%，主要为害幼瓜，也为害叶及叶柄。病菌常从开败的花或受伤的组织开始侵染，致病部呈水渍状坏死腐烂，后在腐烂组织表面长出毛刺大头针状灰黑色或黑色霉层，即病原菌的孢子囊梗和孢子囊。瓜条染病多从残留花器侵入，沿脐部向瓜条迅速扩展致全瓜软腐，病瓜表面亦生出较茂密的大头针状灰黑色霉层，烂瓜常散发出腥臭味（图 1-90）。

图 1-90　西葫芦匍枝根霉腐烂病病瓜及根霉

（二）病原特征

该病病原菌为匍枝根霉，属接合菌门真菌。该菌的假根发达，常从匍匐菌丝与寄主基质接触处长出多分枝。孢子囊梗直立，无分枝，2 ～ 8 根丛生于假根上，粗壮，顶端着生较大的球状孢子囊，大小为（380 ～ 3450）微米 ×（30 ～ 40）微米，孢子囊褐色至黑色，直径 80 ～ 285 微米，孢子囊内生有许多小的圆形孢囊孢子。

（三）病害发生规律及流行特点

匍枝根霉是弱寄生菌，腐生性特强，田间空气中就有，能在多种蔬菜瓜果残体上以菌丝状态腐生，孢囊孢子也可附着在架杆、保护地内暴露的表面上越冬，只要条件适宜其活动，病菌就能由伤口或衰弱的病部侵入，并分泌果胶酶迅速分解细胞间质，引发腐烂，然后产出大量孢子，又借气流或雨水、灌溉水传播，进行多次再侵染。病菌生长适温 23～28℃，相对湿度高于 80%。田间浇水多、有湿气滞留，易发病。平畦栽植、无地膜覆盖、管理粗放，发病重。

（四）防治方法

1.农业防治

种植前彻底清除前茬作物的所有残余组织。必要时可用比生长期喷雾防治稍浓的药液喷洒地表和保护地内墙壁、立柱、架柴等进行表面灭菌。采取高垄或高畦地膜覆盖栽培，精心管理，及时小心清除病瓜、病花和衰败的残花等。避免造成各种伤口，减少病菌侵染机会。雨后或浇水后避免田间积水，保护地加强放风，降低空气湿度，抑制病害发生发展。

2.药剂防治

发病后及时进行药剂防治，可用 50% 多菌灵可湿性粉剂 500 倍液，或 50% 多·硫悬浮剂 500 倍液，或 70% 甲基托布津可湿性粉剂 800 倍液，或 50% 扑海因可湿性粉剂 1500 倍液，或 80% 大生可湿性粉剂 800 倍液喷雾。

十二、西葫芦三孢笄霉褐腐病

小西葫芦、香蕉西葫芦褐腐病在保护地、露地均有发生，塑料大棚中尤其常见。

（一）症状

该病为害西葫芦、瓠瓜称为褐腐病，为害黄瓜称为花腐病，为害甜瓜称为果腐病。小西葫芦、金皮西葫芦染病发病初期，花和幼果呈水浸状湿腐，病花变褐腐败，病菌从花蒂部侵入幼瓜，向瓜上扩展，致病瓜外部逐渐变褐，表面生白色茸毛状物，后期可见褐色、黑色大头针状毛（图1-91），高温、高湿扩展快，干燥时半个瓜变褐，无法食用。

（二）病原特征

该病病原菌为瓜笄霉，属接合菌亚门真菌。孢囊梗不分枝直立在寄主病部表面上，长 3 ～ 6 微米，无色、无隔，端部宽，基部渐狭，顶端产生头状膨大的泡囊，其上又生小枝，小枝末端又膨大为小泡囊，后又生小梗，顶端生出孢子。小型孢子（分生孢子）单胞，柠檬状或梭形，褐色或棕褐色，表面具纵纹，大小为（12.5 ～ 21.3）微米 ×（8.8 ～ 12.5）微米。该菌寄生性弱，除为害小西葫芦、金皮西葫芦外，还可侵染黄

图 1-91　西葫芦三孢笄霉褐腐病瓜

瓜、节瓜、金瓜、豇豆、烟草、辣椒、甘薯等。

（三）病害发生规律及流行特点

病菌主要以菌丝体随病残体或产生接合孢子留在土壤中越冬，翌春侵染小西葫芦和金皮西葫芦的花和幼瓜，发病后病部长出大量孢子，借风雨或昆虫传播。该菌腐生性强，只能从伤口侵入生活力衰弱的花和果实。棚室栽培的小西葫芦、金皮西葫芦，遇到高温高湿及生活力衰弱或低温、高湿条件，日照不足，湿气滞留，伤口多，易发病。

（四）防治方法

1.农业防治

培育抗褐腐病的新品种，金皮西葫芦的抗病性需改进。发病重的地区要与非瓜类作物进行 2 年以上轮作。提倡采用高畦或起垄地膜覆盖栽培，坐瓜后及时摘除残花、病果装入塑料袋携出田外，严防浇水过多，雨后及时排水，防止湿气滞留；棚室要特别注意通风散湿，以减少发病。

2.药剂防治

开花期、幼果期发病前喷洒 72% 霜脲·锰锌（克露）可湿性粉剂 700 倍液预防，防止病菌在株丛中繁殖和大量积累。

发病初期喷洒 69% 烯酰·锰锌（安克·锰锌）可湿性粉剂 700 倍液或 60% 氟吗·锰锌（灭克）可湿性粉剂 800 倍液。棚室保护地也可用烟剂 1 号每亩每次用药 380 克熏 1 夜。

十三、西葫芦镰刀菌果腐病

（一）症状

西葫芦镰刀菌果腐病常发生在棚室或露地，主要为害果实。幼果或成熟果实初病部变褐，呈湿润腐烂状，中、后期病部长出白色略带粉红色的致密霉层，后病果腐烂，汁液从病部流出（图1-92）。

图1-92 西葫芦镰刀菌果腐病病果

（二）病原特征

该病病原菌为茄病镰孢菌［*Fusarium solani* (Mart.) Sacc.］，属半知菌亚门真菌。在PSA培养基上气生菌丝薄绒状，白色或浅灰色，间有土黄色分生孢子座。大型分生孢子马特型，即大孢子最宽处在中线上部，两端较圆，具3～4隔，大小为（23.1～57.8）微米×（3～6）微米；小型分生孢子卵形，较宽，大小为（8～16）微米×（2.5～4）微米；厚垣孢子球形，直径6～10微米；产孢细胞单瓶梗，长筒形。有性态为 *Nectria haematococca* Berk.& Br.。

（三）病害发生规律及流行特点

病菌在土壤中越冬，果实与土壤接触易染病。湿度大，发病重。

（四）防治方法

1.农业防治

避免果实与地面接触。及时摘除病果，并集中处理。

2.化学防治

发病前喷洒50%琥胶肥酸铜可湿性粉剂500倍液或25%络氨铜水剂500倍液、36%甲基硫菌灵悬浮剂500倍液、40%多硫悬浮剂500倍液、47%加瑞农可湿性粉剂1000倍液、77%可杀得可湿性粉剂500倍液，隔10天左右1次，连续防治2～3次。采收前7天停止用药。

发病后，可选用50%苯菌灵可湿性粉剂1500倍液或36%甲基硫菌灵悬浮剂 500 ～ 600 倍液、47% 春雷·氧氯铜可湿性粉剂 700 ～ 800 倍液等喷雾防治，每隔 10 天左右喷药防治 1 次，连续防治 2 ～ 3 次。

十四、西葫芦曲霉病

（一）症状

西葫芦曲霉病主要为害茎基部、花及果实。被害茎上初生白色菌丝体，后扩展到花和果实上。病斑上长出点点黑霉，即病原菌的分生孢子头，严重时整个果实和花全部变为褐黑色，致果实逐渐腐烂（图 1-93）。

图 1-93　西葫芦曲霉病

（二）病原特征

该病病原菌为黑曲霉（*Aspergillus niger* Van Tiegh），属半知菌亚门真菌。在 PDA 培养基上菌丛白色至淡黄色，疏松，气生菌丝白色，上生许多针头形黑霉状分生孢子头，黑色球状；分生孢子梗壁光滑无色，有的顶部浅褐色，基部有足细胞，从菌丝体上长出，泡囊球形至近球形，大小 60 ～ 82 微米，整球表面产生一层梗基，梗基上生出 2 ～ 3 个瓶梗，梗基长 12 ～ 18 微米，瓶梗长 6 ～ 10 微米；分生孢子暗褐色，球形，从瓶梗上长出，串生，表面上密生小刺。

（三）病害发生规律及流行特点

病菌以菌丝体在土壤、病残体等多种基物上存活和越冬。翌年条件适宜时，分生孢子借气流传播，从伤口或表皮直接侵入，高温高湿、土壤温湿度变化激烈或有湿气滞留易发病。

（四）防治方法

1.农业防治

收获后及时清除病残体，集中深埋或烧毁，以减少菌源。

2.化学防治

用 75% 百菌清可湿性粉剂或 50% 多菌灵可湿性粉剂、50% 甲基硫菌灵可湿性粉剂 1 千克。兑细干土 50 千克，充分混匀后撒在瓜秧的基部。

发病初期喷洒上述杀菌剂可湿性粉剂 500 ～ 600 倍液，视病情防治 1 次或 2 次。采收前 3 天停止用药。使用百菌清时，采前 7 天停止用药。

十五、西葫芦霜霉病

（一）症状

西葫芦霜霉病在苗期、成株期均可发生，主要为害叶片。发病初期叶背面出现水浸状绿色斑点。病斑扩展迅速，由于受叶脉限制，呈多角形，1 ～ 2 天后病斑颜色变黄褐色至褐色，湿度大时，病斑背面出现灰黑色霉层。病重时病斑布满

图 1-94　西葫芦霜霉病

叶片，故使叶缘卷缩干枯，最后叶片枯黄而死（图 1-94）。

（二）病原特征

该病病原菌为古巴假霜霉 [*Pseudoperonospora cubeneis* (Berk et cort) Rostuv.]，属鞭毛菌亚门真菌。孢子囊梗无色，单生或 2 ～ 4 根束生，从气孔伸出，上部呈 3 ～ 5 次锐角分枝，分枝末端着生一个孢子囊；孢子囊卵形或柠檬形，顶端具乳状突起，单胞，淡褐色。孢子囊可萌发长出芽管，或孢子囊释放出游动孢子，变为圆形休止孢子，萌发芽管，侵入寄主。卵孢子球形，黄色，表面有瘤状突起。

（三）病害发生规律及流行特点

该病病原菌为病菌以菌丝体、卵孢子随病残体在壤中越冬，病菌可来自温室种植的瓜类，通过气流、雨水和昆虫传播，由气孔或直接穿透表皮侵入叶片。病菌喜温湿条件，萌发和侵入需叶片有水滴存在。发病适温为 15 ～ 22℃，低于 15℃或高于 28℃不利于发病。多雨、多露水、多雾和昼夜温差大、阴畦多而连续的发病较重。保护地栽培湿度大、种植过密、通风透光不良时，较易发病。

（四）防治方法

1.农业防治

合理密植，并注意加强通风透光等措施，降低保护地内空气湿

度。发病期，晴天中午关闭风口，利用高温闷棚 2 小时，气温掌握在 45℃左右。科学施肥，增施磷钾肥，培育壮苗。

2. 药剂防治

（1）烟雾熏治　每亩每次用 45% 百菌清烟雾剂 200 ～ 250 克分堆放置，点燃后闷棚，一般于傍晚开始，次日早晨结束。

（2）发病初期及时喷药防治　可选用 90% 三乙膦酸铝（乙膦铝）可湿性粉剂 400 ～ 500 倍液、58% 甲霜灵·锰锌可湿性粉剂 500 倍液、25% 甲霜灵（瑞毒霉）可湿性粉剂 800 倍液、64% 杀毒矾可湿性粉剂 600 倍液、70% 乙膦铝·锰锌可湿性粉剂 500 倍液、72% 克抗灵（克露、克霜氰、霜脲·锰锌）可湿性粉剂 800 倍液、75% 百菌清可湿性粉剂 500 倍液，每亩用 1.5 亿活孢子 / 克木霉菌可湿性粉剂 267 克加水 50 升，每 5 ～ 7 天喷 1 次，连续防治 2 ～ 3 次。以上药剂应交替使用，以防止产生耐药性。

十六、西葫芦黑星病

（一）症状

图 1-95　西葫芦黑星病

西葫芦黑星病为害叶、茎及果实。幼叶初现水渍状污点，后扩大为褐色或墨色斑，易穿孔。茎上现椭圆形或纵长凹陷黑斑，中部易龟裂。幼果初生暗绿色凹陷斑，后发育受阻呈畸形果。果实病斑多疮痂状，有的龟裂或烂成孔洞，病部分泌出半透明胶质物，后变琥珀色块状。湿度大时，上述各病部表面密生煤色霉层（图 1-95）。

（二）病原特征

该病病原菌为瓜疮痂枝孢霉菌（*Cladosporium cucumerinum* Ell. et Arthur.），属半知菌亚门真菌。菌丝有分隔，白色。分生孢子梗淡褐色，丛生，细长，大小为（160 ～ 520）微米 ×（4 ～ 5.5）微米。分生孢子淡褐色，串生。病菌的生长发育温限为 2 ～ 35℃，适温为 20 ～ 22℃。

（三）病害发生规律及流行特点

病菌主要以菌丝体或分生孢子丛随病残体遗落土中，或以菌丝体潜伏种皮内及分生孢子黏附种子表面越冬。借分生孢子进行初侵染和再侵染，借气流、雨水溅射传播，多从气孔侵入致病。气温20℃左右、相对湿度90%以上或植株郁闭多湿的生态环境利于发病。

种植密度大、通风透光不好，土壤黏重、偏酸，多年重茬，田间病残体多，肥力不足、耕作粗放、杂草丛生的田块，发病重。氮肥施用太多，生长过嫩，抗性降低，肥料未充分腐熟，有机肥带菌或肥料中混有本科作物病残体，易发病。大棚栽培，往往为了保温而不放风、排湿，引起湿度过大，易发病。阴雨天或清晨露水未干时整枝，或虫伤多，病菌从伤口侵入，易发病。地势低洼积水、排水不良、土壤潮湿，易发病。低温、高湿，多雨或长期连阴雨，日照不足，易发病。大水漫灌，低温高湿，昼夜温差大，夜间低温，冷凉，易发病。

（四）防治方法

1.农业防治

（1）播种前或移栽前，或收获后，清除田间及四周杂草，集中烧毁或沤肥；深翻地灭茬，促使病残体分解，减少病源和虫源。

（2）和非本科作物轮作，水旱轮作最好。

（3）选用抗病品种，选用无病、包衣的种子，如未包衣则种子需用拌种剂或浸种剂灭菌。

（4）选用排灌方便的田块，开好排水沟，降低地下水位，达到雨停无积水；大雨过后及时清理沟系，防止湿气滞留，降低田间湿度，这是防病的重要措施。

（5）育苗移栽，苗床床底撒施薄薄一层药土，播种后用药土覆盖，移栽前喷施一次除虫灭菌剂，这是防病的关键。地膜覆盖栽培，可预防土中病菌危害地上部植株。

（6）土壤病菌多或地下害虫严重的田块，在播种前穴施或沟施灭菌杀虫的药土。施用酵素菌沤制的堆肥或腐熟的有机肥，不用带菌肥料，施用的有机肥不得含有植物病残体。采用测土配方施肥技术，适当增施磷钾肥，加强田间管理，培育壮苗，增强植株抗病力，有利于减轻病害。

（7）避免在阴雨天气整枝；及时防治害虫，减少植株伤口，减少病菌传播途径；发病时及时防治，并清除病叶、病株，带出田外烧毁，病穴施药或生石灰。

（8）大棚栽培的可在夏季休闲期，棚内灌水，地面盖上地膜，闭棚几天，利用高温灭菌。棚室栽培的要注意温湿度管理，采用放风排湿、控制灌水等措施，降低棚内湿度，减少叶面结露。

（9）高温干旱时应科学灌水，以提高田间湿度，减轻蚜虫、灰飞虱危害与传毒。严禁连续灌水和大水漫灌。浇水时防止水滴溅到叶面上，这是防病的重要措施。

（10）利用嫁接育苗，可预防该病的大发生。

2.化学防治

用粉尘法或烟雾法于发病初期用喷粉器喷撒 10% 多百粉尘剂或 5% 防黑星粉尘剂 1 千克 / 亩，或施用 45% 百菌清烟剂 200 克 / 亩，连续防治 3 ～ 4 次。

棚室或露地发病初期喷洒 50% 多菌灵可湿性粉剂 800 倍液 +70% 代森锰锌可湿性粉剂 800 倍液，或 2% 武夷菌素水剂 150 倍液 +50% 多菌灵可湿性粉剂 600 倍液，或 2% 武夷菌素水剂 150 倍液，或 80% 多菌灵可湿性粉剂 600 倍液，或 75% 百菌清可湿性粉剂 600 倍液，或 50% 苯菌灵可湿性粉剂 1500 倍液，或 80% 敌菌丹可湿性粉剂 500 倍液，每亩喷药液 60 ～ 65 升，隔 7 ～ 10 天 1 次，连续防治 3 ～ 4 次。

十七、西葫芦蔓枯病

（一）症状

西葫芦蔓枯病在田间主要发生在茎蔓上，致蔓枯死，但也能为害幼苗、茎部及果实。近地面的茎，初染病时，仅病斑与健全组织交界处呈水浸状，病情扩展时，组织坏死或流胶，在病部出现许多黑色小粒点，严重时整株死亡（图 1-96）。叶片染病，呈水浸状黄化坏死，严重的整叶枯死。果实染病，产生黑色凹陷斑，龟裂或致果实腐败。

图 1-96　西葫芦蔓枯病

（二）病原特征

该病病原菌为瓜类黑腐小球壳菌［*Mycosphaerella melonis* (Pass.)

Chiuetwalk.]，属子囊菌亚门真菌。无性态为瓜叶单隔孢（也称黄瓜壳二孢）（*Ascochyta cucumis* Faut. etRoum），属半知菌亚门真菌。病菌形态特征参见南瓜蔓枯病。

（三）病害发生规律及流行特点

病菌主要以分生孢子器或子囊壳随病残体存在于干土中或架材上，条件适宜时靠灌溉水、雨水、露水传播蔓延，从伤口、自然孔口侵入，种子也可带菌，引起发病。当温度在 18 ～ 25℃、相对湿度在 80% 以上、土壤持水量过大时，发病严重。特别是开始采瓜，下部老叶造成大伤口后，温棚内通风不良时，更易发病。

（四）防治方法

1.种子处理

播种前，用 55℃恒温水浸种 15 分钟。可用占种子重量 0.3% 的 50% 多菌灵可湿性粉剂拌种。

2.农业防治

生产中还要加强水分管理，降低棚室空气相对湿度是预防蔓枯病发生的关键。建造温室或大棚，要选择地势较高、排水良好的地块。温室和大棚内加强通风透光，降低棚室内的湿度。结瓜前、下雨和浇水后要及时中耕。发病后要适当控制浇水，以降低土壤及空气的湿度。保护地栽培，尤其要注意温湿度管理，采用放风排湿、控制灌水等措施降低棚内湿度，减少叶面结露，要求白天控温 28 ～ 30℃，夜间 15℃，相对湿度低于 90%。

在整个生长期间，要多次追肥，必要时喷施叶面肥，以防止植株早衰。收获后，要及时清洁田园，将病残体清除出园外，集中处理。

发病田与非瓜类作物进行轮作。选用抗病品种，选留无病种子。采用覆盖地膜栽培。种植后至结瓜期控制浇水十分重要。

3.化学防治

（1）灌根防治　在定植、根瓜坐住、根瓜采收后 15 天，各用药剂灌根一次效果最好。可用 75% 百菌清 600 倍液或 70% 甲基托布津 800 倍液进行灌根，防效均在 90% 以上。

（2）涂抹防治　用 75% 百菌清 50 倍液或 70% 甲基托布津 50 倍液涂抹病部，有效率均在 95% 以上。

（3）喷洒防治　发病初期，可采用下列杀菌剂或配方进行防治：40%氟硅唑乳油3000～5000倍液+65%代森锌可湿性粉剂600倍液；25%咪鲜胺乳油800～1000倍液+68.75%噁酮·锰锌水分散粒剂800～1000倍液；40%双胍辛烷苯基磺酸盐可湿性粉剂1000倍液+75%百菌清可湿性粉剂600倍液；兑水喷雾，视病情间隔7～10天防治1次。

十八、西葫芦银叶病

（一）症状

西葫芦银叶病被害植株的生长势弱，株型偏矮，叶片下垂，生长点叶片皱缩，呈半停滞状态，茎部上端节间短缩；茎、幼叶和功能叶叶柄褪绿，叶片叶绿素含量降低，叶片初期表现为沿叶脉变为银色或亮白色，以后全叶变为银色，在阳光照耀下闪闪发光，但叶背面叶色正常。幼瓜及花器柄部、花萼变白，半成品瓜、商品瓜也白化，呈乳白色或白绿相间，丧失商品价值（图1-97）。

图1-97　西葫芦银叶病

（二）病因

目前对于西葫芦银叶病的发病病因有3种意见：

（1）病毒性病害。

（2）生理性病害——光照强、温度高引起。

（3）生理性病害——氮肥过多引起。

1.病毒性病害

由于在烟粉虱发生严重的地块银叶病发生严重，发病时喷施防治病毒性的药物有一定作用，由此判定为烟粉虱传播的病毒性病害。

2.光照强、温度高引起生理性病害

因为同一植株相邻的两片叶片，在上面直接受光的叶片发病，而下面的叶片因不直接见光就不发病；同一叶片经常受光的部分发病，而被遮阴的部分则不发病，由此判定该病属非传染性病害，发病原因是光照太强，叶温过高。至于喷防治病毒性药物有效的解释是这类药

物都不能把病毒杀死，多有促进生长的作用，植株生长的速度大于病毒蔓延的速度。如果是病毒性病害的话，应该是植株上部正常，而下部仍呈现病毒病症状。但是，喷药后，有一定治疗作用，由此断定该病不是病毒性病害。

3.氮肥过多引起生理性病害

据我国台湾地区有关报道，南瓜在夏季叶片的叶脉部分呈现失绿，变成银灰色，表面似有一层蜡质，比正常的叶片白斑颜色更重，这属生理性病害，是由于施用氮肥过多，加上气温高、光照强、空气湿度小等原因造成的。在南瓜栽培中发生的该现象同西葫芦银叶病极为相似。由于西葫芦和南瓜均为同一属，病害基本相同，由此估计西葫芦银叶病也是这种原因造成的。施氮肥过多造成的银叶现象不仅在南瓜上存在，在某些西红柿品种上也有表现。

还有极个别的人认为是烟粉虱危害导致的生理现象。由于有虫危害和无虫危害时都有可能发生症状或不发生症状，而害虫危害导致的生理现象，一般是与害虫危害密切衔接的。所以此论调没有科学依据，主观臆断性太强。

（三）防治方法

尽管对于发病原因的认识不同，但是防治技术基本是相同的。

1.农业防治

（1）抗病品种　尽量选用抗病和耐病的品种。

（2）拔除病株　病毒病严重的植株，应立即拔除，深埋；不严重的，可加强管理，促进结果，等到第二年春季，2月份时拔除。

（3）土地选择　应避免连作，深翻，施足有机肥，增施磷钾肥，控制氮肥用量，促进植株健壮生长，提高抗病力。定植前喷施免深耕土壤调理剂200克/亩，促使深层土壤疏松通透，有利于根系生长发育。

（4）育苗　苗期温度应适宜，徒长苗易感病。移植时，少伤根，可促进缓苗，减少发病。

（5）田间管理　定植时，选用无病壮苗，淘汰病苗、弱苗。

在整枝打杈、采收等田间操作时，应经常用肥皂水洗手消毒，尽量减少人为的汁液传播。烟草有病毒，吸烟者禁入。

及时清洁田园，拔除病株。病株应深埋或烧毁，减少病源。

定植缓苗后，勿过度蹲苗。高温干旱季节应适当小水勤浇，保持田间湿润，降低地温。

分期追肥，增施磷钾肥，每20天喷施天然芸薹素的万分之一液，可提高植株抗病力。

9～10月份在光照太强时利用遮阳网遮阴，降低光照强度。及时通风，保持棚内温度在30℃以下。

（6）防治白粉虱、蚜虫　及时防治白粉虱、蚜虫，可减少传毒媒介，避免病害的发生。除了药剂防治外，还可用纱网遮挡。

2. 物理防治

干热消毒：把干燥的种子放在恒温箱中，保持75℃的条件，处理72小时。

3. 药剂防治

（1）种子处理　为消灭种子上携带的病毒，可进行种子处理。温汤浸种：把种子放在50℃左右的温水中，浸泡15～30分钟。磷酸三钠浸种：把种子放在10%磷酸三钠液中浸泡20～30分钟，取出用清水冲洗干净。高锰酸钾浸种：在1%高锰酸钾液中浸种10～15分钟，后用清水冲洗干净。

（2）钝化物质　利用豆浆、牛奶、鱼肉等高蛋白物质，用清水稀释100倍，每10天1次，连喷3～5次，可在叶面形成一层膜，减弱病毒的侵染能力，削弱其锐性。此外，还有植物病毒钝化剂912，将一袋75克药粉加入少量水调成糊状，再加入1千克开水，在100℃温度下浸泡12小时，充分搅匀，晾凉后再加水15千克，分别于定植后、初果期、盛果期早、晚各喷施一次。

（3）保护物质　利用高脂膜的200～500倍液，在发病前叶面喷施，每7～10天1次，连喷3～4次。可在叶表面形成一层薄膜，防止和减轻病毒的入侵。

（4）增抗物质　83增抗剂可提高植株抗病力，防止病毒侵染，降低病毒在植株体内扩散速度。每公顷用原液7.5千克加水750千克，分别在小苗2～3叶期、移栽前1周、定植缓苗后1周，各喷1次。

此外，还可喷施20%毒克星400～500倍液、抗毒剂1号300～400

倍液、25% 抗病毒可溶性粉剂 400 ～ 600 倍液、20% 病毒净 400 ～ 600 倍液、病毒宁 500 倍液。上述药之一，每 7 天 1 次，连喷 2 ～ 3 次。

十九、西葫芦细菌性角斑病

（一）症状

图 1-98　西葫芦细菌性角斑病

子叶发病，初呈水浸状近圆形凹陷斑，后干枯。叶片发病，初呈鲜绿色水浸状病斑，渐变为淡褐色，背面受叶脉限制呈多角形黄褐色斑，潮湿时病斑上溢出白色菌脓，干枯时病斑脆裂穿孔。茎、叶柄、果实发病，初为水浸状圆斑，后为灰白色，也有白色菌脓，茎、果实形成溃疡和裂纹，果实病斑可扩展到内部，使种子带菌（图 1-98）。

（二）病原特征

该病病原菌为丁香假单胞杆菌流泪致病变种 [*Pseudomonas syringae* pv. *lachrymans* (Smith et Bryan) Young, Dye & Wilkie.]（黄瓜角斑病假单胞菌），属假单胞菌科、丁香假单胞菌属细菌。菌体短杆状，相互呈链状连接，具端生鞭毛 1 ～ 5 根，大小为（0.7 ～ 0.9）微米 ×（1.4 ～ 2）微米，有荚膜，无芽孢，革兰氏染色阴性。

病原培养性状：在金氏 B 平板培养基上，菌落白色，近圆形或略呈不规则形，扁平，中央凸起，污白色，不透明，具同心环纹，边缘一圈薄且透明，菌落直径 5 ～ 7 毫米，外缘有放射状细毛状物，具黄绿色荧光。

病原生理特性：生长适温 24 ～ 28℃，最高 39℃，最低 4℃，48 ～ 50℃经 10 分钟致死。

（三）病害发生规律及流行特点

病原菌在种子内、外或随病残体在土壤中越冬，成为翌年初侵染源。病菌由叶片或果实伤口、自然孔口侵入，进入胚乳组织或胚幼根的外皮层，造成种子内带菌。此外，采种时病瓜接触污染的种子致种子外带菌，且可在种子内存活 1 年，土壤中病残体上的病菌可存活 3 ～ 4 个月，生产上如播种带菌种子，出苗后子叶发病，病菌在细胞间繁殖，西葫芦病部溢出的菌脓，借大量雨珠及大棚膜水珠下落，或结露及叶缘吐水滴落、飞溅传播蔓延，进行多次重复侵染。露地西葫芦蹲苗结束后，随雨季到来和田间浇水开始，始见发病，病菌靠气流或雨水逐渐扩展开来，一直延续到结瓜盛期，后随气温下降，病情缓和。病菌也可从气孔、水孔及自然伤口侵入。发病温限 $10 \sim 30℃$，适温 $24 \sim 28℃$，相对湿度 70% 以上易发病，大棚高湿有利于发病。病斑大小与湿度相关：夜间饱和湿度持续时间大于 6 小时，叶片上病斑大且典型；湿度低于 85%，或饱和湿度持续时间不足 3 小时，病斑小；昼夜温差大，结露重且持续时间长，发病重。在田间浇水次日，叶背出现大量水浸状病斑或菌脓。有时，只要有少量菌源即可引起该病发生和流行。

连作地、前茬病重、土壤存菌多；或地势低洼积水、排水不良；或土质黏重、土壤偏酸，易发病。氮肥施用过多，植株生长过嫩；栽培过密，株、行间郁蔽，通风透光差，易发病。种子带菌、育苗用的营养土带菌，或有机肥没有充分腐熟或带菌，易发病。气候温暖、高湿、多雨、多雾、重露，易发病。大棚栽培，往往为了保温而不放风、排湿，引起湿度过大，易发病。阴雨天或清晨露水未干时整枝打杈，伤口难于愈合，或虫伤多，易发病。

病菌的主要寄主有冬瓜、节瓜、葫芦、西葫芦、丝瓜、甜瓜、西瓜、黄瓜、笋瓜等。

（四）防治方法

1.农业防治

（1）播种或移栽前，或收获后，清除田间及四周杂草，集中烧毁或沤肥；深翻地灭茬，促使病残体分解，减少病源和虫源。

（2）和非本科作物轮作，水旱轮作最好。

（3）选用抗病品种，选用无病、包衣的种子，如未包衣则种子需用拌种剂或浸种剂灭菌。

（4）育苗移栽，播种后用药土覆盖，移栽前喷施一次除虫灭菌剂，这是防病的关键。

（5）适时早播，早移栽、早间苗、早培土、早施肥，及时中耕培土，培育壮苗。

（6）选用排灌方便的田块，开好排水沟，降低地下水位，达到雨停无积水；大雨过后及时清理沟系，防止湿气滞留，降低田间湿度，这是防病的重要措施。

（7）土壤病菌多或地下害虫严重的田块，在播种前撒施或沟施灭菌杀虫的药土。

（8）施用酵素菌沤制的堆肥或腐熟的有机肥，不用带菌肥料，施用的有机肥不得含有植物病残体。

（9）采用测土配方施肥技术，适当增施磷钾肥，加强田间管理，培育壮苗，增强植株抗病力，有利于减轻病害。

（10）地膜覆盖栽培，可预防土中病菌危害地上部植株。

（11）及时防治害虫，减少植株伤口，减少病菌传播途径；发病时及时清除病叶、病株，并带出田外烧毁，病穴施药或生石灰。

（12）用葫芦或黑南瓜作砧木嫁接防病，效果较好。

2.化学防治

（1）预防方案　细截按 500 倍液稀释喷施，7 天用药 1 次。

（2）治疗方案　轻微发病时，细截按 300 ～ 500 倍液稀释喷施，5 ～ 7 天用药 1 次；病情严重时，奥力克细截 300 倍液稀释喷施，3 天用药 1 次，喷药次数视病情而定。

第六节　瓠瓜传染性病害

一、瓠瓜绵腐病

（一）症状

苗期染瓠瓜绵腐病引起猝倒，结瓜期染瓠瓜绵腐病主要为害果实。贴地面的瓜先发病，发病初期褐色水浸状，后迅速变软，引起整个瓜变褐软腐。湿度大时病部长出白色绵毛（图 1-99）。

图 1-99　瓠瓜绵腐病瓜条受害症状

（二）病原特征

该病病原菌为瓜果腐霉 [*Pythium aphanidermatum* (Eds.) Fitzp.]，属鞭毛菌亚门真菌。在 CMA 培养基上菌丛白色绵毛状，菌丝体发达，具分枝无隔膜，菌丝宽 3～7 微米，游动孢子囊顶生，膨大成形状不规则的姜瓣状，萌发后形成球状泡囊。泡囊内含游动孢子 8～29 个，游动孢子肾形双鞭毛，休止时呈球状，大小 11～12 微米。藏卵器顶生球状，无色，大小为 18～36 微米，雄器同丝、异丝生，近椭圆形。卵孢子球形光滑，不满器，浅黄色，直径为 17～28 微米。

（三）病害发生规律及流行特点

病原菌在土壤中越冬，适宜条件下直接长出芽管侵入植株。后在病残体上产生病菌，借雨水、灌溉水传播，危害果实。病菌主要分布在表土层内，雨后湿度大，病菌迅速增加。平均气温 22～28℃、连阴雨、湿度大，利于发病和蔓延。

（四）防治方法

1.农业防治

农业防治选用耐湿的品种。清沟沥水，高畦栽培，防止雨后畦面积水。定植穴施入充分腐熟有机肥。果实不要与地面接触，注意通风，防止湿气滞留。

2.药剂防治

苗期发病初期喷 72.2% 霜霉威盐酸盐水剂 600～700 倍液，或 58% 甲霜·锰锌可湿性粉剂 800 倍液，或 64% 恶霜·锰锌可湿性粉剂 500 倍液，或 70% 乙膦·锰锌可湿性粉剂 500 倍液，或 72% 霜脲·锰锌可湿性粉剂 800～1000 倍液，或 72% 福美双可湿性粉剂 800～1000 倍液，或 69% 烯酰吗啉·锰锌可湿性粉剂 1000 倍液。生长中期可选用 58% 甲霜·锰锌 800～1000 倍液，或 47% 春雷·氧氯铜可湿性粉剂 800～1000 倍液。每隔 10 天喷 1 次，连续 2～3 次。

二、瓠瓜猝倒病

（一）症状

瓠瓜猝倒病是瓠瓜苗期主要病害之一。种芽感病，苗未出土，种芽、胚茎、子叶已腐烂，幼苗受害，近土面的胚茎基部开始有黄色水渍状病斑，随后变为黄褐色，干枯收缩成线状，子叶尚未凋萎，幼苗已猝倒。有时带病幼苗外观与健苗无异，但不能挺立，细检此苗，茎基部已干缩成线状。此病在苗床内蔓延迅速，开始只见个别病苗，几天后便出现成片猝倒。当苗床湿度大时，病部表面及其附近土表可长出一层白色棉絮状菌丝体。

（二）病原特征

该病病原菌为瓜果腐霉［*Pythium aphanidermatum* (Eds.) Fitzp.］，属鞭毛菌亚门真菌。在CMA培养基上菌丛白色绵毛状，菌丝体发达，具分枝无隔膜，菌丝宽 3～7 微米。游动孢子囊顶生，膨大成形状不规则的姜瓣状，萌发后形成球状泡囊。泡囊内含游动孢子 8～29 个，游动孢子肾形，双鞭毛，休止时呈球状，大小为 11～12 微米。藏卵器顶生球状，无色，大小为 18～36 微米。雄器同丝、异丝生，近椭圆形。卵孢子球形光滑，不满器，浅黄色，直径为 17～28 微米。

（三）病害发生规律及流行特点

病菌以卵孢子在土壤中越冬。条件适宜萌发产生游动孢子囊，孢子囊释放游动孢子，直接长出芽管侵染幼苗。病菌也可以菌丝体在病残体、土壤内腐殖质上腐生生活，菌丝形成游动孢子囊，释放游动孢子侵染幼苗。病菌主要通过浇水、管理传播，带菌粪肥和操作工具也可传播。病菌侵染后在皮层薄壁细胞中扩展，以后在病部产生孢子囊，进行再侵染，最后在病组织内产生卵孢子越冬。土壤温度 15～16℃病菌繁殖很快，土壤高湿极易诱发此病。浇水后苗床积水、苗床棚顶滴水处多为发病中心。光照不足，幼苗长势弱，育苗期遇寒流、连阴雨、雪天气，低温潮湿，病害发生严重。

（四）防治方法

1.农业防治

选用抗病、包衣的种子，如未包衣，则用拌种剂、浸种剂灭菌后才催芽、播种。出苗后，严格控制温度、湿度及光照，可结合炼苗、接膜、通风、排湿。施用酵素菌沤制的堆肥、腐熟的有机肥，不用带菌肥料，施用的有机肥不得含有植物病残体。采用测土配方施肥技术，适当增施磷钾肥，加强田间管理，培育壮苗，增强植株抗病力，有利于减轻病害。

2.药剂防治

出苗后发病时喷施 70% 甲基硫菌灵可湿性粉剂 1000 倍液，或 70% 多菌灵可湿性粉剂 500 倍液，或 72.2% 霜霉威盐酸盐水剂 400 倍液，或 58% 甲霜灵可湿性粉剂 800 倍液，或 64% 恶霜·锰锌可湿性粉剂 500 倍液，或 80% 霜脲氰可湿性粉剂 800 ～ 1000 倍液，或 72% 福美双可湿性粉剂 800 ～ 1000 倍液，或 72% 霜脲·锰锌可湿性粉剂 800 ～ 1000 倍液。对上述杀菌剂产生耐药性的地区，可改用 69% 烯酰吗啉·锰锌可湿性粉剂，或水分散粒剂 1000 倍液，也可用 15% 噁霉灵水剂 450 倍液 200 倍液，3 升 / 米^2。3% 多抗霉素可湿性粉剂 1 份 + 干细土 30 份，发病后撒施于植株根际周围，也可作苗床用药土。用 58% 甲霜灵可湿性粉剂，或 64% 恶霜·锰锌可湿性粉剂，或 70% 甲基硫菌灵可湿性粉剂，或 50% 福美·拌种灵可湿性粉剂 1 份 + 细干土 50 份，充分混匀，发病时撒施于根际周围表土，该病流行地区做播种时的覆盖土。保护地栽培可用 5% 百菌清粉尘剂，或 10% 脂铜粉尘剂，1 千克 / 亩。

三、瓠瓜立枯病

（一）症状

立枯病又称蔓割病、萎蔫病，主要侵害根部和茎蔓基部，其典型症状为全株萎蔫。通常幼苗发病，子叶萎蔫，全株枯萎，茎基部变褐缢缩，多呈猝倒状。成株发病，一般在开花结瓜后陆续表现症状，初期病株叶片从下向上逐渐萎蔫，外观似缺水状，尤以中午更为明显，早晚尚能恢复，数天后全株叶片枯萎下垂，不再恢复常态。挖检病株，可见根部变褐、腐烂，茎基部稍缢缩，有的呈纵裂，患部溢出琥珀色胶质物。剖切病茎，其维管束变为褐色。幼果、近成熟果实染病，先端变褐，严重的整个果实褐变。潮湿时患部表面常见粉红色霉状物，即病原菌的分生孢子丛和分生孢子。

（二）病原特征

该病病原菌为丝核菌（*Rhizoctonia solani* Kühn），属半知菌亚门真菌。在 PDA 培养基上菌落初无色，呈乳白色，呈放射状扩展，随培养时间增加，菌落颜色逐渐变深至浅黄。菌丝初期无色透明，呈直角分枝，分枝处略缢缩，菌丝直径 5～7 微米。老熟菌丝黄褐色，后期可形成菌核，菌核大小 0.3 毫米。无性态产生菌丝和菌核，有性态产生担子和担孢子。担孢子近圆形，大小为（6～10）微米×（5～7）微米。菌丝生长的温度为 10～38℃，适宜的生长温度为 18～29℃，在 13℃以下、35℃以上时受抑制，致死温度为 52℃。

（三）病害发生规律及流行特点

病菌以菌丝体或菌核在土壤中或病残组织上越冬，腐生性较强，在土壤中可存活 2～3 年，病菌从伤口或表皮直接侵入幼茎、根部引起发病。病菌借雨水、灌溉水传播。苗床地势低洼积水、营养钵浇水过多，致使营养土成泥糊状，种芽、种根不透气，易发病。播种密度大，株间、行间通风透光不好，发病重。氮肥施用太多，生长过嫩，抗性降低，易发病。长期阴雨、光照不足、低温、高湿，易发病。

（四）防治方法

1.农业防治

农业防治选用抗病、包衣的种子，如未包衣，则用浸种剂、拌种剂给种子灭菌后，才能催芽、播种。用 55℃温水浸种子 15 分钟。选无病土做营养土，营养土在使用前，最少要晒 3 周以上，营养土中的有机肥要充分腐熟。出苗后，严格控制温度、湿度及光照，可结合炼苗、揭膜、通风、排湿。

2.药剂防治

用占种子量 0.1% 的 2% 戊唑醇拌种。发病初期开始喷施 70% 甲基硫菌灵可湿性粉剂 1000 倍液，或 50% 多菌灵可湿性粉剂 800 倍液，或 20% 三唑酮乳油 2000 倍液，或 25% 代·多·异菌脲（商品名：好速净）可湿性粉剂 600～800 倍液，或 60% 多菌灵盐酸盐 2 号 1000 倍液，或 6% 氯苯嘧啶醇可湿性粉剂 1000～1500 倍液，或 12.5% 烯唑醇可湿性粉剂 2500 倍液，隔 7～10 天 1 次，连续防治 2～3 次。对上述杀菌剂产生耐药性的地区，可选用 40% 氟硅唑 8000～10000 倍液，隔 20 天左右 1 次，防治 1 次后，再改用常用杀菌剂，如农抗 120 水剂 100～150 倍液，或 1% 武夷菌素水剂 100～150 倍液，或 5%

井冈霉素水剂 1500 倍液。保护地栽培可用 5% 百菌清粉尘剂，每亩 1 千克。采果前 7 天停止用药。用 58% 甲霜灵可湿性粉剂，或 64% 恶霜·锰锌可湿性粉剂，或 70% 甲基硫菌灵可湿性粉剂，或 50% 福美·拌种灵可湿性粉剂 1 份 + 细干土 50 份，充分混匀，发病时撒施于根际周围表土，该病流行地区作播种时的覆盖土。

四、瓠瓜根腐病

（一）症状

根腐病主要为害根部，初期症状是植株地上部的茎叶表现似缺肥水状、失绿，较健株矮小，生长不良。拔出病株可见到须根较少，且呈淡黄褐色，初期主根未有明显症状，但随着病情加重，植株长势越来越差，底叶开始变黄枯落，矮化更为明显，最后整株叶片萎蔫，植株枯死。枯死病株很容易从土中拔起，须根已完全腐烂不见，主根变黑褐色，亦逐渐腐烂，用手挤压，根部皮层易剥落。茎基部有时可见到粉红色霉层及胶液，这是病原菌的菌丝体和分生孢子团。

（二）病原特征

瓠瓜根腐病的病原菌是腐皮镰孢菌［*Fusarium solan i* (Mart.) App. et Wr.］，属于半知菌亚门真菌。病原真菌可产生两种形态的分生孢子。大型分生孢子新月形、无色，有 2～4 个横隔膜，大小为（14.0～16.0）微米 ×（2.5～3.0）微米；小型分生孢子椭圆形、无色，大小为（6～11）微米 ×（2.5～3.0）微米。病菌还能产生近圆形、淡褐色的厚垣孢子。

（三）病害发生规律及流行特点

病原菌是一种弱寄生菌，以菌丝体、厚垣孢子在病残体、土壤中越冬。分生孢子通过雨水、灌溉水、土壤耕作传播，接触生理状况不良的根部进行初侵染。生长季节只要条件适合，可连续多次进行再侵染。瓜田如施用了未腐熟的有机肥，遇土壤高温和湿度大时便发酵，不但使根际温度增高，在缺氧状况下还可产生某些有害物质使根部中毒，此外追肥时撒施不均匀，亦有可能使一些植株根部直接受伤害，有些瓜田地势太低，雨后不能及时排水，使根部受淹窒息。这些因素都易引起植株的生理损害，有利于病菌侵染和发病。

（四）防治方法

1.农业防治

育苗前对育苗床或育苗温室土壤覆盖塑料膜，用太阳能进行土壤消毒，土温控制在 38～40℃消毒 24 小时，控制在 42℃消毒 6 小即可见效，经热处理的苗床，发病率低。提高嫁接技术水平，科学确定播期和定植时期，不要过早、过晚定植。与十字花科、百合科、豆科等蔬菜实行 3 年以上的轮作。选用抗病品种作砧木，据试验云南黑籽南瓜较其他品种抗病，其次为日本新土佐南瓜、辽宁的南砧 1 号。采用高畦栽培，认真平整土地，防止大水漫灌及雨后积水，苗期发病要及时松土，增强土壤透气性。

2.药剂防治

定植时用噁霉灵 300 倍液浸根 10～15 分钟，防效较好。定植后浇水时随水加入硫酸铜溶入田中，每亩用量为 1.5～2 千克，可减轻发病。发病初期可用 70% 甲基硫菌灵 1000 倍液，或 50% 多菌灵 800～1000 倍液，或 20% 噻菌铜悬浮剂 500～600 倍液，或 70%噁霉灵可湿性粉剂 1000～2000 倍液，或 10% 百菌清乳油 200～250 倍液，或 50% 多菌灵 +90% 乙膦铝 1000 倍液，或 70% 甲基硫菌灵 +40% 乙膦铝 1000 倍等药液喷洒、浇灌，每株用药液 100 克。间隔用药期 7～10 天。

五、瓠瓜褐斑病

（一）症状

瓠子褐斑病主要危害叶片，在叶片上形成较大的黄褐色至棕黄褐色病斑，大小为 10～22 毫米，形状不规则。病斑周围水浸状，后期褪绿变薄，出现浅黄色至黄色晕环，严重的病斑融合成片，最后破裂，大片干枯。褐斑病发生于植株生育后期，主要危害叶片，产生浅灰黄色、褐色至灰褐色不规则病斑。病斑边缘不明晰，有别于其他叶斑病，大小为 5～20 毫米，大小差异很大。后期病斑穿孔、融合为大块枯斑，致叶片干枯、脱落（图 1-100）。

图 1-100　瓠瓜褐斑病病叶症

（二）病原特征

该病病原菌是瓜类尾孢（*Cercospora citrullina* Cooke），属半知菌亚门真菌。子座不明显或无，分生孢子梗多单生，个别 3～5 根，少于10 根束生，榄褐色，具隔 1～7 个，膝状节 0～2 个，节上和顶端具较明显的孢子痕，梗端颜色渐浅，基部 1 个细胞大，分生孢子梗大小为（55～175）微米 ×（3.75～5）微米。分生孢子针形至倒棒状，多弯曲，少数短、直，分生孢子无色多隔，基部亚钝，大小为（23.75～247.5）微米 ×（2.5～4.5）微米。

（三）病害发生规律及流行特点

病菌以分生孢子丛、菌丝体在遗落土中的病残体上越冬，次年春天产生分生孢子借气流和雨水溅射传播，引起初侵染。发病后病部又产生分生孢子进行多次再侵染，致病害逐渐扩展蔓延，湿度高、通风透光不良，易发病。

（四）防治方法

1.农业防治

播种或移栽前或收获后，清除田间及四周杂草，集中烧毁、沤肥，深翻地灭茬，晒土，促使病残体分解，和非本科作物轮作，水旱轮作最好。育苗移栽，播种后用药土覆盖，移栽前喷施一次除虫灭菌的混合药。合理密植，增加田间通风透光度。

2.药剂防治

初期喷洒 40% 甲霜灵可湿性粉剂 600～700 倍液，或 60% 琥•乙膦铝可湿性粉剂 500 倍液，或 64% 恶霜•锰锌可湿性粉剂 500 倍液，或 30% 碱式硫酸铜悬浮剂 400 倍液，或 30% 氧氯化铜悬浮剂 800 倍液，或 50% 多•霉威可湿性粉剂 1000～1500 倍液，或 36% 甲基硫菌灵悬浮剂 400～500 倍液，或 1 ：1 ：240 倍式波尔多液，隔 10天左右 1 次，防治 1～2 次。采收前 5 天停止用药。

六、瓠瓜褐腐病

（一）症状

瓠瓜褐腐病主要为害花和幼瓜。已开的花染病，病花变褐腐败，

图 1-101　瓠瓜褐腐病

称为"花腐"。病菌侵染幼瓜多从花蒂部侵入，然后向全瓜蔓延。花蒂部始呈水浸状坏死、变褐、软腐，并隐约可见绵毛状物，霉顶有灰白色至黑色头状物。空气潮湿时，病瓜表面产生灰白色至黑褐色茸毛状霉，霉顶有灰白色至黑褐色毛状物。空气干燥时，病瓜褐色干腐。一般幼瓜易受害，腐烂后有时还具有臭味，严重时成熟瓜也可受害（图 1-101）。

（二）病原特征

该病病原菌是瓜笄霉［*Choanephora cucurbitarum* (Berk. et Rav.) Thaxt.］，属接合菌亚门真菌。分生孢子梗不分枝，直立在寄主病部表面上，长 3 ～ 6 毫米，无色、无隔，端部宽，基部渐狭，长 29.86 微米。顶端产生头状膨大的泡囊，其上又生小枝，小枝末端又膨大为小泡囊，后又生小梗，顶端生出孢子。分生孢子单胞，柠檬状、梭形，褐色、棕褐色，表面具纵纹，大小为（12.5 ～ 21.3）微米 ×（8.8 ～ 12.5）微米。

（三）病害发生规律及流行特点

病菌弱寄生性，主要随病残体或在土壤中越冬，次年春天侵染花和幼瓜，借风雨或昆虫传播进行再侵染。病菌腐生性强，只能从伤口侵入生活力衰弱的花和果实。棚室栽培，遇高温高湿即生活力衰弱；低温高湿条件，日照不足，雨后积水，伤口多，易发病。

（四）防治方法

1.农业防治

与非瓜类作物实行 3 年以上轮作。施用腐熟的堆肥或有机肥。采用高畦栽培，注意通风，雨后及时排水，严禁大水漫灌。坐果后及时摘除残花病瓜，集中深埋或烧毁。棚室栽培，采用放风排湿、控制浇水等措施降低棚内湿度，减少叶面结露，白天控温 28 ～ 30℃，夜间 15℃，相对湿度低于 85%，可减轻病害的发生。

2.药剂防治

开花至幼果期喷洒 64% 恶霜•锰锌可湿性粉剂 400 ～ 500 倍液，

或 50% 苯菌灵可湿性粉剂 1500 倍液，或 75% 百菌清可湿性粉剂 600 倍液，或 58% 甲霜灵可湿性粉剂 500 倍液，或 60% 多菌灵盐酸盐可湿性粉剂 800 倍液，隔 10 天左右 1 次，防治 2～3 次。采收前 3 天停止用药。

七、瓠瓜灰霉病

（一）症状

瓠瓜灰霉病主要为害花、叶片、果实。花和幼果发病初期呈水浸状，逐渐软化，表面有浓密的灰绿色霉。花附着在茎蔓上时能引起茎部的腐烂，严重时引起烂蔓折断，植株枯死。发病叶片由脱落的病花落到叶面上以后，引起叶片发病，形成大型近圆形至不规则形病斑，表面生少量灰霉（图 1-102、图 1-103）。

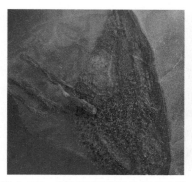 

图 1-102　瓠瓜灰霉病叶片受害症状　　图 1-103　瓠瓜灰霉病瓜条受害症状

（二）病原特征

瓠瓜灰霉病的病原菌是灰葡萄孢菌（*Botrytis cinerea* Pers.），属半知菌亚门真菌。有性世代为富克尔核盘菌［*Sclerotinia fuckeliana* (de Bary) Fuckel］，属子囊菌亚门真菌。孢子梗丛生，褐色，顶端有分枝 1～2 轮，分枝顶端的小柄上生大量分生孢子。分生孢子单细胞，近无色，椭圆形，大小为（5.5～16）微米×（5.0～9.25）微米。

（三）病害发生规律及流行特点

病原物以菌丝、分生孢子、菌核随病残体在土壤中越冬。病菌随气流、雨水及农事操作进行传播蔓延。苗期和花期较易发病，病菌分生孢子在适温和有水滴的条件下，萌发出芽管，从寄主伤口、衰弱和枯死的组织侵入，萎蔫花瓣和较老的叶片尖端坏死部分最容易被侵染，引起发病。开花至结瓜期是该病侵染和烂瓜的高峰期。病菌发育适宜温度 10～23℃，持续 90% 以上的高湿条件利于发病。春季连阴天多，气温低，棚内湿度大，结露持续时间长，放风不及时，发病重。棚温高于 31℃，病情不扩展。

（四）防治方法

1.农业防治

选用抗灰霉病的品种。清洁棚室，把棚室中所有瓜类、茄果类病残物全部清除烧毁以减少菌源。据天气情况合理放风，千方百计降低棚内湿度及叶面结露持续时间。增施腐熟的有机肥，做到氮磷钾配合使用，控制氮肥用量。控制密度以利通风透光。提倡采用双垄覆膜、膜下灌水等栽培方法，以利于降湿增温。

2.药剂防治

结合激素，在激素溶液中按 0.1% 浓度加入 50% 腐霉利可湿性粉剂，或 50% 多霉灵可湿性粉剂进行防治。棚室栽培，在发病初期用 15% 腐霉利烟剂 3～3.75 千克/公顷，或 45% 百菌清烟剂 3.75 千克/公顷，或 6.5% 噁霉灵粉剂 15 千克/公顷，熏 3～4 小时，或 5% 百菌清粉剂。发病前喷 65% 噁霉灵可湿性粉剂 1000～1500 倍液，或 50% 异菌脲可湿性粉剂 1000～1500 倍液，或 60% 多菌灵可湿性粉剂 800 倍液，或 50% 腐霉利可湿性粉剂 1500 倍液，或 50% 氟吗•锰锌可湿性粉剂 600 倍液，或 50% 乙烯菌核利可湿性粉剂 500 倍液，或 50% 多霉灵威可湿性粉剂 1000～1500 倍液。发病后用药，每隔 9～11 天喷 1 次，连续或与其他防治法交替使用 2～3 次。

八、瓠瓜枯萎病

（一）症状

田间发病较早的植株，为越冬病菌初侵染茎基部或根部引起的，初发病茎基部症状不明显，或呈水浸状淡褐色斑，此时植株的叶片自下向上开始萎蔫，中午前后萎蔫更为明显，早晚可恢复常态，数日后不再恢复，从下向上逐渐枯萎；发病后期植株茎基部稍缢缩，呈淡褐色或不明显，有的纵裂，潮湿时可见白色或粉红色霉状物，即病原的分生孢子丛及分生孢子，有时病部溢出琥珀色胶质物，纵剖病茎可见维管束变褐色。田间发病较迟的植株，为病菌再侵染主茎的中下部分枝或节附近而引起的，初发病茎部症状不明显，病部以上叶片陆续萎蔫，最后枝叶枯萎，病部以下叶片或分枝不萎蔫，拔起植株，茎基部及根部不变褐色，但根系不发达，须根少，纵剖病茎，可见病部以上维管束变褐色，而病健交界处以下维管束不变褐色（图1-104、图1-105）。

图1-104　瓠瓜枯萎病病部溢出琥珀色胶质物

图1-105　瓠瓜枯萎病植株萎蔫状

（二）病原特征

该病病原菌是尖镰孢菌葫芦专化型（*Fusarium oxysporum* Schl.f.sp. *lagenariae* Matuo et Yamamoto），属半知菌亚门真菌。小型分生孢子肾形、卵形，无色，单胞、双胞，大小为（5～26）微米×（2～4.5）微米。大型分生孢子纺锤形至镰刀形，直、弯曲，基部具足细胞、近似足细胞，以3个隔膜的居多，大小为（19～45）微米×（2.5～5）微米；5个隔膜的少，大小为（30～60）微米×（3.5～5）微米。厚垣孢子球形，多数单胞、平滑、皱缩，顶生、间生，直径5.15微米。

（三）病害发生规律及流行特点

病原物主要以菌丝体和厚垣孢子随病残体遗落土中、未腐熟的带菌肥料及种子上越冬。厚垣孢子在土中能存活5～10年。病土和病肥中存活的病菌，成为次年春天主要初侵染源。病菌从根部自然裂口、伤口侵入，在根茎维管束内生长发育，通过堵塞维管束和分泌毒素，破坏植株正常输导机能而引起萎蔫。发病适宜温度为 8 ～ 34℃，最适温度为 24 ～ 28℃，连作、土质黏重、地势低洼、排水不良、地温低、耕作粗放、土壤过酸（pH4.5 ～ 6）和施肥不足、偏施氮肥、施用未腐熟肥料致植株根系发育不良，都会使病害加重。品种间抗性有一定差异。

（四）防治方法

1.农业防治

选用抗病品种。用无病新土育苗，采用营养钵或塑料套分苗。选择 5 年以上未种过瓜类蔬菜的土地，与其他蔬菜实行轮作。施用充分腐熟肥料，减少伤口。浇水做到小水勤浇，避免大水漫灌。结瓜期应分期施肥，不要施入未腐熟的人粪尿。

2.药剂防治

发病初期喷施或浇灌 60% 多菌灵盐酸盐可湿性粉剂 500 ～ 600 倍液，或 50% 苯菌灵可湿性粉剂 1500 倍液，或 50% 甲基硫菌灵可湿性粉剂 500 倍液，或 60% 琥•乙膦铝可湿性粉剂 350 倍液，或 20% 甲基立枯磷乳油 1000 倍液，或 50% 氯溴异氰尿酸水溶性粉剂 1000 ～ 1500 倍液，或 75% 百菌清可湿性粉剂 800 倍液，或 70% 甲基硫菌灵可湿性粉剂 1000 倍液，或 70% 噁霉灵可湿性粉剂 1000 ～ 2000 倍液，或 50% 多菌灵可湿性粉剂 500 倍液，或 20% 噻菌铜悬浮剂 500 ～ 600 倍液，每株灌兑好的药液 0.3 ～ 0.5 升，隔 10 天后再灌 1 次，连续防治 2 ～ 3 次。

九、瓠瓜蔓枯病

（一）症状

瓠瓜蔓枯病主要危害茎、叶和果实，但以茎基部受害最重。叶片染病，初始在叶缘产生水渍状小点，扩大后病斑呈"V"字形扩展，产生圆形及不规则病斑，黄褐色、淡褐色，具不明显轮纹，后期病部产生黑色小点，病斑连接后易破裂干枯（图 1-106）。茎蔓染病，病斑呈椭圆形至梭形，病部初期呈淡黄色，病害扩展后变为灰色至深灰色，其上密生小黑点，田间高湿时，病部溢出琥珀色胶质物，干燥后红褐色，后期表皮纵裂脱落，露出乱麻状维管束，病部以上茎蔓枯萎，易折断（图 1-107）。果实染病，发病初始在幼果上产生水渍状小斑，扩大后病斑呈黑褐色，病部软化。

图 1-106　瓠瓜蔓枯病叶片受害症状

图 1-107　瓠瓜蔓枯病病部溢出琥珀色胶质物

（二）病原特征

病菌的无性态为西瓜壳二孢（*Ascochyta citrullina* Smith.），属半知菌亚门真菌；有性态为甜瓜球腔菌［*Mycosphaerella melonis* (Pass.) Chiu et Walker.］，属子囊菌亚门真菌。分生孢子器叶面生，多为聚生，初期埋生，后突破表皮外露，球形至扁球形，直径 68.25～156 微米。器孢子短圆形至圆柱形，无色透明，两端较圆，正直，初为单胞，后生一隔膜，有性世代一般生在蔓上，形成子囊壳。子囊壳细颈瓶状、球形，单生在叶正面，突出表皮，黑褐色，大小为（4.5～10.7）微米×（30～107.5）微米。子囊多棍棒形，无色透明，正直、稍弯，大小为（30～42.5）微米×（8.75～12.5）微米。子囊孢子无色透明，短棒状、梭形，一个分隔。发育适温 20～24℃，能侵染多种葫芦科植物。

（三）病害发生规律及流行特点

病原物主要以分生孢子器、子囊壳随病残体在土中越冬。次年春天靠灌溉水、雨水传播蔓延，从伤口、自然孔口侵入，病部产生分生孢子进行重复侵染。种子也可带菌，引起子叶发病。土壤含水量高、气温 18～25℃、相对湿度 85% 以上，易发病。重茬地、植株过密、通风透光差、生长势弱，发病重。

（四）防治方法

1.农业防治

选用抗虫品种、无病、包衣的种子，如未包衣则需给种子灭菌。与非瓜类作物实行 2～3 年轮作。采取高畦栽培，地膜覆盖，育苗移栽，播种后用药土覆盖，移栽前喷施一次灭菌药。合理密植，增加田间通风透光度，避免在阴雨天气整枝，雨季要加强排水。提倡施用酵素菌沤制的、充分腐熟的农家肥，不用未充分腐熟的肥料，采取测土配方技术，科学施肥，增施磷钾肥，重施基肥、有机肥，有利于减轻病虫害。

2.药剂防治

棚室内的棚架、农具在用前用福尔马林 20 倍液熏蒸 24 小时。发病初期喷施 50% 琥·乙膦铝可湿性粉剂 800 倍液，或 75% 百菌清可湿性粉剂 600 倍液，或 72% 霜脲·锰锌可湿性粉剂 500～600 倍液，或 70% 甲基硫菌灵可湿性粉剂 1000 倍液，或 50% 多菌灵可湿性粉剂 800 倍液，或 60% 多菌灵盐酸盐超微可湿性粉剂 800 倍液，或 50% 苯菌灵可湿性粉剂 1500 倍液，或 50% 腐霉利可湿性粉剂 1000 倍液，或 80% 福美双可湿性粉剂 800 倍液，或 72% 霜霉威可湿性粉剂 400 倍液，或 50% 异菌脲可湿性粉剂 600～800 倍液，或 65% 代森锌可湿性粉剂 500 倍液，掌握在发病初期全田用药，隔 3～4 天再防一次，以后根据病情变化决定是否用药。保护地发病时，每次用 45% 百菌清烟剂 3.75 千克/公顷，熏 1 夜，或喷撒 5% 百菌清粉尘剂 15 千克/公顷，隔 8～10 天 1 次。

第七节　丝瓜传染性病害

一、丝瓜病毒病

（一）症状

丝瓜病毒病，幼苗发病，幼叶呈浅绿与深绿相间斑驳，或褪绿小环斑；老叶发病则呈现黄色，或黄绿相间花叶，叶脉抽缩致使叶片歪扭、畸形。严重时叶片变硬、发脆，叶缘缺刻加深，后期产生枯死斑（图1-108）。果实发病，病果呈螺旋状畸形，其上产生褪绿色斑。

图1-108　丝瓜病毒病叶片受害症状

（二）病原特征

丝瓜病毒病的病原物是黄瓜花叶病毒［cucumbe rmosaic virus（CMV）］，属病毒。病毒颗粒球状，直径28～30纳米。病毒汁液稀释限点为1000～10000倍，钝化温度为60～70℃（10分钟），体外存活期为3～4天，不耐干燥。在指示植物普通烟、心叶烟及曼陀罗上呈系统花叶病毒，在黄瓜上也现系统花叶病毒。

（三）病害发生规律及流行特点

CMV种子不带毒，主要在多年生宿根植物上越冬，由于鸭跖草、反枝苋、刺儿菜、酸浆等都是桃蚜、棉蚜等传毒蚜虫的越冬寄主，每当春季发芽后，蚜虫开始活动、迁飞，成为传播此病的主要媒介。有60多种蚜虫可以传播CMV。菟丝子能传毒。球根带毒是造成该病远距离传播的重要原因，病毒在植株内逐年积累也是主要的初侵染源。发病适温20℃，气温高于25℃多表现隐症。感病生育期为五叶期至生长后期，发病生育盛期为开花挂果期，感病流行期为4～7月和9～11月。播种过早，秋天高温、干旱，暖冬，春天气温回升早，夏天高温、干旱，有利于蚜虫越冬和繁殖及危害传毒、蚜虫发生量大，发病重。根茬菠菜、风障菠菜、保护地菠菜发病重。春菠菜发病重。窝风地，靠近萝卜、烟草、菠菜地以及桃园的丝瓜，易交叉感染，发病也重。

（四）防治方法

1.农业防治

选用耐病品种，如棒槌丝瓜、江蔬1号杂交种、湘丝瓜、驻丝瓜1号。播种前，用60～62℃的温水浸种10分钟，然后移入冷水中冷却，晾干后播种。适当早播或晚播，苗期避开蚜虫迁飞高峰期。培育壮苗，适期定植，在当地晚霜过后，即应定植，保护地可适当提早。合理施肥，多施农家肥，不偏施氮肥，以免瓜苗贪青发病。有条件的地方用草木灰 450 ～ 600 千克 / 公顷，在露水未干前叶面撒施，可使病毒失去毒性。选择土质黏重的田块栽种丝瓜，可以避免线虫传毒发病，减轻病毒病的发生。不与黄瓜、甜瓜混种，也不要在以前种过瓜类的田块种植丝瓜。

2. 药剂防治

蚜虫大量发生时喷施 50% 抗蚜威可湿性粉剂 2500 ～ 3000 倍液，或 25% 噻虫嗪水分散粒剂 6000 ～ 8000 倍液，或 10% 吡虫啉可湿性粉剂 800 ～ 1000 倍液，或 5% 啶虫脒乳油 2500 ～ 3000 倍液，或 40% 氧化乐果乳油 1000 ～ 1500 倍液，或 50% 马拉硫磷乳油 1000 ～ 1500 倍液，或 50% 对硫磷乳油 1000 ～ 1500 倍液，或 10% 吡丙醚·吡虫啉悬浮剂 1000 ～ 1500 倍液，或 25% 噻嗪酮可湿性粉剂 750 ～ 1000 倍液。

防治病毒用药：0.3% ～ 0.5% 次氯酸钠，或 10% 磷酸三钠浸种 10 分钟后，捞起用清水冲洗干净，催芽、播种；喷施 7.5% 菌毒·吗啉胍（克毒灵）水剂 500 倍液，或 20% 盐酸吗啉胍·乙铜（病毒特）可湿性粉剂 500 倍液，或 40% 吗啉胍·羟烯腺·烯腺·（克毒宝）可溶性粉剂 1000 倍液，或 3.85% 三氮唑核苷·铜·锌（病毒必克）水乳剂 600 倍液，或 24% 混脂酸·铜水剂 800 倍液，或 1.5% 植病灵乳剂 1000 倍液，或 10% 混合脂肪酸铜水剂 100 倍液，隔 10 天左右 1 次，连续防治 3 ～ 4 次。

二、丝瓜细菌性角斑病

（一）症状

丝瓜细菌性角斑病，子叶发病，初呈水浸状，近圆形凹陷斑，后干枯。叶片发病，初呈鲜绿色水浸状病斑，渐变为淡褐色，背面受叶脉限制呈多角形黄褐色斑，潮湿时病斑上溢出白色菌脓，干枯时病斑脆裂穿孔（图 1-109）。茎、叶柄、果实发病，初为水浸状圆斑，后为灰白色，也有白色菌脓，茎、果实形成溃疡和裂纹，果实病斑可扩展到内部，使种子带菌。

（二）病原特征

该病病原菌是丁香假单
脆杆菌黄瓜角斑病致病变种
[*Pseudomonas syringae* (Smith et
Bryan) Young，Dye & Wilkie.]，
属细菌。菌体短杆状相互呈
链状连接，具端生鞭毛 1 ～ 5
根，大小为（0.7 ～ 0.9）微米 ×

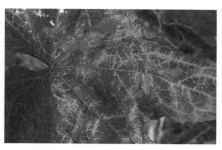

**图 1-109　丝瓜细菌性角斑病叶片
受害症状**

（1.4 ～ 2）微米，有荚膜，无芽孢，革兰氏染色阴性，在金氏 B 平板
培养基上，菌落白色，近圆、略呈不规则形，扁平，中央凸起，污白
色，不透明，具同心环纹，边缘一圈薄且透明，菌落直径 5 ～ 7 毫米，
外缘有放射状细毛状物，具黄绿色荧光。生长适温 24 ～ 28℃，最高
39℃，最低 4℃，48 ～ 50℃经 10 分钟致死。

（三）病害发生规律及流行特点

病原物在种子内外或随病残体在土壤中越冬，成为次年春天初侵
染源。病菌由叶片、果实伤口、自然孔口侵入，进入胚乳组织、胚
幼根的外皮层，造成种子内带菌。此外，采种时病瓜接触污染的种
子致种子外带菌，且可在种子内存活 1 年，土壤中病残体上的病菌
可存活 3 ～ 4 个月，生产上如播种带菌种子，出苗后子叶发病，病
菌在细胞间繁殖，丝瓜病部溢出的菌脓借大量雨珠及大棚膜水珠下
落、结露及叶缘吐水滴落、飞溅传播蔓延，进行多次重复侵染。露
地丝瓜蹲苗结束后，随雨季到来和田间浇水开始，始见发病，病菌
靠气流、雨水逐渐扩展开来，一直延续到结瓜盛期，后随气温下降，
病情缓和。病菌也可从气孔、水孔及自然伤口侵入。发病适温为
24 ～ 28℃、适宜相对湿度 70% 以上，易发病，大棚高湿有利于发
病。病斑大小与湿度相关：夜间饱和湿度大于 6 小时，叶片上病斑
大且典型、湿度低于 85%、饱和湿度持续时间不足 3 小时，病斑小、
昼夜温差大，结露重且持续时间长，发病重。在田间浇水次日，叶背
出现大量水浸状病斑、菌脓。有时，只要有少量菌源即可引起该病发
生和流行。

（四）防治方法

1.农业防治

选用耐病品种。从无病瓜上选留种，无病土育苗。与非瓜类作物实行2年以上轮作。及时清除病叶。瓜种放在用70℃的恒温下，灭菌72小时。用50℃的温水浸种20分钟，捞出晾干后，再催芽播种。高畦栽培，选用排灌方便的田块，开好排水沟，降低地下水位。适时早播，早移栽、早间苗、早培土、早施肥，及时中耕培土，培育壮苗。

2.药剂防治

用次氯酸钙300倍液浸种30～60分钟，或用40%福尔马林150倍液浸1.5小时，浸种后用清水冲洗干净，再催芽播种。棚室栽培，喷撒10%乙滴粉尘剂或5%百菌清粉尘剂15千克/公顷。发病初期喷施72%农用硫酸链霉素4000～5000倍液，或47%春雷·氧氯铜可湿性粉剂800～1000倍液，或77%氢氧化铜可湿性粉剂500倍液，或90%新植霉素可溶性粉剂2000～4000倍液。

三、丝瓜霜霉病

（一）症状

丝瓜霜霉病主要为害叶片。苗期染病，子叶上产生水渍状小斑点，后扩展成浅褐色病斑，湿度大时叶背长出灰紫色霉层。成株染病，叶面上产生浅黄色病斑，沿叶脉扩展为多角形，清晨叶面上有结露、吐水时，病斑呈水渍状，后期病斑变成浅褐色、黄褐色多角形斑（图1-110）。在连续

图1-110　丝瓜霜霉病叶片受害症状

降雨条件下，病斑迅速扩展，融合成大斑块，致使叶片上卷、干枯，下部叶片全部干枯，有时仅剩下生长点附近几片绿叶。

（二）病原特征

该病病原菌是古巴假霜霉菌（*Pseudoperonospor cubensis* Rostov），属鞭毛菌亚门真菌。孢子囊梗无色，单生，2～4根束生，从气孔伸出，上部呈3～5次锐角分枝，分枝末端着生一个孢子囊。孢子囊卵

形、柠檬形，顶端具乳状突起，单胞，淡褐色。孢子囊释放出游动孢子，变为圆形休止孢子，萌发芽管，侵入寄主。卵孢子球形，黄色，表面有瘤状突起。

（三）病害发生规律及流行特点

病菌的孢子囊靠气流和雨水传播。在温室中，人们的生产活动是霜霉病的主要传染源。丝瓜霜霉病最适宜发病温度为 16 ～ 24℃，低于 10℃、高于 28℃，较难发病，低于 5℃、高于 30℃，基本不发病。适宜的发病湿度为 85% 以上，特别在叶片有水膜时，最易受侵染发病。湿度低于 70%，病菌孢子难以发芽侵染；湿度低于 60%，病菌孢子不能产生。

（四）防治方法

1.农业防治

选用抗病品种，如夏棠 1 号、八棱丝瓜等。增施有机肥和磷钾肥，做好清沟排渍，降低田间湿度。

2.药剂防治

棚室栽培用 45% 百菌清烟剂 3 千克/公顷，分散多处用暗火点燃，闭棚熏 1 夜，每隔 7 天熏 1 次。发病初期喷 75% 百菌清可湿性粉剂 600 倍液，或 70% 乙膦·锰锌可湿性粉剂 500 倍液，或 72.2% 霜霉威盐酸盐水剂 800 倍液，或 58% 甲霜·锰锌可湿性粉剂 600 ～ 700 倍液，或 72% 霜脲·锰锌可湿性粉剂 600 ～ 700 倍液，或 72% 福美双可湿性粉剂 600 ～ 700 倍液，或 64% 恶霜·锰锌可湿性粉剂 400 倍液，每隔 7 ～ 10 天喷 1 次。保护地可喷撒 5% 百菌清粉剂 15 千克/公顷，或 5% 春雷·氧氯铜粉剂 15 千克/公顷，每隔 9 ～ 11 天喷 1 次。

四、丝瓜炭疽病

（一）症状

丝瓜炭疽病，苗期发病，多在子叶边缘出现圆形、半圆形黄褐斑，外围常有黄褐晕圈，其上长有黑色小粒点、淡红色黏状物。幼茎在近地面产生红褐色长椭圆形凹陷斑，严重时绕茎发展，病部缢缩、变细，至幼苗猝倒。叶柄和瓜蔓发病初期出现水渍状浅黄色圆点，稍

图 1-111　丝瓜炭疽病叶片
受害症状

凹陷，后变成黑色长菱形，病斑环绕茎蔓一周后整株枯死。叶片染病，初现圆形至纺锤形、不规则水渍状斑点，有时现出轮纹。干燥时病斑易破碎穿孔，潮湿时叶面病斑上生出粉红色黏稠物（图 1-111）。果实发病出现水渍状凹陷褐色病斑，后病斑龟裂，高湿时病斑中部产粉红色霉层。

（二）病原特征

该病病原菌是葫芦科刺盘孢 [*Colletotrichum orbiculare* (Bark.& Mont.) V. Arx]，属半知菌亚门真菌。病菌有性态为瓜类小丛壳 [*glomerella lagenarium* (Pass.) Watanable et Tamura]，属子囊菌亚门真菌。分生孢子盘散生、聚生，黑褐色圆形，直径 85～126 微米，具褐色刚毛，产孢细胞瓶梗形至圆筒状。分生孢子单胞，圆筒形，直，两端钝圆，内生油球 2 个，大小为（14～16）微米×（4.5～5.5）微米。附着胞棍棒形，褐色，宽椭圆形至不规则形，边缘大多稍整齐，大小为（5.5～8）微米×（5～5.5）微米。子囊壳球形，直径约 110 微米，子囊孢子单胞无色，在自然条件下未发现，通过人工培养和紫外线照射，可产生子囊壳。该菌能引起各种瓜类炭疽病。

（三）病害发生规律及流行特点

病菌以菌丝体和分生孢子盘随病残体遗落在土壤中越冬，以分生孢子盘上外生的分生孢子作为初侵染与再侵染接种体，依靠风雨传播，从叶片伤口、表皮直接侵入致病。温暖多湿的天气及植地环境有利于病菌发育、孢子形成和萌发，从而有利于病害的发生。在地势低洼、排水不良、密度过大、通透性差、氮肥过多、灌水过多及连作重茬的地块，丝瓜炭疽病发生较重。品种间抗病性差异不详。

（四）防治方法

1.农业防治

实行 3 年以上轮作。增施磷钾肥。通风排湿，使棚内湿度保持在 70% 以下，减少叶面结露和吐水。田间操作应在露水落干后进行。

2.药剂防治

棚室中，每亩用45%百菌清烟剂250克，每隔9～11天烟熏喷1次。露地栽培，在发病初期喷50%甲基硫菌灵可湿性粉剂700倍液，或75%百菌清可湿性粉剂700倍液，或50%苯菌灵可湿性粉剂1500倍液，或80%多菌灵可湿性粉剂600倍液，或80%福美双可湿性粉剂800倍液，或10%多抗霉素可湿性粉剂500～700倍液。每隔7～10天喷1次，连续2～3次。

五、丝瓜枯萎病

（一）症状

苗期发病，子叶先变黄，茎部或茎基部变褐，缢缩成立枯状（图1-112）。成株期症状以发病早迟可分为两种：田间发病较早的植株为越冬病菌初侵染茎基部或根部引起，初发病茎基部呈现不明显或呈水渍状淡褐色斑，此时植株的叶片自下向上开始萎蔫，中午前后萎蔫更为明显，早晚可恢复常态，数日后不再恢复，逐渐枯萎，发病后期植株茎基部稍缩，常纵裂，有时病部溢出琥珀色胶质物，纵部病茎可见维管束变褐色；田间发病较迟的植株，由病菌

图1-112　丝瓜枯萎病苗期症状

再侵染引起，初发病茎部症状不明显，病部以上叶片陆续萎蔫，拔起植株，茎基部及根部不变褐色，但根系不发达，须根少，纵剖病茎，可见病部以上维管束变褐色，而病健交界处以下维管束不变褐色。

（二）病原特征

该病病原菌是尖镰孢菌丝瓜专化型［*Fusarium oxysporum* (Schl.) f.sp. *luffae* Owen.］，属半知菌亚门真菌。大型分生孢子梭形或镰刀形，无色透明，两端渐尖，顶细胞圆锥形，有时微呈钩状，基部倒圆锥截形或有足细胞，具横隔0～3个或1～3个。小型分生孢子多生于气生菌丝中，椭圆形至近梭形或卵形，无色透明，大小为（7.5～20.0）微米×（2.5～5.0）微米。病菌发育和侵染适温为24～25℃。

（三）病害发生规律及流行特点

丝瓜枯萎病以病茎、种子、病残体上的菌丝体和厚垣孢子及菌核在土壤和未腐熟的带菌有机肥中越冬，成为次年春天初侵染源。在土壤里病菌从根部伤口、根毛顶端细胞间侵入，后进入维管束，在导管内发育，并通过导管，从病茎扩展到果梗，到达果实，随果实腐烂再扩展到种子上，致种子带菌。生产上播种带菌的种子出苗后即可染病。在维管束中繁殖的大、小分生孢子堵塞导管、分泌毒素，引起寄主中毒，使瓜叶迅速萎蔫。地上部的重复侵染主要通过整枝、绑蔓引起的伤口。该病发生严重与否，主要取决于当年的侵染量。高温有利于该病的发生和扩展，空气相对湿度90%以上易感病。病菌发育和侵染适温为24～25℃，最高34℃，最低4℃，土温15℃潜育期15天，20℃潜育期9～10天，25～30℃潜育期4～6天，适宜pH4.5～6。秧苗老化、连作、有机肥不腐熟、土壤过分干旱、潮湿、质地黏重的酸性土是引起该病发生的主要条件。

（四）防治方法

1.农业防治

选用抗（耐）病品种。对酸性土壤应施用消石灰。采用营养钵育苗。与非瓜类作物进行5年以上轮作。

2.药剂防治

40%福尔马林150倍液浸种30分钟，捞出后用清水冲洗干净再催芽播种，也可用50%甲基硫菌灵或多菌灵可湿性粉剂浸种30～40分钟。用占种子重量0.2%～0.3%的40%福美·拌种灵粉剂，或50%多菌灵可湿性粉剂拌种。采用营养钵育苗，移栽时用77%氢氧化铜可湿性粉剂（西瓜重茬剂）400～500倍液灌穴，每穴0.5千克，每亩用药1千克。对直播的在播种和瓜5～6片真叶时分别灌77%氢氧化铜可湿性粉剂600～700倍液，每穴灌兑好的药液0.5千克，每亩用药1千克。坐瓜后发病前或发病初期浇灌77%氢氧化铜可湿性粉剂（西瓜重茬剂）500倍液，或60%多菌灵盐酸盐可湿性粉剂600倍液，或50%苯菌灵可湿性粉剂1500倍液，或20%甲基立枯磷乳油1000倍液，或12.5%增效多菌灵可溶剂200～300倍液，或60%琥·乙膦铝可湿性粉剂350倍液。每株灌兑好的药液100毫升，隔10天再灌一次，连续防治 2 ～ 3 次。

第八节　苦瓜传染性病害

一、苦瓜霜霉病

（一）症状

苦瓜霜霉病主要为害叶片。苗期染病，子叶上产生水渍状小斑点，后扩展成浅褐色病斑，湿度大时叶背长出灰紫色霉层。成株染病，叶面上产生浅黄色病斑，沿叶脉扩展为多角形，清晨叶面上有结露、吐水时，病斑呈水渍状，后期病斑变成浅褐色、黄褐色多角形病斑。在连续降雨的条件下，病斑迅速扩展，融合成大斑块，致使叶片上卷、干枯，下部叶片全部干枯，有时仅剩下生长点附近几片绿叶（图 1-113）。苦瓜白粉病也为害叶片、叶柄和茎，初期多在叶面、嫩茎上现白色霉点，后扩展成霉斑，严重时叶片出现褪绿黄色斑，有的连成大片，布满整个叶片正面、背面。进入秋季在白色霉斑上长出很多黑色的小粒点，即病原菌的子囊壳，有别于霜霉病。必要时镜检进行病原确定。

图 1-113　苦瓜霜霉病叶面霉层

（二）病原特征

该病病原菌为古巴假霜霉菌［*Pseudoperonospora cubensis* (Berk. et Curt.) Rostov.］，属鞭毛菌亚门真菌。孢囊梗从气孔中伸出 1 ～ 2 枝或 3 ～ 4 枝，高 165 ～ 420 微米，主轴长 105 ～ 290 微米，占全长的（2/3）～（9/10），粗 5 ～ 6.5 微米，基部略膨大，上部呈双叉状分枝 3 ～ 6 次，末枝直、略弯曲，长 1.7 ～ 15 微米。孢子囊浅褐色，椭圆形至卵圆形，具乳突，大小为（15 ～ 31.5）微米 ×（11.5 ～ 14.5）微米，长宽比值为 1.2 ～ 1.7，产生游动孢子，萌发后侵入。卵孢子生在叶片组织中，球形，浅黄色，大小 28 ～ 43 微米。孢子囊萌发后长出芽管，低温时孢子囊释放出游动孢子，1～8个，在水中游动后形成休止孢子，产生芽管。产生孢子囊适温15～20℃，萌发适温15～22℃。

（三）病害发生规律及流行特点

在寒冷地区，病菌可在温室、大棚活体植株上存活，从温室、大棚向露地植株传播侵染，至于能否以卵孢子在土中存活越冬尚不明确。在温暖地区，田间周年都有瓜类寄主存在，病菌可以孢子囊借风雨辗转传播危害，无明显越冬期。病菌孢子萌发最适温度为15～19℃，低温阴雨易诱发本病。

（四）防治方法

1.农业防治

选用抗病品种，如夏丰3号等。增施有机肥和磷钾肥，做好清沟排渍，降低田间湿度。地膜覆盖栽培，可防止土中病菌危害地上部植株。高温干旱时应科学灌水，以提高田间湿度，减轻蚜虫、灰飞虱危害与传毒。严禁连续灌水和大水漫灌。浇水时防止水滴溅到叶面上，是防止该病的重要措施。

2.药剂防治

种子消毒：用36%甲基硫菌灵悬浮剂400倍液，或50%苯菌灵可湿性粉剂1500倍液喷匀种子后，用塑料薄膜覆盖，焖种24小时后，晾干催芽。发病初期喷洒70%乙膦·锰锌可湿性粉剂500倍液，或58%雷多·锰锌可湿性粉剂500～600倍液，或64%恶霜·锰锌可湿性粉剂500倍液，或50%甲霜灵可湿性粉剂600倍液，或72%霜脲·锰锌可湿性粉剂800倍液，或69%烯酰吗啉·锰锌可湿性粉剂1000倍液，或47%春雷·氧氯铜可湿性粉剂800～1000倍液。苦瓜霜霉病与白粉病混合发生时可喷洒69%烯酰吗啉·锰锌可湿性粉剂1600倍液+20%三唑酮乳油2000倍液，隔10天左右1次，连续防治2～3次。收获前4天停止用药。

二、苦瓜灰斑病

（一）症状

苦瓜灰斑病主要为害叶片。叶上开始出现褪绿的小斑点，后中间形成褐色坏死斑，边缘不明显，大小为 0.5 ～ 1.5 厘米（图 1-114）。

图 1-114　苦瓜灰斑病叶片受害症状

（二）病原特征

该病病原菌为瓜类尾孢（*Cercospora citrullina* Cooke），属半知菌亚门真菌。子座无或小。分生孢子梗单生或束生，褐色，直或弯，不分枝，无膝状节，具隔膜 0 ～ 4 个，顶端平切，孢痕明显。孢子梗大小为（7.5 ～ 72.5）微米 ×（4.5 ～ 7.75）微米，分生孢子鞭形，无色、淡色，具较多不明显的隔膜，大小为（15 ～ 112.5）微米 ×（2 ～ 4）微米。

（三）病害发生规律及流行特点

病原物以菌丝块、分生孢子在病残体及种子上越冬，次年春天产生分生孢子借气流及雨水传播，从气孔侵入，经 7 ～ 10 天发病后产生新的分生孢子进行再侵染。多雨季节，此病易发生和流行。

（四）防治方法

1.农业防治

选用无病种子，苦瓜种皮坚硬，发芽慢，播种前置于 56℃水中浸种，当水温降到室温后再浸 24 小时，然后置于 30 ～ 32℃条件下催芽，芽长 3 毫米即可播种。适期播种，苦瓜喜温，温度低于 10℃，植株生长受抑，因此不宜过早。北方一般在 4 月上旬播种于棚室。实行与非瓜类蔬菜 2 年以上轮作。

2.化学防治

发病初期喷洒 50% 多·霉威可湿性粉剂 1000 ～ 1500 倍液，或 70% 丙森锌可湿性粉剂 800 倍液，或 60% 多菌灵盐酸盐超微可湿性粉剂 600 ～ 700 倍液，或 72% 霜脲·锰锌可湿性粉剂 600 倍液，或 80% 代森锰锌可湿性粉剂 600 ～ 700 倍液，或 50% 腐霉利可湿性粉剂 1000 倍液，或 70% 甲基硫菌灵可湿性粉剂 700 倍液，隔 10 天左右 1 次，连续防治 2 ～ 3 次。保护地可用 45% 百菌清烟剂，用量每亩 200 ～ 250 克，或喷撒 5% 百菌清粉尘剂，每亩喷撒 1 千克，隔 7 ～ 9 天 1 次，视病情防治 1 ～ 2 次。采收前 7 天停止用药。

三、苦瓜蔓枯病

（一）症状

苦瓜蔓枯病主要为害叶片、茎和蔓果，以为害茎蔓影响为最大。叶片染病，初现褐色圆形病斑，中间多为灰褐色，后期病部生出黑色小粒点。茎蔓染病病斑初为椭圆形或梭形，扩展后为不规则形，灰褐色、边缘褐色，湿度大或病情严重的常溢出胶质物，引起蔓枯，致全株枯死（图 1-115）。病部也生黑色小粒点，即病原菌的分生孢子器或假囊壳。果实染病初生水渍状小圆点，逐渐变为黄褐色凹陷斑，病部生小黑粒点，后期病瓜组织易变糟破碎。

图 1-115　苦瓜蔓枯病症状特征

（二）病原特征

病菌的无性态为西瓜壳二孢（*Ascochyta citrullina* Smith），属半知菌亚门真菌。分生孢子器多集生，初期埋生，后多突破表皮，分生孢子器褐色，球形至扁球形，直径为 80 ～ 132 微米，器壁浅褐色，顶端略突起。分生孢子无色，圆筒形，两端较圆，正直，初期为单胞，后中间具 1 隔膜，隔膜处无缢缩或稍缢缩，大小为（6 ～ 11）微米 ×（2 ～ 3）微米，有些分生孢子器较小，但分生孢子较大。小双胞腔菌 [*Didymella bryoniae* (Auersw.) Rehm]，属子囊菌亚门真菌。病菌假囊壳黑褐色，球形至近球形，顶部具乳突状突起，大小为 96 ～ 156 微米；子囊束生，圆筒形至棍棒形，二层壁，大小为（60 ～ 85）微米 ×（6 ～ 12）微米，内含子囊孢子 8 个，排成二列，子囊孢子无色，近梭形，中间具隔膜 1 个，隔膜处略缢缩，下细胞略小，大小为（9 ～ 16）微米 ×（4.5 ～ 8）微米。

（三）病害发生规律及流行特点

病菌以子囊壳或分生孢子器随病残体留在土壤中或在种子上越

冬。次年春天病菌靠风、雨传播，从气孔、水孔或伤口侵入，引致发病。种子带菌可行远距离传播，播种带菌种子苗期即可发病，田间发病后，病部产生分生孢子进行再侵染。气温 20～25℃、相对湿度高于 85%、土壤湿度大，易发病；高温多雨、种植过密、通风不良的连作地，易发病，北方或反季节栽培，发病重。近年蔓枯病有日趋严重之势，生产上应注意防治。

（四）防治方法

1.农业防治

选用江门大顶、槟城苦瓜、穗新 2 号、夏丰 2 号、湛油苦瓜、永定大顶苦瓜、89-1 苦瓜、玉溪苦瓜、成都大白苦瓜、草白苦瓜等耐热品种。选用无病种子，必要时对种子进行消毒。嫁接防病。即用苦瓜作接穗，丝瓜作砧木，把苦瓜嫁接在丝瓜上，播种前种子先消毒，再把苦瓜、丝瓜种子播在育苗钵里，待丝瓜长出 3 片真叶时，将切去根部的苦瓜苗或苦瓜嫩梢作接穗嫁接在丝瓜砧木上，采用舌接法。把苦瓜苗切断接入丝瓜切口处，待愈合后再剪断丝瓜枝蔓，等苦瓜长出 4 片真叶时，进行定植。与非瓜类作物实行 2～3 年轮作。施用酵素菌沤制的堆肥或充分腐熟的有机肥，适时追肥，防止植株早衰。适时适量灌溉，雨后及时排水，棚室要注意科学放风降湿。

2.药剂防治

棚室内的棚架、农具在用前用福尔马林 20 倍液熏蒸 24 小时。发病初期喷施 50% 琥·乙膦铝可湿性粉剂 800 倍液，或 75% 百菌清可湿性粉剂 600 倍液，或 72% 霜脲·锰锌可湿性粉剂 500～600 倍液，或 70% 甲基硫菌灵可湿性粉剂 1000 倍液，或 50% 多菌灵可湿性粉剂 800 倍液，或 60% 多菌灵盐酸盐超微可湿性粉剂 800 倍液，或 50% 苯菌灵可湿性粉剂 1500 倍液，或 50% 腐霉利可湿性粉剂 1000 倍液，或 80% 福美双可湿性粉剂 800 倍液，或 72% 霜霉威可湿性粉剂 400 倍液，或 50% 异菌脲可湿性粉剂 600～800 倍液，或 65% 代森锌可湿性粉剂 500 倍液，掌握在发病初期全田用药，隔 3～4 天再防一次，以后根据病情变化决定是否用药。保护地发病时，每次用 45% 百菌清烟剂 3.75 千克/公顷，熏 1 夜，或喷撒 5% 百菌清粉尘剂 15 千克/公顷，隔 8～10 天 1 次。

四、苦瓜枯萎病

（一）症状

苦瓜整个生长期都可染枯萎病，幼苗受害较早时不能出土即在土中腐烂，出土不久后顶端出现失水症状，叶色变浅，子叶萎蔫下垂，

图 1-116　苦瓜枯萎病受害植株

茎基部变褐收缩，病苗枯死，剖开可见维管束变黄。成株期发病，初期通常从基位叶发展，同一张叶片顶部向基部枯萎，发病缓慢时萎蔫下垂不明显，瓜蔓生长衰弱、矮化，中午萎蔫下垂，早晚可恢复，3～6天后全株叶片枯萎、死亡（图1-116）。环境条件有利于病害发生时，病势发展急剧，常有"半边枯"现象出现，全株突然由上而下全部枯萎，表皮多纵裂，常有胶状物溢出，皮层腐烂与木质部剥离，根部腐烂易拔起。在潮湿条件下，病部有粉红色霉状物，干缩后成麻状，剖开病茎可见维管束变褐。

（二）病原特征

该病病原菌为尖镰孢菌苦瓜专化型（*Fusarium oxysporum* f. sp. *momordicae* nov. f.），属半知菌亚门真菌。用病组织在 PDA 培养基上培养病菌单细胞，椭圆形至卵形，大小为（6.25～22.5）微米×（2.5～5）微米，透明，伞形至镰刀形，细长、短粗。分生孢子具隔膜1～5个，1～2个隔的大小为（12.5～38.75）微米×（2.5～5）微米，3～5个隔的大小为（27.5～53.75）微米×（3.75～6.25）微米。厚垣孢子圆形至椭圆形，透明至浅灰色，表面光滑，顶生，或尖生，大小为6.3～12.2微米。该菌在有光照PDA培养基上生长很快，温度21～23℃，菌丝粉色至浅紫色。

（三）病害发生规律及流行特点

病菌以厚垣孢子、菌丝体在土壤、肥料中越冬。病菌的生活力很强，能存活五六年，种子、粪肥也可带菌。一般病菌从幼根及根部、

茎基部的伤口侵入，在维管束内繁殖蔓延。条件适宜形成初侵染。病部产生大小分生孢子，通过浇水、雨水和土壤传播。从根茎部伤口侵入，并进行再侵染。病菌在 4～38℃之间都能生长发育，但最适温度为 28～32℃，土温达到 24～32℃时发病很快。地下部当年很少再侵染。连作地、施用未充分腐熟的沤肥、低洼、土质黏重、植株根系发育不良、天气闷热潮湿，发病严重。病菌在土壤中能够存活 10 年以上。品种间抗病性有差异。

（四）防治方法

1.农业防治

因地制宜选用抗病品种。选用穗新 1 号、夏丰 2 号、英引苦瓜、夏雷苦瓜、成都大白苦瓜、草白苦瓜等抗枯萎病的品种。避免与瓜类连作，合理轮作、间套作。每隔 2～3 年轮作 1 次以减少土壤中病原菌的积累。适期播种种子消毒，培育壮苗，提倡用营养钵育苗营养土提前消毒，做到定植不伤根以减轻发病。加强肥水管理，施用充分腐熟的农家肥，适度浇水，促进根系健壮。此外，适时喷施增产菌或植宝素，促进植株生长，也可减轻发病。清洁田园，上季残留在田间的残枝败叶及杂草等是病虫害越冬、越夏的主要场所，杂草还给害虫提供良好的生态环境和食物，应及时清理干净，并集中烧毁。嫁接防治以南瓜或瓠子苗作砧木嫁接苦瓜，可有效预防枯萎病的侵染，还可以兼治疫病等其他病害，而且可实现连作栽培。

2.药剂防治

用 50% 多菌灵 500 倍液浸种 1 分钟。苗床用 50% 多菌灵可湿性粉剂 8 克/米^{2}处理畦面。用 50% 多菌灵可湿性粉剂 60 千克/公顷，混入细干土，拌匀后施于定植穴内。用 30% 噁霉灵水剂 600～800 倍液在播种时喷淋 1 次，播种后 10～15 天再喷淋 1 次，本田灌根 2 次，在移栽时灌根 1 次，15 天后再灌根 1 次。发病初期用 50% 多菌灵可湿性粉剂 500 倍液，或 50% 苯菌灵可湿性粉剂 1500 倍液，或 50% 甲基硫菌灵可湿性粉剂 400 倍液，或 20% 甲基立枯磷乳油 1000 倍液，或 20% 增效多菌灵悬浮剂 200～300 倍液，或 50% 噁霉灵可湿性粉剂 800 倍液，或 72.2% 霜霉威水剂 400 倍液，或 50% 福美双可湿性粉剂 400 倍液灌根或喷雾。

五、苦瓜白斑病

（一）症状

苦瓜白斑病又称褐斑病，为苦瓜的普通病害，发生较轻，病株率30%～50%，重时达80%以上，影响生产。该病主要危害叶片，早期出现褪绿变黄的圆形小斑点，逐步扩展成近圆形、不规则形，直径1～4毫米的灰褐色至褐色病斑，边缘较明显。病斑中间灰白色，多角形、不规则状，上生稀疏浅黑色霉状物，在潮湿时易看见，易造成病斑穿孔（图1-117）。虽然不会使叶片枯死，但在叶片上形成众多的小斑点，影响光合作用，并促使叶片较快衰老，影响苦瓜质量和缩短采收期，造成减产。

图1-117　苦瓜白斑病病叶症状

（二）病原特征

苦瓜尾孢（*Cercospora momordicae* Menedoza），属半知菌亚门真菌。子实体主要生在叶面上，子座小或无，褐色；分生孢子梗浅褐色，上下一致，宽度相等或顶端略窄，直或具膝状节0～4个，不分枝，10数根簇生，具隔膜1～4个，产孢细胞合轴生，孢痕较大且明显，大小为（25～103）微米×（3～5）微米；分生孢子无色，鞭状，直或弯，基部截形，顶端较尖，隔膜较多，但不大明显，大小为（47～153）微米×（2～4）微米。

（三）病害发生规律及流行特点

病原物以菌丝体或分生孢子在病残体上越冬，为次年的初侵染源。病菌通过气流或雨水传播到苦瓜叶片上，形成初侵染，引起发病。病斑上产生的分生孢子，继续借气流或雨水传播，进行再侵染。在5～9月份的高温期发病，多数瓜田在第1批瓜膨大或收获后开始发病。高温多雨季节易发病。缺乏有机底肥、偏施化肥、土壤板结的瓜田发病较严重。

（四）防治方法

1.农业防治

选用无病种子。苦瓜种皮坚硬，发芽慢，播种前置于 56℃ 水中浸种，当水温降到室温后再浸 24 小时，然后置于 30 ～ 32℃ 条件下催芽，芽长 3 毫米即可播种。适期播种，苦瓜喜温，温度低于 10℃，植株生长受抑，因此不宜过早。北方一般在 4 月上旬播种于棚室。实行与非瓜类蔬菜 2 年以上轮作。搞好田间清洁，清除销毁病残体，减少田间病原的积累。施足有机肥，改良土壤，增强肥力，保证苦瓜根深苗壮，提高抗病力。在苦瓜第 1 轮结瓜时及时追肥，保证营养生长和生殖生长同时获得足够营养，追施叶面肥补充必要的微量元素，并适当疏除侧芽。

2.药剂防治

发病初期喷洒 50% 多·霉威可湿性粉剂 1000 ～ 1500 倍液，或 70% 丙森锌可湿性粉剂 800 倍液，或 60% 多菌灵盐酸盐超微可湿性粉剂 600 ～ 700 倍液，或 72% 霜脲·锰锌可湿性粉剂 600 倍液，或 80% 代森锰锌可湿性粉剂 600 ～ 700 倍液，或 50% 腐霉利可湿性粉剂 1000 倍液，或 70% 甲基硫菌灵可湿性粉剂 700 倍液，隔 10 天左右 1 次，连续防治 2 ～ 3 次。保护地可用 45% 百菌清烟剂，用量每亩 200 ～ 250 克，或喷撒 5% 百菌清粉尘剂，每亩 1 千克，隔 7 ～ 9 天 1 次，视病情防治 1 ～ 2 次。采收前 7 天停止用药。

第九节　佛手瓜传染性病害

一、佛手瓜霜霉病

（一）症状

佛手瓜霜霉病主要为害叶片。棚室栽培易发病。初在叶面叶脉间出现黄色褪绿斑，后在叶片背面出现受叶脉限制的多角形黄色斑。病斑多时叶片向上卷曲，湿度大时病叶背面生有稀疏白霉，即病原菌的孢囊梗和孢子囊。

（二）病原特征

该病病原菌为古巴假霜霉菌 [*Pseudoperonospora cubensis* (Berk. et Curt.) Rostov.]，属鞭毛菌亚门真菌。孢囊梗从气孔中伸出 1～2 枝、3～4 枝，高 165～420 微米，主轴长 105～290 微米，占全长的 2/3～9/10，粗 5～6.5 微米，基部略膨大，上部呈双叉状分枝 3～6 次，末枝直、略弯曲，长 1.7～15 微米。孢子囊浅褐色，椭圆形，具乳突，大小为（15～31.5）微米×（11.5～14.5）微米，长宽比值为 1.2～1.7，产生游动孢子，萌发后侵入。卵孢子生在叶片组织中，球形，浅黄色，大小为 28～43 微米。

（三）病害发生规律及流行特点

在寒冷地区，病菌可在温室、大棚活体植株上存活，从温室、大棚向露地植株传播侵染，至于能否以卵孢子在土中存活越冬尚不明确。在温暖地区，田间周年都有瓜类寄主存在，病菌可以孢子囊借风雨辗转传播，无明显越冬期。病菌孢子萌发的最适温度为 15～19℃，低温阴雨易诱发佛手瓜霜霉病。

（四）防治方法

1.农业防治

从无病瓜上选留种，无病土育苗。施足基肥，生长期及收获后清除病叶，及时深埋。用 70℃恒温干热灭菌 72 小时。50℃温水浸种 20 分钟，捞出晾干后催芽播种。与非瓜类作物实行 2 年以上轮作。大棚内覆盖地膜，有条件的使用滴灌，深沟高畦栽培，降低田间湿度，及时调节棚内温湿度。浇水一定要在晴天上午进行，浇水后及时放风排湿，阴雨天不浇水。

2.药剂防治

种子消毒可用 36% 甲基硫菌灵悬浮剂 400 倍液，或 50% 苯菌灵可湿性粉剂 1500 倍液。喷匀种子后，用塑料薄膜覆盖，焖种 24 小时后，晾干催芽。发病初期喷洒 70% 乙膦·锰锌可湿性粉剂 500 倍液，或 58% 雷多·锰锌可湿性粉剂 500～600 倍液，或 64% 噁霜·锰锌可湿性粉剂 500 倍液，或 50% 甲霜灵可湿性粉剂 600 倍液，或 90% 三乙膦酸铝可湿性粉剂 400～500 倍液，或 58% 甲霜灵可湿性粉剂 500 倍液，或 72% 甲霜·锰锌可湿性粉剂 800 倍液，或 72% 霜脲·锰锌可湿性粉剂 800 倍液，或 75% 百菌清可湿性粉剂 500 倍液，或 50% 福美双可湿性粉剂 800 ～ 1000 倍液，或 70% 甲基硫菌灵可湿性粉剂 1000 倍液，或 69% 烯酰吗啉·锰锌可湿性粉剂 1000 倍液，或 47% 春雷·氧氯铜可湿性粉剂 800 ～ 1000 倍液。苦瓜霜霉病与白粉病混合发生时可喷洒 69% 烯酰吗啉·锰锌可湿性粉剂 1600 倍液 +20% 三唑酮乳油 2000 倍液，隔 10 天左右 1 次，连续防治 2 ～ 3 次。收获前 4 天停止用药。

二、佛手瓜白粉病

（一）症状

南方露地栽培佛手瓜时有发生白粉病，北方主要发生在棚室、露地、反季节栽培条件下。该病主要为害叶片。叶面初生白色小粉斑，后逐渐扩展融合，严重时整个叶面覆一层白色粉霉状物，持续一段时间后，致叶缘上卷，叶片逐渐干枯死亡（图 1-118）。叶柄和茎蔓均可染病，症状与叶片相似。

图 1-118　佛手瓜白粉病病叶症状

（二）病原特征

该病病原菌为葫芦科白粉菌（*Erysiphe cucurbitacearum* Zheng & Chen），属子囊菌亚门真菌。菌丝体生于叶两面，呈现不定形、污白色粉斑片，后相互融合。分生孢子圆柱形、近柱形，大小为（17.8 ～ 27.9）微米 ×（12.2 ～ 15.2）微米。子囊果主要生在叶背，扁球形，聚生，暗褐色，直径为 85 ～ 137 微米，多为 95 ～ 122 微米，壁细胞呈不规则多角形，直径为 6.3 ～ 20.3 微米，具 17 ～ 56 根附属丝，一般不分枝，少数呈不规则分枝 1 ～ 2 次，弯曲，长 45 ～ 250 微米，个别达 315 微米。子囊 5 ～ 13 个，多为 7 ～ 11 个，卵形至椭圆形或不规则形，具短柄，个别近无柄，大小为（48.3 ～ 68.6）微米 ×（25.4 ～ 35.6）微米。子囊孢子 2 个，卵形，带黄色，大小为（18.8 ～ 22.9）微米 ×（12.5 ～ 15.2）微米。

（三）病害发生规律及流行特点

病菌可在大棚及温室的瓜类作物、病残体上越冬，成为次年春天初侵染源。田间再侵染主要是发病后产生的分生孢子借气流、雨水传播。由于此菌繁殖速度很快，易导致流行。白粉病在 10～25℃均可发生，能否流行，取决于湿度和寄主的长势。低湿可萌发，高湿萌发率明显提高。因此，雨后干燥、少雨但田间湿度大，白粉病流行速度加快。较高的湿度有利于孢子萌发和侵入。高温干燥有利于分生孢子繁殖和病情扩展，尤其当高温干旱与高湿条件交替出现，又有大量白粉菌及感病的寄主，此病即流行。白粉病的分生孢子在 45% 左右的低湿度下也能充分发芽，在叶面结露持续时间长的情况下，病菌生长发育反而受到抑制。

（四）防治方法

1.农业防治

选用耐病品种。及时清除棚室中的杂草、残株。棚室内要注意通风、透光，降低湿度，遇有少量病株或病叶时，要及时摘除。切忌大水漫灌，可以采用膜下软管滴灌、管道暗浇、渗灌等灌溉技术。定植后要尽量少浇水，以防止幼苗徒长。加强水肥管理，及时追肥，防止缺肥早衰。不要偏施氮肥，要注意增施磷钾肥。结瓜期，可加大肥水的用量，适时喷叶面微肥，以防植株早衰。

2.药剂防治

育苗时，床土用 50% 多菌灵可湿性粉剂进行消毒，控制湿度在 60% 以下，并保证有足够的光照和温差。挑选健壮的幼苗定植。定植前，棚室内用硫黄粉进行熏蒸消毒，方法是将硫黄粉和锯末混合均匀，分放几处，晚上密闭温室，点燃熏蒸 1 夜。发病初期喷 30% 氟菌唑可湿性粉剂 3500～5000 倍液，或 40% 氟硅唑乳油 8000～10000 倍液，或 15% 三唑酮可湿性粉剂 1500 倍液，或 10% 腈菌唑乳油 1000 倍液，或 40% 多·硫悬浮剂 500～600 倍液，或 3% 苯甲·丙环唑（好力克）悬浮剂 3000 倍液，隔 7～10 天喷第 2 次药。白粉菌易产生耐药性，最好在 1 个生长季节内用 2～3 种作用机制不同的药剂，交替使用。

三、佛手瓜炭疽病

（一）症状

佛手瓜整个生育期均可染炭疽病。果实上染病，病斑近圆形至不规则状，初呈淡褐色凹陷斑，湿度大时分泌出红褐色点状黏质物，皮下果肉呈干腐状，虽可深入内部，但影响不大；茎、蔓染病，病斑呈椭圆形边缘褐色的凹陷斑。叶片染病，出现圆形至不规则形中央灰白色斑，后病斑变为黄褐色至棕褐色（图 1-119）。

图 1-119　佛手瓜炭疽病病叶症状

（二）病原特征

该病病原菌为葫芦科刺盘孢 [*Colletotrichum orbiculare* (Berk.&Mont.) Arx]，属半知菌亚门真菌。分生孢子盘聚生，初期埋生在表皮下，红褐色，后突破表皮呈黑褐色，刚毛少，散生在孢子盘上，暗褐色，直或弯，具隔膜 1～3 个，大小为（30～75）微米 ×（3.3～5.5）微米。分生孢子梗单胞，无色，大小为（10～20）微米 ×（3.5～5.5）微米。有性态为瓜类小丛壳 [*glomerella lagenarium* (Pass.) Watanable et Tamura]，属子囊菌亚门真菌。子囊壳球形，直径约 110 微米。子囊孢子单胞，无色，在自然条件下未发现，通过入工培养、紫外线照射可产生子囊壳。

（三）病害发生规律及流行特点

病原物主要以菌丝体、菌核在种子上或随病残株在田间越冬，亦可在温室、塑料温室旧木料上存活。越冬后的病菌产生大量分生孢子，成为初侵染源。此外，潜伏在种子上的菌丝体也可直接侵入子叶，引致苗期发病。病菌分生孢子通过雨水传播，孢子萌发适温为 22～27℃，病菌生长适温 24℃，8℃以下、30℃以上即停止生长。10～30℃均可发病，其中 24℃发病重。湿度是诱发本病的重要因素，在适宜温度范围内，空气湿度 93% 以上，易发病。相对湿度 97%～98%，温度 24℃，潜育期 3 天，相对湿度低于 54% 则不能发病。早春塑料棚温度低，湿度高，叶面结有大量水珠，经常能满足发病的湿度条件，易流行。露地条件下发病不一，南方 7～8 月，北方 8～9 月。低温多雨条件下易发生，气温超过 30℃，相对湿度低于 60%，病势发展缓慢。此外，采用不放风栽培法及连作，氮肥过多，大水漫灌，通风不良，植株衰弱，发病重。此病南方危害不重，但北方反季节栽植的危害较重。

（四）防治方法

1.农业防治

采用无病种子，做到从无病瓜上留种，对生产用种以 50～51℃ 温水浸种 20 分钟，晾干后即可催芽或直播。实行 3 年以上轮作，对 苗床应选用无病土或进行苗床土壤消毒，减少初侵染源。采用地膜覆 盖可减少病菌传播机会，减轻为害；增施磷钾肥以提高植株抗病力。 加强棚室温湿度管理。佛手瓜瓜苗经低温处理 7 天后，对炭疽病能产 生抗性，这种诱导抗性持续时间可达 8 天。在棚室进行生态防治，即 进行通风排湿，使棚内湿度保持在 70% 以下，减少叶面结露和吐水。 田间操作如除病灭虫、绑蔓、采收等均应在露水落干后进行，减少人 为传播蔓延。

2.药剂防治

发病初期喷施 50% 甲基硫菌灵可湿性粉剂 700 倍液，或 75% 百 菌清可湿性粉剂 700 倍液，或 36% 甲基硫菌灵悬浮剂 400～500 倍液， 或 50% 苯菌灵可湿性粉剂 1500 倍液，或 60% 多菌灵盐酸盐超微可湿 性粉剂 800 倍液，或 40% 氟硅唑乳油 8000～10000 倍液，或 15% 三 唑酮可湿性粉剂 1500 倍液，或 10% 腈菌唑乳油 1000 倍，或 80% 代 森锰锌可湿性粉剂 500 倍液，隔 7～10 天 1 次，连续防治 2～3 次。 采收前 7 天停止用药。塑料棚、温室可采用烟雾法，选用 45% 百菌 清烟剂，每亩 250 克，隔 9～11 天熏 1 次，连续、交替使用，也可 于傍晚喷撒 5% 百菌清粉尘剂，每亩 1 千克。

四、佛手瓜黑星病

（一）症状

佛手瓜黑星病仅见叶片染病，病斑圆形、近圆形，大小 1～2 毫 米，褐色，四周组织常为黄色，病叶不平整，病部生长缓慢，后穿 孔，一般叶不枯死。未见果实症状。

（二）病原特征

该病病原菌为瓜枝孢（*Cladosporium cucumerinum* Ell. Et Arthur）， 属半知菌亚门真菌。分生孢子梗除基部外不膨大，长 400 微米。分生 孢子形成分枝的长链，多单胞，圆柱状、椭圆形至纺锤形，光滑，有微刺，大小为（4～25）微米×（2～6）微米。

（三）病害发生规律及流行特点

南方地区病菌在病株上辗转传播蔓延，北方引种的地区则以菌丝体在病部、病残体内越冬，成为次年春天初侵染源。次年春天条件适宜时，产生分生孢子，从叶片、果实、茎蔓的表皮、气孔侵入，进行初侵染和再侵染。南方露地栽培、北方在棚室栽培条件下，与降雨量和降雨日数多少有关，如遇降雨量大、次数多、棚室湿度大及连续冷凉条件，易发病。

（四）防治方法

1.农业防治

地温高于10℃，北方棚室以4月上旬播种为宜，苗期20～30天，生长势强，利于抗病。加强栽培管理，尤其定植后至结瓜期控制浇水十分重要。保护地栽培，尽可能采用生态防治，尤其要注意温湿度管理，采用放风排湿、控制灌水等措施降低棚内湿度，减少叶面结露，抑制病菌萌发和侵入，白天控温28～30℃，夜间15℃，相对湿度低于90%，可减轻发病。

2.药剂防治

用50%多菌灵可湿性粉剂500倍液浸种20分钟，洗净后催芽播种。用占种子重量0.4%的50%多菌灵可湿性粉剂、40%福美双可湿性粉剂或70%甲基硫菌灵可湿性粉剂拌种。发病时喷施70%甲基硫菌灵可湿性粉剂1000倍液，或50%腐霉利可湿性粉剂1000倍液，或50%异菌脲可湿性粉剂1000～1500倍液，或90%代森锰锌可湿性粉剂800～1000倍液，或80%多菌灵可湿性粉剂600倍液，或75%百菌清可湿性粉剂600倍液，或50%苯菌灵可湿性粉剂1500倍液，或25%恶醚唑乳油8000～10000倍液，或75%代森锰锌可湿性粉剂500～600倍液，或80%敌菌丹可湿性粉剂500倍液，或25%溴菌腈可湿性粉剂1000～2000倍液，每隔7～10天防治1次，连续防治3～4次。保护地在定植前10天，用硫黄粉2.3克/米³，加锯末混合后，分放数处，点燃后密闭棚室熏1夜。发病初期用45%百菌清烟剂200克/亩进行熏蒸。

五、佛手瓜蔓枯病

（一）症状

棚室、室内栽培佛手瓜易发蔓枯病。该病主要危害蔓、果和叶片。蔓染病影响较大，蔓上初生褐色长圆形至不规则形病斑，病斑上生有黑色小粒点，即病原物子实体。病情严重后引致蔓枯，致病部以上蔓、果生长发育受到很大影响，严重时可引起茎蔓死亡、果实萎缩。叶片受害，病斑初为点状褐色小斑点，后发展成近圆形病斑，灰褐色，边缘色较深，有同心圆。发病后期病斑上产生黑色小点，即病原菌的分生孢子器（图1-120）。

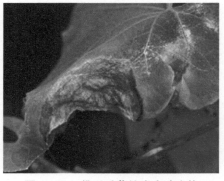

图1-120　佛手瓜蔓枯病病叶症状

（二）病原特征

该病病原菌为瓜叶单隔孢菌（*Ascochyta cucumis* Fautr. et Roum），属半知菌亚门真菌。有性态为瓜黑腐小球壳菌［*Mycosphaerella melonis* (Pass.) Chiu et Walk.］，属子囊菌亚门真菌。分生孢子器埋生在寄主表皮下，球形至扁球形，褐色，大小为95～137.5微米。内壁密生简单的分生孢子梗，单胞，无色，大小为（7.5～15.5）微米×（2.5～4）微米。器孢子具两型：一类是小型孢子，特丰富，椭圆形、卵形，单胞，无色，大小为（5.3～10.5）微米×（2.8～5）微米；另一类是大型孢子，椭圆形至长卵形，具1个隔膜，个别2～3个隔膜，隔膜缢缩，大小为（7.5～17）微米×（2.5～5.5）微米。

（三）病害发生规律及流行特点

病原物北方主要以分生孢子器、子囊壳随病残体在土中越冬，次年春天靠灌溉水、雨水传播蔓延，从伤口、自然孔口侵入，病部产生分生孢子进行重复侵染。南方可在病部辗转传播蔓延。北方引种，在棚室栽培、反季节栽培的，或植株过密、通风透光差，生长势弱，发病重。土壤黏重、偏酸、多年重茬，田间病残体多，氮肥施用太多，生长过嫩，肥力不足，耕作粗放、杂草丛生的田块，植株抗性降低，发病重。早春温暖多雨、夏天连阴雨后骤晴，气温迅速升高时，易发病。连续三天大雨、暴雨，易发病。秋季多雨、多雾、重露、日照不足、寒流来早时，易发病。

（四）防治方法

1.农业防治

育苗移栽，育苗的营养土要选用无菌土，用前晒三周以上。采用测土配方施肥技术，适当增施磷钾肥，加强田间管理，培育壮苗，增强植株抗病力，有利于减轻病害。地膜覆盖栽培，可防止土中病菌危害地上部植株。

2.药剂防治

棚室内的棚架、农具在用前用福尔马林20倍液熏蒸24小时。发病初期喷施50%琥·乙膦铝可湿性粉剂800倍液，或75%百菌清可湿性粉剂600倍液，或72%霜脲·锰锌可湿性粉剂500～600倍液，或70%甲基硫菌灵可湿性粉剂1000倍液，或50%多菌灵可湿性粉剂800倍液，或60%多菌灵盐酸盐超微可湿性粉剂800倍液，或50%苯菌灵可湿性粉剂1500倍液，或50%腐霉利可湿性粉剂1000倍液，或80%福美双可湿性粉剂800倍液，或72%霜霉威可湿性粉剂400倍液，或50%异菌脲可湿性粉剂600～800倍液，或65%代森锌可湿性粉剂500倍液，掌握在发病初期全田用药，隔3～4天再防一次，以后根据病情变化决定是否用药。保护地发病时，每次用45%百菌清烟剂3.75千克/公顷，熏1夜，或喷撒5%百菌清粉尘剂15千克/公顷，隔8～10天1次。

六、佛手瓜叶斑病

（一）症状

佛手瓜叶斑病主要为害叶片。叶片染病初在叶面上形成水渍状小斑点，后扩展成近圆形至不规则形病斑。病斑灰白色，中央散生肉眼不易看清的褐色小粒点。发病重的病斑融合成大片，造成叶片早枯早落（图1-121）。

图 1-121　佛手瓜叶斑病病叶症状

（二）病原特征

该病病原菌为葫芦科叶点霉（*Phyllosticta cucurbitacearum* Sacc.），属半知菌亚门真菌。分生孢子器球形，分生壁细胞明显，大小为（25～100）微米×（22.5～75）微米，具明显的孔口，直径为 5～17.5 微米。器孢子近球形、卵圆形至椭圆色，单胞，无色，大小为（4.0～6.25）微米×（2.5～4.5）微米。

（三）病害发生规律及流行特点

病菌以菌丝体、分生孢子器随病残体在土壤中越冬。次年春天，分生孢子借风雨传播，遇适宜条件分生孢子萌发，经气孔或从伤口侵入，进行初侵染和再侵染，致病情扩展。该菌喜高温高湿条件，发病适温 25～28℃，相对湿度高于 85% 的棚室易发病，尤其是生产后期发病重。地势低洼积水、排水不良、土壤潮湿，易发病。温暖、高湿、多雨、日照不足，易发病。

（四）防治方法

1.农业防治

实行 2 年以上轮作，覆盖地膜可减少初侵染。增施充分腐熟的有机肥，采用配方施肥技术，每亩施惠满丰多元素复合液肥 400 毫升，兑水稀释 500 倍喷洒叶面，可增强抗病性。合理灌溉适时适量控制浇水，雨后及时排水，必要时打去下部叶片，以增加通透性。

2.药剂防治

病初期喷施 75% 百菌清可湿性粉剂 600 倍液，或 70% 代森锰锌可湿性粉剂 500 倍液，或 64% 恶霜·锰锌可湿性粉剂 500 倍液，或 50% 苯菌灵可湿性粉剂 1500 倍液，或 70% 甲基硫菌灵可湿性粉剂 1000 倍液，或 50% 腐霉利可湿性粉剂 1000 倍液，或 50% 异菌脲可湿性粉剂 1000～1500 倍液，或 80% 多菌灵可湿性粉剂 600 倍液，或 25% 噁醚唑乳油 8000～10000 倍液，或 80% 敌菌丹可湿性粉剂 500 倍液，或 25% 溴菌腈可湿性粉剂 1000～2000 倍液，每隔 7～10 天防治 1 次，连续防治 3～4 次。保护地在定植前 10 天，用硫黄粉

2.3 克 / 米³，加锯末混合后，分放数处，点燃后密闭棚室熏 1 夜。发病初期用 45% 百菌清烟剂 200 克 / 亩进行熏蒸。

第十节　甜瓜传染性病害

一、甜瓜黑点根腐病

（一）症状

　　患甜瓜黑点根腐病的植株呈萎凋状，拔出根部，根系呈水浸状褐变枯死，须根脱落，在枯死的根上散生有很多小黑粒点，即病原菌的子囊壳（图 1-122、图 1-123）。甜瓜黑点根腐病是我国新的进境植物检疫性有害生物，主要危害香瓜、西瓜、黄瓜等葫芦科作物，引起根腐，并导致果实品质下降。

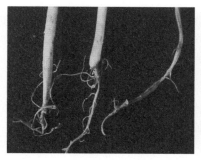

图 1-122　甜瓜黑点根腐病（病根）　　　图 1-123　甜瓜黑点根腐病（病果）

（二）病原特征

　　该病病原菌为坎诺单孢菌（*Monosporascus cannonballus* Pollack et Ueeker），属子囊菌亚门真菌。病根用自来水冲净后吸干，消毒处理后，切成小块置于琼脂平板上，25℃培养 72 小时后可见长出菌丝。病根上的子囊壳直径 300 ～ 400 微米；子囊初为棍棒状，后变卵形，大小为（60 ～ 80）微米 ×（40 ～ 50）微米，初期子囊内生出 2 个子囊孢子，一般情况下只有 1 个子囊孢子能继续发育；子囊孢子球

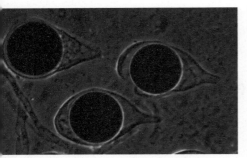

图 1-124　坎诺单孢（子囊孢子）

形，未成熟时无色至褐色，成熟后黑色（图 1-124），大小为 30 ～ 50 微米，每个子囊壳里生有子囊孢子 11 ～ 61 个。在 PDA 培养基上，产生少量初为白色后变灰色至暗灰色的气生菌丝，30 天后可形成黑色子囊壳，每平方厘米可形成 19 ～ 25 个。该菌在 5 ～ 30℃都能生长，菌丝生长最适温度 30℃，子囊壳形成所需温度 20 ～ 30℃，25℃最适。

（三）病害发生规律及流行特点

甜瓜黑点根腐病主要发生在热带与亚热带地区，主要是干旱和半干旱地区，包括印度、西班牙南部、美国中部与西南部、沙特阿拉伯、日本、突尼西亚、中国、以色列、墨西哥、洪都拉斯、危地马拉、伊朗、巴西等地。碱性土地更易发病。

病菌以子囊壳随病残体在土壤中越冬，据试验在 PDA 平面培养基上生长 8 天的菌丝体切碎后拌入灭菌土壤中后，栽植农友香兰甜瓜幼苗，经 35 天后植株发病死亡，病部又形成子囊壳，进行再侵染。

（四）防治方法

（1）棚室或露地栽培，施用酵素菌沤制的堆肥或充分腐熟的有机肥，采用配方施肥技术，减少化肥施用量。

（2）无土栽培时，要及时更换营养液，防止病菌积累。

（3）选用黄金瓜等耐湿性品种。

二、甜瓜细菌性软腐病

（一）症状

甜瓜细菌性软腐病主要发生在温室甜瓜伸蔓期。最初从整枝打杈的伤口处感染发病，在瓜蔓上产生绕茎一周的水渍状暗绿色软腐斑，病变部很快扩大，病变组织开始软化、变褐，逐渐软腐。病部发臭，有白色菌脓流出，菌脓流到任何部位均能引起软腐。3 ～ 6 节瓜蔓最易发病，发病后，病部以上萎蔫、干枯，横切瓜蔓，维管束变褐。如结瓜蔓软腐，则果实脱落，叶片被害时，出现水浸状不规则病斑，并向四周扩大，叶片腐烂。果实发病时，从瓜蒂处浸染引起整个果实软腐；另一症状为病菌从植株上部瓜蔓伤口感染，最初外表症状不明显，病菌在茎秆髓部上下扩展，造成瓜蔓软腐（图 1-125）。据在温室中调查，95% 甜瓜在伸蔓期发生细菌性软腐病，发病植株死亡率为 15.32%～32.25%，严重的高达 40.85%。

图 1-125　甜瓜细菌性软腐病

（二）病原特征

该病病原菌为软腐欧文氏杆菌软腐亚种［*Erwinia carotovora* subsp. *carotovora* (Jones) Berqey et al.］。菌体短杆状，大小为（0.5～1.0）微米×（1～3）微米，革兰氏染色阴性，单生或双生，短链状，有多根周生鞭毛，无芽孢。该菌为化能有机营养型，兼性厌气，代谢为呼吸型或发酵型，氧化酶阴性，过氧化氢酶阳性。营养琼脂上菌落圆形，隆起，灰白色。

（三）病害发生规律及流行特点

湿度是引发甜瓜细菌性软腐病的关键因素。温室湿度的大小取决于棚内灌水方式及灌水量：如果温室甜瓜全部采用漫灌方法，灌水多、灌水次数频繁导致温室发病重，发病率相当高；而如果温室均采用滴灌方法，发病率仅为 5.15%～8.21%。此外，整枝打杈时天气的阴晴也是发病的又一主要因素：晴天整枝打杈，发病相对较轻；阴天整枝打杈则发病较重。

（四）防治方法

1.生态防治

晴天上午进行整枝打杈，有利于伤口及时愈合，采用滴灌，控制灌水量，垄间铺草，降低棚内湿度，后墙张挂反光膜，合理密植，可有效预防此病发生。

2.药剂防治

用 72% 农用链霉素 4000 倍液、新植霉素 4000 倍液、77% 可杀得可湿性微粒粉剂 500 倍液、47% 加瑞农 800 倍液等进行喷雾，并采用与胶泥混合涂抹发病部位相结合进行防治，如采用 72% 农用链霉素、72% 杀毒矾与胶泥三者按 1 ∶ 1 ∶ 50 的配料比混合涂抹，则防效更佳。

三、甜瓜萎蔫病

（一）症状

图 1-126　甜瓜萎蔫病（病株）

甜瓜萎蔫病又称甜瓜细菌性枯萎病、甜瓜青枯病，主要为害维管束。发病初期叶片上出现暗绿色病斑，叶片仅在中午萎蔫，早、晚尚可恢复，该病扩展迅速，仅 3 ～ 4 天整株茎叶全部萎蔫，且不能复原，致叶片干枯，造成全株死亡（图 1-126）。横剖病部维管束，呈水浸状淡褐色，用手挤压切口处可见乳白色黏质物（即细菌脓）溢出，手指蘸黏液后可拉出长丝，不同于真菌性枯萎病。

（二）病原特征

该病病原菌是嗜维管束欧文氏菌（黄瓜萎蔫病欧文氏菌）[*Erwinia tracheiphila* (Smith) Bergey et al.]。该菌主要危害主根与近地茎部维管束。

（三）病害发生规律及流行特点

由黄瓜甲虫传播，我国吉林有发生，病菌从根部伤口侵入，有时也可从茎基部侵入。图 1-127 为病害循环图。

（四）防治方法

1. 抗细菌病害的品种与浸种

选用中农 5 号、碧春、满园绿等抗细菌病害的品种。从无病瓜上选留种，瓜种可用 70℃恒温干热灭菌 72 小时或 50℃温水浸种 20 分钟，捞出晾干后催芽播种；还可用次氯酸钙 300 倍液，浸种 30 ～ 60 分钟或 100 毫克/升硫酸链霉素 500 倍液浸种 2 小时，冲洗干净后催芽播种。

2. 无病土育苗与施肥

与非瓜类作物实行 2 年以上轮作，加强田间管理，生长期及收获

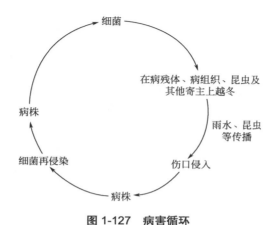

图 1-127　病害循环

后清除病叶，及时深埋。施用日本酵素菌沤制的堆肥，采用配方施肥技术减少化肥施用量。

3.药剂防治预防

发病初期或蔓延开始期喷洒 14% 络氨铜水剂 300 倍液，或 50%甲霜铜可湿性粉剂 600 倍液，或 50% 琥胶肥酸铜（DT）可湿性粉剂500 倍液，或 60% 琥·乙膦铝（DTM）可湿性粉剂 500 倍液，或 77%可杀得可湿性微粒粉剂 500 倍液，每亩用兑好的药液 60～75 升，连续防治 3～4 次。琥胶肥酸铜对白粉病、霜霉病有一定兼防作用。此外也可选用硫酸链霉素或 72% 农用链霉素可溶性粉剂 4000 倍液；或1∶4∶600 铜皂液或 1∶2∶（300～400）倍式波尔多液。40 毫克 / 升青霉素钾盐兑水稀释成 5000 倍液也可有效预防染病。采收前 3 天停止用药。

四、甜瓜蔓枯病

（一）症状

甜瓜蔓枯病俗称烂秧子，主要为害甜瓜的根茎基部、主蔓、侧蔓、主侧蔓分枝处及叶柄，也为害叶片和果实（图 1-128、图 1-129）。发病初期，在蔓节部出现浅黄绿色油渍状斑，病部常分泌赤褐色胶状物，而后变成黑褐色块状物。后期病斑干枯、凹陷，表面呈苍白色，易碎烂，其上生出黑色小粒点，即病菌的分生孢子器。瓜蔓显症 3～4 天后，病斑即环茎 1 周，7 天后产生分生孢子器，严重的 14 天后病株即枯死。

图 1-128　甜瓜蔓枯病（叶）　　　图 1-129　甜瓜蔓枯病（茎）

果实染病，主要发生在靠近地面处，病斑圆形，大小为 1.5 ～ 2 厘米，初呈油渍状，浅褐色略下陷，后变为苍白色，斑上生有很多小黑点，同时出现不规则圆形龟裂。湿度大时，病斑不断扩大并腐烂，菌丝深入到果肉内，果面现白色绒状菌丝层，数天后产生黑色小粒点。

剖视病茎，病菌主要侵害表皮层，维管束不变色，病部生小黑点，依此区别于枯萎病。

（二）病原特征

该病病原菌为瓜类球腔菌（*Mycosphaerella melonis*），属半知菌亚门真菌。分生孢子器叶面生，多为聚生，初埋生后突破表皮外露，球形至扁球形，器壁淡褐色，顶部呈乳状突起，器孔口明显；分生孢子短圆形至圆柱形，无色透明，两端较圆，正直，初为单胞，后生一隔膜。子囊壳细颈瓶状或球形，单生在叶正面，突出表皮，黑褐色；子囊多棍棒形，无色透明，正直或稍弯；子囊孢子无色透明，短棒状或梭形，一个分隔，上面细胞较宽，顶端较钝，下面的孢子较窄，顶端稍尖，隔膜处缢缩明显。

（三）病害发生规律及流行特点

病菌以子囊壳、分生孢子器、菌丝体潜伏在病残组织上留在土壤中越冬，翌年产生分生孢子进行初侵染。植株染病后释放出的分生孢子借风雨传播，进行再侵染。7月中旬气温 20 ～ 25℃，潜育期 3 ～ 5天，病斑出现 4 ～ 5 天后，病部即见产生小黑粒点。分生孢子在株间传播距离 6～8 米。甜瓜品种间抗病性差异明显：一般薄皮脆瓜类属抗病体系，发病率低，耐病力强；厚皮甜瓜较易感病，尤其是厚皮网纹系列、哈密瓜类明显易感病，如：麻醉瓜、罗斯转、哈密瓜发病重；小暑白兰瓜、大暑白兰瓜次之；铁旦子、薄皮脆发病率最低。病菌发育适温 20～30℃，最高 35℃，最低 5℃，55℃经 10 分钟致死。据观察 5 天平均温度高于 14℃，相对湿度高于 55%，病害即可发生。气温 20～25℃病害可流行，在适宜温度范围内，湿度高发病重。5 月下旬至 6 月上中旬因降雨次数和降雨量作用，该病易发生和流行。连作易发病。此外，密植田藤蔓重叠郁闭或大水漫灌的症状多属急性型，且发病重。

（四）防治方法

1.农业防治

（1）选用龙甜 1 号等抗蔓枯病的品种，此外还可选用伊丽东莎白、新蜜杂、巴的等早熟品种。

（2）采用高畦或起垄种植，严禁大水漫灌，防止该病在田间继续传播蔓延。

（3）合理密植，采用搭架法栽培对改变瓜田生态条件，减少发病作用明显。此外要及时整枝、打杈，发现病株及时拔除携至田外集中深埋或烧毁。

（4）施用酵素菌沤制的堆肥或充分腐熟的有机肥。

2.药剂防治

（1）浸种　可用 40% 福尔马林 150 倍液浸种 30 分钟，捞出后用清水冲洗干净再催芽播种；也可用 50% 甲基硫菌灵或多菌灵可湿性粉剂浸种 30～40 分钟。

（2）拌种　用占种子重量 0.2%～0.3% 的 40% 拌种双粉剂或 50% 多菌灵可湿性粉剂拌种。药剂处理种子，对杀灭种子上的病菌、防止苗期侵染具有重要作用。

（3）种子包衣　用 0.3%～0.5% 的种衣剂 9 号或 10 号进行包衣，可有效地防治立枯病，还可兼治猝倒病和炭疽病。

（4）现代化中药制剂预防　在植株缓苗期和第一穗果开花膨大期用青枯立克 500 倍液进行灌根，7 天左右用药 1 次，每个时期连用 2～3 次。治疗：奥力克 300 倍液＋大蒜油 15～20 毫升，对严重病株及病株周围

2～3米内区域植株进行小区域灌根，连灌2次，两次之间间隔1天。

（5）喷施农药　发病初期在根颈部或全株喷洒56%嘧菌酯百菌清800倍液或40%拌种双粉剂悬浮液500倍液、38%噁霜嘧铜菌酯1000倍液（防治效果达90%以上）、80%代森锰锌可湿性粉剂500倍液，隔8～10天再喷1次，共喷2～3次。棚室栽培时可喷撒5%防黑霉粉尘剂，每亩用药1千克。此外于白兰瓜三叶期（间苗后或沟栽法沟膜揭掉第二天）灌70%代森锰锌可湿性粉剂500倍液效果也很好，如能结合叶面喷洒效果更好。采收前4天停止用药。

五、甜瓜炭腐病

（一）症状

甜瓜炭腐病病害植株叶片、茎蔓、叶柄和果实均受侵染。幼苗染病，真叶或子叶上形成近圆形黄褐色至红褐色坏死斑，边缘有时有晕圈，幼茎基部常出现水浸状坏死斑。成株期染病，叶片病斑因品种呈近圆形至不规

图1-130　甜瓜炭腐病（病瓜）

则形，黄褐色、边缘水浸状，有时亦有晕圈，后期病斑易破裂。茎和叶柄染病，病斑椭圆至长圆形，稍凹陷，浅黄褐色。果实染病，病部凹陷开裂，后期产生粉红色黏稠物（图1-130）。

（二）病原特征

该病病原菌为菜豆壳球孢 [*Macrophomina phaseolina* (Tassi.) Goid.，异名 *M. Phaseoli* (Maubl.) Ashby.]，属半知菌亚门真菌。菌核黑色，在人工培养基上生长的菌核较小，菌核在组织内形成，黑色，光滑而硬，直径5～300微米。分生孢子器暗褐色球形，大小为（89～275）微米×（98～225）微米，不常形成。分生孢子梗圆筒状，大小为（10～14）微米×（2.5～3.5）微米。分生孢子单细胞，椭圆形或棍棒状略弯，大小为（16～32）微米×（5～10）微米。

（三）病害发生规律及流行特点

病菌以菌丝体和分孢盘随病残体遗落在土壤中越冬，以分生孢子

盘产生的分生孢子作为初侵染与再侵染接种体，依靠雨水溅射传播侵染。病菌也可以菌丝体在种子上越冬，播用带菌种子可引起苗期发病。温暖（22～27℃）及潮湿（相对湿度85%～95%）的天气及植地环境有利于发病，连作地、低湿地或偏施、过施氮肥，发病较重。本病既可在田间发生，也可在采收后果实贮运销售过程中继续发生危害，造成大量烂果，导致的损失有时比田间发病时更大。

（四）防治方法

1.土壤消毒

定植时，用50%炭疽福美可湿性粉剂或50%敌菌灵可湿性粉剂按每亩3～5千克的量，与40千克细干土拌匀，沟施或穴施，进行土壤灭菌。

2.农业措施

采用地膜覆盖和滴灌、管灌或膜下暗灌等节水灌溉技术，发病期间随时清除病瓜，避免田间积水。保护地应加强放风，尽量降低空气湿度，控制甜瓜炭腐病病害。

3.药剂防治

甜瓜炭腐病发病初期选用50%咪鲜胺可湿性粉剂1500倍液，或70%甲基托布津可湿性粉剂600倍液，或25%丙环唑乳油1000倍液，或80%代森锰锌可湿性粉剂600倍液，或30%苯噻氰乳油2000倍液，或2%农抗120水剂200倍液，或2%春雷霉素水剂600倍液喷雾。

4.预防

从苗期开始用奥力克50毫升兑水15千克喷雾，5～7天一次。治疗：按奥力克（速净）50毫升+大蒜油15～20毫升，兑水15千克喷雾，3～5天1次，连用2～3次。发病中后期：速净（异菌脲+多菌灵+代森锰锌）75毫升+大蒜油15毫升，兑水15千克喷雾，3天一次，连用2～3次。

六、甜瓜猝倒病

（一）症状

猝倒病为甜瓜苗期常见病，分布广泛，种植甜瓜的地区都有不同程度的发生。老式土法育苗发生较普遍，育苗期间阴雨天气多，此病

图 1-131　甜瓜猝倒病（苗）

发生严重。

甜瓜猝倒病的症状为幼苗基部呈水浸状，倒伏，缢缩，随病情发展，引发幼苗成片倒伏。此病自播种后即可发生，早期染病种子发芽即坏死腐烂，不能出土。出苗后露出土表的幼茎基部染病成水渍状，迅速软化腐烂并缢缩，随后幼苗倒伏。有时瓜苗出土胚轴和子叶已腐烂变褐枯死。潮湿时病部产生少许絮状菌丝，病害严重时常造成幼苗成片死亡（图 1-131）。

（二）病原特征

该病病原菌为德巴利腐霉（*Pythium debaryanum* Auct. Non.R. Hesse），属鞭毛菌亚门腐霉菌属。病菌菌丝纤细，无色，无隔。孢子囊生于菌丝顶端或中间，呈不规则圆筒状或姜瓣状分枝。孢子囊萌发时产生 8 ~ 50 个游动孢子。游动孢子肾形，大小为（14 ~ 17）微米 ×（5 ~ 6）微米。游动孢子游动 30 分钟后鞭毛脱落，变成休止孢子，休止孢子萌发产生芽管侵入寄主。病菌有性阶段产生卵孢子，卵孢子球形，表面光滑，直径 13 ~ 23 微米。

腐霉有性生殖产生藏卵器和雄器。藏卵器分化为卵球和卵周质。藏卵器原来是多核的，在分化时除留一核于卵球内，其余的均转移到卵周质层逐渐分解。雄器最初也是多核的，除一核外其余的逐渐解体。配合时雄器的细胞核和细胞质经由授精管转入藏卵器内，两核结合形成卵孢子，外表光滑或有刺。卵孢子萌发通常产生芽管，在芽管顶端生孢子囊。

（三）病害发生规律及流行特点

病菌以卵孢子在土壤中越冬。条件适宜萌发产生游动孢子囊，孢子囊释放游动孢子或直接长出芽管侵染幼苗。病菌也可以菌丝体在病残体或土壤内腐殖质上腐生生活。病菌主要通过浇水和管理传播，带菌粪肥和操作工具也可传播。病菌侵染后在皮层薄壁细胞中扩展，以后在病部产生孢子囊，进行再侵染，最后在病部组织内产生卵孢子越冬。土壤温度 15～16℃ 病菌繁殖很快，土壤高湿极易诱发此病。浇水后苗床积水或育苗棚顶滴水处多为发病中心。光照不足，幼苗长势弱，或育苗期遇寒流或连阴雨、雪天气，低温潮湿，病害发生严重。

（四）防治方法

（1）采用营养钵、营养盘、地热线等快速育苗技术育苗。苗土选用无病新土或大田土，有条件的选用基质育苗。废料充分腐熟，并注意施匀。

（2）育苗土壤消毒，可在苗床喷洒 72.2% 普力克水剂 600 倍液，或 72% 霜脲·锰锌可湿性粉剂 600 倍液，或 50% 溶菌灵可湿性粉剂 600 倍液，或 69% 安克·锰锌可湿性粉剂 1200 倍液，或 98% 恶霜灵可湿性粉剂 2500 倍液。

（3）加强管理，底水浇足后适当控水，尤其是播种和刚分苗后，应注意适当控水和提高管理温度，切忌浇大水或漫灌。

（4）应及时清除病苗和邻近病土，并配合药剂防治，可选用 72% 克露可湿性粉剂 600 倍液，或 72.2% 普力克水剂 600 倍液，或 69% 安克·锰锌可湿性粉剂 800 倍液，或 72% 霜脲·锰锌可湿性粉剂 600 倍液，或 66.8% 霉多克可湿性粉剂 800 倍液喷雾，随后可均匀撒干细土降低苗床湿度。施药后注意提高土壤温度。

七、甜瓜白粉病

（一）症状

白粉病是瓜类作物中危害较大的一种常见病害，对瓜类作物的危害范围也较广泛，是使瓜农们受损较为严重的一种病害。甜瓜白粉病在甜瓜生长中后期发病较多，特别是进入结果期容易发生。发病严重时会造成甜瓜转色前大片死亡。该病主要为害叶片、叶柄，果实受害少。发病初期，在叶片和嫩茎上出现白色小霉点，一般在叶片正面，后向四周扩展成边缘不明显的连片白粉。受害严重时整个叶片、茎、果实上布满一层白粉（图 1-132、图 1-133）。一般情况下部叶片比上部叶片多，叶片背面比正面多。霉斑早期单独分散，后联合成一个大霉斑，甚至可以覆盖全叶，严重影响光合作用，使正常新陈代谢受到干扰，造成早衰，产量受到损失。

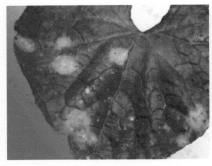

图 1-132　甜瓜白粉病（叶）

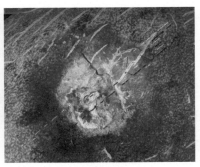

图 1-133　甜瓜白粉病（果）

（二）病原特征

该病病原菌为粉红单端孢霉［*Trichothecium roseum* (Bull.) Link.］，又称粉红单端孢、粉红聚端孢、端孢菌等，属半知菌亚门真菌。菌落由白色变为粉红色，分生孢子梗直立、细长，无隔膜或具 1～2 个隔膜。分子孢子卵圆形，孢基具 1 扁乳头状突起，（18～20）微米×（8～10）微米，形成孢子链，初无色，后淡粉红色。

（三）病害发生规律及流行特点

病菌以菌丝体随病残体遗留在土壤中越冬。条件适宜时产生分生孢子，通过气流或雨水传播到植物组织表面，多由伤口侵入。发病后病部产生大量分生孢子，借风雨或浇水传播蔓延，进行重复侵染。温暖潮湿有利于发病。病菌发育适温 25～30℃，适宜相对湿度 85% 以上。甜瓜生长期阴雨较多、光照不足，或保护地内高温、潮湿，植株生长衰弱，容易发病。作物生长全程均可发病，主要为害植物叶片，也为害茎和穗子。

（四）防治方法

1.种子处理

用 55℃温水浸种 15 分钟，也可以用 40% 拌种双 200 倍液浸种 24 小时，冲洗干净后催芽播种。

2.农业防治

迟瓜田浇第 1 水时间，清除病残组织，减少初侵染病原菌；种植抗性较强的品种；棚室栽培甜瓜，应重点调整好棚内温湿度，避免结露，尤其是定植初期，闷棚时间不宜过长，防止棚内湿度过大，温度过高，做到水、火、风有机配合，减缓该病发生蔓延。

3.药剂防治

棚室栽培，采用粉尘法或烟雾法防治，于傍晚每亩喷撒 5% 百菌清粉尘剂 1 千克，或点燃 45% 百菌清烟剂 200 ~ 250 克，每隔 7 ~ 9 天防治 1 次，视病情连续或交替轮换使用。露地栽培发病前或发病初期喷药，常用药剂有 40% 百菌清悬浮剂 500 倍液、50% 扑海因可湿性粉剂 1500 倍液、50% 速克灵可湿性粉剂 1500 ~ 2000 倍液、70% 代森锰锌干悬粉 500 倍液、64% 杀毒矾可湿性粉剂 500 倍液、80% 喷克可湿性粉剂 600 倍液。每隔 7 ~ 10 天防治 1 次，连续防治 2 ~ 3 次。

八、甜瓜叶枯病

（一）症状

甜瓜叶枯病发病初期叶片上产生褪绿色小黄点，后扩展成圆形至椭圆形褐色病斑，中央灰白色，边缘深褐色至紫褐色，微微隆起，外缘油渍状。后期中部有稀疏霉层。病斑大小约 0.1 ~ 0.2 毫米，病叶上斑点数目很多，一张叶片常有病斑 300 个以上（图 1-134、图 1-135）。严重时叶片卷曲、枯死。病株呈红褐色。此病在坐瓜后期开始出现，糖分积累时达发病高峰，通常在中上部叶片发生。茎蔓发病，产生菱形或椭圆形稍有凹陷的病斑。果实受害，果面上出现圆形褐色的凹陷斑，常有裂纹，病原可逐渐侵入果肉，造成果实腐烂。

图 1-134　甜瓜叶枯病病叶（一）　　图 1-135　甜瓜叶枯病病叶（二）

（二）病原特征

该病病原菌为瓜链格孢 [*Alternaria cucumerina* (Ell. et Ev.) Elliott.]，属真菌界半知菌亚门（无性类）、丝孢纲、丝孢目、暗丛梗孢科、链格孢属真菌。病菌分生孢子梗单生或 3～5 根束生，正直或弯曲，褐色或顶端色浅，基部细胞稍大，具隔膜 1～7 个，大小为（23.5～70）微米×（3.5～6.5）微米。分生孢子多单生，有时 2～3 个链生，常分枝，分生孢子倒棒状或卵形至椭圆形，褐色，孢身具横隔膜 8～9 个，纵隔膜 0～3 个，隔膜处缢缩，大小为（16.5～68）微米×（7.5～16.5）微米，喙长 10～63 微米，宽 2～5 微米，最宽处 9～18 微米，色浅，呈短圆锥状或圆筒形，平滑或具多个疣，0～3 个隔膜。

（三）病害发生规律及流行特点

瓜类叶枯病又称褐斑病、褐点病，可侵染葫芦科 7 个属 12 种植物，如西瓜、甜瓜、南瓜、黄瓜、部瓜、香瓜、笋瓜、西葫芦、冬瓜、苦瓜、丝瓜等。病菌除以菌丝体和分生孢子在病残体上及病部组织上越冬外，西瓜种子内、外均可带菌。种表的分生孢子可存活 15个月以上，种内的菌丝体经 21 个月仍具生命力，种子带菌率与种瓜染病程度有关，无病症的瓜种不带菌；病菌在室内干燥保存的病叶上可存活 24 个月，在大田或旱地土表、潮湿土壤内的病残体上可存活 12 个月以上。因此，带菌的种子和土表的病残体是该病主要初侵染源。生长期间病部产生的分生孢子通过风雨传播，进行多次重复再侵染，致田间病害不断扩大蔓延。该菌对温度要求不严格，气温 14～36℃、相对湿度高于 80% 均可发病，田间雨日多、雨量大、相对湿度高于 90% 易流行或大量发生；风雨利于病菌传播，致该病普遍发生；连作地、偏施或重施氮肥及土壤瘠薄，植株抗病力弱发病重。连续天晴、日照时间长，对该病有抑制作用。品种间抗病性有差异，金钟冠农较易感病。该病近年有日趋严重之势，生产中应注意防治。

（四）防治方法

1.农业防治

（1）播种或移栽前，或收获后，清除田间及四周杂草，集中烧毁或沤肥；深翻地灭茬，促使病残体分解，减少病源和虫源。注意轮作。

（2）选用抗病品种，选用无病、包衣的种子，如未包衣则种子需用拌种剂或浸种剂灭菌。

（3）高畦栽培，选用排灌方便的田块，开好排水沟，降低地下水位，达到雨停无积水；大雨过后及时清理沟系，防止湿气滞留，降低田间湿度，这是防病的重要措施。

（4）适时早播，早移栽、早间苗、早培土、早施肥，及时中耕培土，培育壮苗。育苗移栽时，育苗的营养土要选用无菌土，用前晒三周以上。科学确定播种期，露地宜在日均温稳定在15℃以上，5厘米深处土温稳定在12℃以上时播种，即"桃始花，种西瓜"。如欲抢早可采用地膜覆盖使其达到上述温度再播种。

（5）土壤病菌多或地下害虫严重的田块，在播种前撒施或沟施灭菌杀虫的药土；施用酵素菌沤制的堆肥或腐熟的有机肥，不用带菌肥料，施用的有机肥不得含有植物病残体。

（6）采用测土配方施肥技术，适当增施磷钾肥，加强田间管理，培育壮苗，增强植株抗病力，有利于减轻病害。

（7）地膜覆盖栽培或者嫁接栽培。

（8）避免在阴雨天气进行农事操作；及时防治害虫，减少植株伤口，减少病菌传播途径；发病时及时防治，并清除病叶、病株，带出田外烧毁，病穴施药或生石灰；大棚栽培的可在夏季休闲期，棚内灌水，地面盖上地膜，闭棚几日，利用高温灭菌；塑料棚采用紫外线塑料膜，可抑制子囊盘及子囊孢子形成，也可采用高畦覆盖地膜抑制子囊盘出土释放子囊孢子，减少菌源。棚室上午以闷棚提温为主，下午及时放风排湿，发病后可适当提高夜温以减少结露，早春日均温控制在29℃或31℃，相对湿度低于65%可减少发病，防止浇水过量，土壤湿度大时，适当延长浇水间隔期。

（9）高温干旱时应科学灌水，以提高田间湿度，减轻蚜虫、灰飞虱危害，减少传毒。严禁连续灌水和大水漫灌。浇水时防止水滴溅起，是防治该病的重要措施。

（10）采用搭架栽培法，每亩1500株，采用单蔓整枝，6～7叶时摘去第一朵雌花，保留12～13片叶子，不仅增产、增收，还可减轻该病。

2.化学防治

（1）用75%百菌清可湿性粉剂或50%扑海因可湿性粉剂1000倍液浸种2小时，冲净后催芽播种。

（2）在坐瓜前开始喷施惠满丰液肥，每亩320毫升，兑水500倍，提高抗病性，或者发病前未见病斑时开始喷施50%速克灵可湿性粉剂1500倍液、50%扑海因可湿性粉剂1000倍液、75%百菌清可湿性粉剂600倍液、70%代森锰锌可湿性粉剂或干悬粉500倍液、80%大生可湿性粉剂600倍液，均有实效，隔7～10天1次，连续防治3～4次。

九、甜瓜炭疽病

（一）症状

甜瓜叶片、茎蔓、叶柄和果实均受炭疽病侵染。幼苗染病，真叶或子叶上形成近圆形黄褐色至红褐色坏死斑，边缘有时有晕圈，幼茎基部常出现水浸状坏死斑，成株期染病，叶片病斑呈近圆形至不规则形，黄褐色，边缘水浸状，有时亦有晕圈，后期病斑易破裂（图1-136）。茎和叶柄染病，病斑椭圆形至长圆形，稍凹陷，浅黄褐色。果实染病，病部凹陷开裂，后期产生粉红色黏稠物（图1-137）。

图1-136　甜瓜炭疽病（病叶）

图1-137　甜瓜炭疽病（病果）

（二）病原特征

该病病原菌为瓜刺盘孢［*Colletotrichum orbiculare* (Rerk & Mont) Arx］，属半知菌亚门真菌。病菌分生孢子盘聚生，初埋生，后突破表皮外露，呈黑褐色，刚毛散生于分生孢子盘中，顶端色淡，略尖，基部膨大，长 90 ～ 120 微米，具 1 ～ 3 个分隔。分生孢子梗无色，圆筒状，栅状排列，大小为（20 ～ 25）微米 ×（2.5 ～ 3.0）微米。分生孢子长圆形，单细胞，无色，大小为（14 ～ 20）微米 ×（5.0 ～ 6.0）微米。

（三）病害发生规律及流行特点

病菌在土壤内越冬，条件适宜时菌丝直接侵入引发病害，病菌借助雨水或灌溉水传播，形成初侵染，发病后病部产生分生孢子进行重复侵染。发病适温 22 ～ 27℃，适宜湿度 85% ～ 98%。

病菌以菌丝体和分生孢子盘随病残体遗落在土壤中越冬，以分生孢子盘产生的分生孢子作为初侵染与再侵染接种体，依靠雨水溅射传播侵染。病菌也可以菌丝体在种子上越冬，播用带菌种子可引起苗期发病。温暖（22 ～ 27℃）及潮湿（相对湿度 85% ～ 95%）的天气及植地环境有利于发病，连作地、低湿地或偏施、过施氮肥发病较重。本病既可在田间发生，也可在采收后果实贮运销售过程中继续发生危害，造成大量烂果，导致的损失有时比田间发病时更大。

（四）防治方法

1.土壤消毒

定植时，用 50% 炭疽福美可湿性粉剂或 50% 敌菌灵可湿性粉剂按每亩 3 ～ 5 千克的量，与 40 千克细干土拌匀，沟施或穴施，进行土壤灭菌。

2.农业措施

采用地膜覆盖和滴灌、管灌或膜下暗灌等节水灌溉技术，发病期间随时清除病瓜，避免田间积水。保护地应加强放风，尽量降低空气湿度，控制甜瓜炭疽病病害。

3.药剂防治

甜瓜炭疽病发病初期选用 50% 施保功可湿性粉剂 1500 倍液，或 70% 甲基托布津可湿性粉剂 600 倍液，或 25% 敌力脱乳油 1000 倍液，或 80% 大生可湿性粉剂 600 倍液，或 30% 倍生乳油 2000 倍液，或 2% 农抗 120 水剂 200 倍液，或 2% 加收米水剂 600 倍液喷雾。

4.预防

从苗期开始用奥力克（速净）50 毫升兑水 15 千克喷雾，5 ～ 7 天一次。治疗：按奥力克（速净）50 毫升 + 大蒜油 15 ～ 20 毫升，兑水

15 千克喷雾，3 ～ 5 天 1 次，连用 2 ～ 3 次。发病中后期：按速净 75 毫升 + 大蒜油 15 毫升，兑水 15 千克喷雾，3 天一次，连用 2 ～ 3 次。

第十一节　飞碟瓜传染性病害

一、飞碟瓜白粉病

（一）症状

飞碟瓜白粉病在 20℃ 以下温度、高湿环境下，易发病。可感染叶、叶柄、茎、花和果柄。一般植株的底部叶先发病。开始时叶片正背面出现零星白粉斑，以后逐渐扩展至全叶，叶片变黄，死亡（图 1-138）。

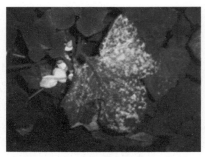

图 1-138　飞碟瓜白粉病（病叶）

（二）病原特征

该病病原菌为瓜类单囊壳 [*Sphaerotheca cucurbitae* (Jacz).]。菌丝体生于叶的两面和叶柄上，初生白色圆形斑，后展生至全叶；分生孢子腰鼓形或广椭圆形，串生，大小为（19.5 ～ 30）微米 ×（12 ～ 18）微米；子囊果球形，褐色或暗褐色，散生，大小为 75 ～ 90 微米，壁细胞呈不规则多角形或长方形，直径 9 ～ 33 微米，具 4 ～ 8 根附属丝，呈丝状至屈膝状弯曲，长为子囊果直径的 0.5 ～ 3 倍，基部稍粗，平滑，具隔膜 3 ～ 5 个，无色至下部浅褐色；具 1 个子囊，广椭圆形至近球状，无柄或具短柄，壁厚，顶壁不变薄，大小为（60 ～ 70）微米 ×（42 ～ 60）微米；子囊孢子 4 ～ 8 个，椭圆形，大小为（19.5 ～ 28.5）微米 ×（15 ～ 19.5）微米。除侵染飞碟瓜外，还可侵染西瓜、笋瓜、南瓜、西葫芦、棱角丝瓜、黄瓜、香瓜、甜瓜、倭瓜、香南瓜、葫芦、瓠瓜、茅瓜等。瓜类单囊壳子囊果散生，子囊孢子 4 ～ 8 个，附属丝无色或仅下部淡褐色，有别于单囊壳。

（三）病害发生规律及流行特点

病菌以闭囊壳随病残体在土表越冬。翌年 4 ～ 6 月放射出子囊孢子，引起初侵染。田间发病后，病菌产生分生孢子进行再侵染。果实膨大期始见于发病中心，病部产生分生孢子，借风、雨传播，进行多次再侵染，致病害迅速蔓延，遇连阴雨高湿或高湿与高温交替条件，仅 10 ～ 16 天，病害可迅速蔓延至全田。

（四）防治方法

选用抗病品种，加强田间通风透光管理，以降低空气温度；可用 50% 硫黄悬浮剂 300 倍液，或 25% 粉锈宁可湿性粉剂 2000 ～ 2500 倍液，或 50% 多菌灵可湿性粉剂 500 倍液，或 70% 甲基托布津可湿性粉剂 800 倍液叶面喷雾。在保护地内，还可用 45% 百菌清烟雾剂熏蒸，用量是 250 克 / 亩。

二、飞碟瓜病毒病

（一）症状

叶片染病，新生叶片严重皱缩，呈"鸡爪"状，叶色变浅，叶片黄绿交替，生长发育受到抑制，果实畸形，重则植株死亡（图 1-139）。

图 1-139　飞碟瓜病毒病

（二）病原特征

该病主要由黄瓜花叶病毒（CMV）和甜瓜花叶病毒（MMV）侵染引起。

黄瓜花叶病毒（CMV）是寄主范围最多、分布最广、最具经济重要性的植物病毒之一。全世界所有烟草种植区均有该病毒的分布和危害。在英国、德国、丹麦、俄罗斯、印度、日本、韩国、希腊、罗马尼亚、匈牙利、捷克、保加利亚、巴西、爱尔兰、摩尔多厄、瑞典、芬兰、波兰以及中国台湾地区等都有分布。

甜瓜花叶病毒（MMV）寄主范围较窄，只侵染葫芦科植物，不侵染烟草或曼陀罗。钝化温度 60 ～ 62℃，稀释限点 2500 ～ 3000 倍，体外存活期 3 ～ 11 天。该病毒是瓜类病毒病的重要毒源。

（三）病害发生规律及流行特点

病原物由种子、杂草、观赏花卉、蚜虫（瓜蚜、桃蚜）传毒，也可经工具、人工操作传毒，主要由蚜虫传染，整枝、理蔓也会传染。高温、日照强、干旱均有利于病害的发生。因缺肥而生长衰弱的植株容易染病。天旱、田间蚜虫盛发，发病率也增加。

（四）防治方法

1.种子处理

将充分干燥的种子在 70 ～ 80℃下处理 1 天，或者用 10% 磷酸三钠浸种 10 ～ 15 分钟，然后水洗，浸种催芽。

2.施足肥料

施足底肥，适时追肥，注意氮、磷、钾肥的配合使用，提高植株的抗逆性。

3.精细管理

田间操作时，应注意在对患病植株进行整枝、打杈、绑蔓等操作后，用肥皂水洗手，而后才能接触健康植株，否则就会将病毒带到健康植株上。选择抗病品种，实行 3 ～ 5 年的轮作。

4.及时防治蚜虫

在蚜虫迁飞前将其消灭，减少蚜虫传毒。早播种、早栽培，避开高温期。发病初期喷 20% 病毒克星 400 倍液，或 20% 病毒 A 可湿性粉剂 500 倍液，或 1.8% 植病灵乳剂 1000 倍液等。每 10 天 1 次，连续防治 2 ～ 3 次。

三、飞碟瓜疫病

（一）症状

苗期、成株期均可发病，病原菌主要侵害叶片、叶柄和茎部。嫩尖和幼茎染病，先呈暗绿色水浸状，很快腐烂而死（图 1-140）。成株染病，以茎基部、节部或分支处为主。先出现褐色或暗绿色水浸状病斑，迅速扩展，表面长有稀疏白色霉层。后期病部缢缩，皮层软化腐烂，病部以上茎、叶逐渐萎蔫、枯死。叶片发病，多从叶缘或叶柄连接处产生水浸状暗绿色不规则形大型病斑。湿度大时，病斑扩展极快，常使叶片全叶腐烂。干燥时病部呈青白色，易破裂。

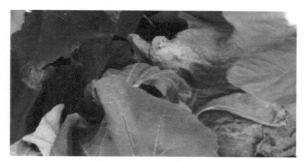

图 1-140　飞碟瓜疫病幼茎染病

（二）病原特征

病原菌为卵菌，即病原为瓜疫霉（*Phytophthora melonis* Kalsura），属鞭毛菌亚门疫霉属。瓜疫霉在 PDA 培养基上菌落白色，菌丝稀疏，易产生瘤状或节状突起，常集结成束状或葡萄球状，色深。菌丝体于无菌清水中才产生孢囊梗和孢子囊。孢囊梗细长，分化不明显。孢子囊无色，柠檬形或近圆形，大小为（32.5 ～ 74.8）微米 ×（27.8 ～ 45.5）微米，顶端有乳头状突起，较扁；游动孢子无色，单胞，球形或卵圆形，具两根鞭毛；雄器着生于藏卵器底部，卵孢子球形，淡黄色，表面光滑，直径为 25.0 ～ 32.4 微米。孢子囊还可直接萌发为芽管。病菌发育最适温度 28 ～ 30℃，温度范围 9 ～ 37℃，并要求有很高的湿度和水分。

（三）病害发生规律及流行特点

病菌随病残体在土壤或粪肥中越冬，翌年，条件适宜时传播到飞碟瓜上侵染发病。病菌借风雨、灌溉水进行再浸染。病菌生长发育适温较高，为 28 ～ 30℃；需要高湿度（相对湿度 90% 以上）才能产生孢子囊。条件适宜，病害极易发生流行。

（四）防治方法

1.农业防治

（1）施用充分腐熟的粪肥，施足基肥，适时适量追肥，避免偏施氮肥，增施磷肥和钾肥。

（2）采用高畦地膜覆盖栽培技术，膜下灌水，适当控制灌水，雨后及时排水。保护地注意放风排湿。

（3）发现中心病株，及时拔除、深埋或烧毁。

（4）与非瓜类蔬菜进行 3 ～ 5 年轮作。

2. 化学防治

（1）如种子带菌要消毒处理，可用 72.2% 普力克水剂 800 倍液浸种 30 分钟，或用占种子重量 0.3% 的 25% 甲霜灵可湿性粉剂拌种。

（2）发病前或发病初发现中心病株时，要及时、连续用药防治。药剂可选用 25% 甲霜灵可湿性粉剂 800 倍液，或 64% 杀毒矾可湿性粉剂 500 倍液，或 58% 甲霜灵·锰锌可湿性粉剂 500 倍液，或 68% 瑞毒铝铜可湿性粉剂 400 倍液，或 72.2% 普力克水剂 600 倍液，或 86.2% 氧化亚铜 600 倍液，或 18% 甲霜胺·锰锌可湿性粉剂 600 倍液，或 30% 绿得保胶悬剂 400 倍液。每 7 ～ 10 天 1 次，连续防治 2 ～ 3 次。也可用上述药剂灌根，每株灌 0.25 千克药液，效果较好。

四、飞碟瓜菌核病

（一）症状

飞碟瓜菌核病又称作白腐病、绵腐病。飞碟瓜菌核病主要发生在塑料大棚，温室、露地也有发生，从苗期至成株期均可发病，为害花器、茎蔓及果实。果实染病：多出现在残花部，初呈水渍状腐烂，接着长出白色菌丝，不久菌丝纠结形成黑色菌核。茎蔓染病：初在近地面的茎部或主侧蔓的分枝处，产生褪绿水渍状斑，不久扩展成褐色，湿度大时亦生出白色棉絮状菌丝，菌丝密集形成菌核（图 1-141），多生在腐败的茎基部或烂叶、叶柄、花梗或瓜组织上。茎表皮纵裂，病部以上茎蔓、叶片萎蔫死亡。

图 1-141　棉絮状菌丝及大菌核

（二）病原特征

该病病原菌为菌核菌［*Sclerotinia sclerotiorum* (Lib.) de.Bary］，为子囊菌亚门核盘属真菌。菌核表面黑色，内部白色，鼠粪状。菌丝不耐干燥，相对湿度在85%以上才能生长；对温度要求不严，在0～30℃之间都能生长，以20℃最适宜，是一种在低温高湿条件发生的病害。

（三）病害发生规律及流行特点

菌核遗留在土中或混杂在种子中越冬或越夏。混在种子中的菌核，随播种带病种子进入田间传播蔓延，该病属分生孢子气传病害类型，其特点是以气传的分生孢子从寄生的花和衰老叶片侵入，以分生孢子和健株接触进行再侵染。侵入后，长出白色菌丝，开始为害柱头或幼瓜。在田间带菌雄花落在健叶或茎上经菌丝接触，易引起发病，并以这种方式进行重复侵染，直到条件恶化，菌核又落入土中或随种株混入种子间越冬或越夏。南方2～4月及11～12月适其发病。

此菌对水分要求较高，相对湿度高于85%、温度在15～20℃，利于菌核萌发和菌丝生长。低温、湿度大或多雨的早春或晚秋有利于本病发生和流行。连年种植葫芦科、茄科及十字花科蔬菜的田块、排水不良的低洼地，或偏施氮肥，或霜害、冻害条件下，发病重。

（四）防治方法

防治方法以生态防治为主，辅之以药剂防治，可以控制该病流行。

1.农业防治

有条件的实行与水生作物轮作，或夏季把病田灌水浸泡半个月，或收获后及时深翻，深度要求达到20厘米，将菌核埋入深层，抑制子囊盘出土。同时采用配方施肥技术，增强寄主抗病力。

2.物理防治

播前用10%盐水漂种2～3次，汰除菌核；或塑料棚采用紫外线塑料膜，可抑制子囊盘及子囊孢子形成；也可采用高畦覆盖地膜抑制子囊盘出土释放子囊孢子，减少菌源。

3.生态防治

棚室上午以闷棚提温为主，下午及时放风排湿。发病后可适当提高夜温以减少结露，早春日均温控制在29℃高温，相对湿度低于65%

可减少发病。防止浇水过量，土壤湿度大时，适当延长浇水间隔期。

4. 药剂防治

棚室或露地出现子囊盘时，采用烟雾或喷雾法防治。

（1）保护地栽培时，发病初期可用10%腐霉利烟剂或45%百菌清烟剂，每隔8～10天熏蒸1次，连续或与其他方法交替防治3～4次。

（2）种子和土壤消毒　定植前用40%五氯硝基苯配成药土耙入土中，每亩用药1千克兑细土20千克拌匀。种子用50℃温水浸种10分钟，即可杀死菌核。

（3）发病初期及时喷洒药剂防治　可喷洒25%咪鲜胺乳油1000～1500倍液，或35%多菌灵磺酸盐悬浮剂700倍液，或50%异菌脲可湿性粉剂1000倍液，或25%丙环唑乳油3000～4000倍液，或8%宁南霉素水剂600～800倍液，或50%乙烯菌核利可湿性粉剂400～500倍液，或0.3%丁子香酚可溶性液剂1500倍液，或60%防霉宝可溶性粉剂600倍液，于盛花期喷雾。每5～7天1次，连续防治3～4次。病情严重时，也可用上述杀菌剂兑成50倍液，涂抹在瓜蔓病部，不仅控制扩展，还有很好的治疗作用。

五、飞碟瓜灰霉病防治

（一）症状

飞碟瓜灰霉病的受害部位呈水浸状软腐、萎缩，表面生有灰霉或灰绿霉层（图1-142）。

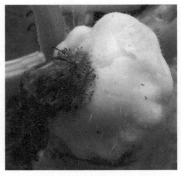

图 1-142　飞碟瓜灰霉病

（二）病原特征

该病病原菌为灰葡萄孢（ *Botrytis cinerea* Pers ex Fr. ），属半知菌亚门真菌。分生孢子梗直立、丛生，大小为（1334～1814）微米×（14～20）微米，顶部具分枝1～2个，分枝顶端着生的分生孢子似葡萄穗状。分生孢子圆形或近圆形，单胞，大小为（8.3～14）微米×（8～12）微米。有性态为富克尔核盘菌［ *Botryotinia fuckliana* (de Bary) Whetzel］，属子囊菌亚门真菌。除侵染桑树外，还可侵染瓜类、茄果类、豆类、向日葵等多种作物。病菌发育适温10～23℃，最高

30 ～ 32℃，最低 4℃，适湿为持续 90% 以上的高湿条件。

（三）病害发生规律及流行特点

病菌在基质中越冬，通过茎、叶、花、果的表皮直接侵入植株，借助灌溉、育苗及田间操作传播。植株郁闭、通风不良、空气湿度高时，易发病。

（四）防治方法

用 50% 速克灵可湿性粉剂 1500 倍液、50% 扑海因可湿性粉剂 800 倍液或 70% 甲基托布津可湿性粉剂 800 ～ 1000 倍液，交替施药，间隔 5 ～ 7 天 1 次，连喷 3 次。

第十二节　蛇瓜传染性病害

一、蛇瓜疫病

（一）症状

叶片发病，初呈圆形或不规则形暗绿色水浸状病斑，边缘不明显。湿度大时，病斑扩展很快，病叶迅速腐烂。干燥时，病斑发展较慢，边缘为暗绿色，中部淡褐色，常干枯脆裂（图 1-143）。

图 1-143　蛇瓜疫病（叶）

（二）病原特证

该病病原菌为甜瓜疫霉（*Phytophthora melonis* Katsura），异名掘氏疫霉（*P. drechsleri* Tucker），属鞭毛菌亚门真菌。疫霉在 PDA 培养基上培养，菌丛呈灰白色，稀疏，菌丝无隔透明，直径 4 ～ 7 微米，后期菌丝产生不规则形的肿胀或结节状突起，一般不产生孢子囊。在 VS 平皿培养基上，菌丛近白色，稀疏，产生孢子囊，孢子囊下部圆形，乳突不明显，有时也可看到少量孢子囊的乳突较高，可达 4 微米，大小为（43 ～ 69）微米 ×（19 ～ 36）微米。新的孢子囊自前一个孢子囊中伸出，萌发时产生游动孢子，自孢子囊的乳突逸出。藏卵器近球形，直径 18 ～ 31 微米，无色；雄器围生；卵孢子球形，淡黄色，表面光滑，16 ～ 28 微米。

该菌生长发育适温 28 ～ 32℃，最高 37℃，最低 9℃。

（三）病害发生规律及流行特点

病菌以菌丝体和厚垣孢子、卵孢子随病残体在土壤中或土杂肥中越冬，主要借助流水、灌溉水及雨水溅射而传播，也可借助施肥传播，从伤口或自然孔口侵入致病。发病后病部产生孢子囊及游动孢子，借助气流及雨水溅射传播进行再侵染，病害得以迅速蔓延。如雨季来得早、雨量大、雨天多，该病易流行。

（四）防治方法

采用高畦栽植，避免积水。苗期控制浇水，结瓜后做到见湿见干，发现疫病后，浇水减到最低量，控制病情发展。

发现中心病株拔除后，可采用下列杀菌剂或配方进行防治：可采用 69% 烯酰·锰锌可湿性粉剂 800 ～ 1000 倍液喷雾防治；72.2% 霜霉威水剂 600 ～ 800 倍液 +75% 百菌清可湿性粉剂 600 ～ 800 倍液喷雾防治；50% 氟吗·乙铝可湿性粉剂 500 ～ 700 倍液喷雾防治；72% 霜脲·锰锌可湿性粉剂 500 ～ 700 倍液喷雾防治；70% 丙森锌可湿性粉剂 600 倍液喷雾防治。视病情隔 7 ～ 10 天防治 1 次。

二、蛇瓜细菌性角斑病

（一）症状

子叶染病，初呈水浸状近圆形凹陷斑，后微带黄褐色，干枯；真叶受害，初为水渍状浅绿色，后变淡褐色，病斑扩大时受叶脉限制呈多角形。后期病斑呈灰白色，易穿孔。湿度大时，病斑上产生白色黏液。干燥时病部开裂，有白色菌脓。茎及瓜条上的病斑初呈水渍状，近圆形，后呈淡灰色，病斑中部常产生裂纹，潮湿时产生菌脓，后期腐烂，有臭味（图 1-144）。

（二）病原特征

该病病原菌为丁香假单胞杆菌黄瓜角斑病致病变种 [*Pseudomonas*

syringae pv. *lachrymans*（Smith et Bryan）Young, Dye & Wilkie]，属薄壁菌门假单胞菌属，常危害蛇瓜、黄瓜、冬瓜、丝瓜、苦瓜、越瓜、金瓜、西瓜、豆角等。

图1-144 蛇瓜细菌性角斑病果实受害状

（三）病害发生规律及流行特点

病菌在种子内外或随病残体在土壤中越冬。翌年春季由雨水或灌溉水溅到茎、叶上发病，通过雨水、昆虫、农事操作等途径传播。低温高湿利于发病。黄河以北地区露地，每年7月中旬为角斑病发病高峰期。

（四）防治方法

（1）培育无病种苗，用新的无病土苗床育苗；发病后控制灌水，促进根系发育，增强抗病能力；实施高垄覆膜栽培，平整土地，完善排灌设施；收获结束后清除病株残体，翻晒土壤等。

（2）种子处理，用新植霉素200毫克/千克浸种1小时，沥去药水再用清水浸种3小时；或次氯酸钙300倍液，浸种30～60分钟；或40%福尔马林150倍液浸种1.5小时；或72%农用硫酸链霉素可溶性粉剂1500倍液浸种2小时。冲洗干净后再用清水浸种后催芽播种。

（3）发病初期可采用下列杀菌剂进行防治：72%农用硫酸链霉素可溶性粉剂3000～4000倍液喷雾防治；88%水合霉素可溶性粉剂1500～2000倍液喷雾防治；3%中生菌素可湿性粉剂800～1000倍液喷雾防治；20%叶枯唑可湿性粉剂1000～1200倍液喷雾防治；77%氢氧化铜可湿性粉剂800～1000倍液喷雾防治；47%春雷·氧氯化铜可湿性粉剂700～1000倍液喷雾防治；50%氯溴异氰尿酸可溶性粉剂1000～1500倍液喷雾防治；2%春雷霉素水剂300～500倍液喷雾防治。视病情隔5～7天喷1次。

三、蛇瓜病毒病

（一）症状

蛇瓜病毒病主要感染叶片，严重时造成蛇瓜减产减量。

图 1-145 蛇瓜病毒病

蛇瓜病毒病染病新叶呈黄绿相间的花叶状，病叶小且皱缩，叶片变厚，严重时叶片反卷；茎部节间缩短，茎畸形，严重时病株叶片枯萎；瓜条呈现深绿及浅绿相间的花色，表面凹凸不平，瓜条畸形。重病株簇生小叶，不结瓜，致萎缩枯死（图 1-145）。

（二）病原特征

蛇瓜病毒病可以由多种病毒引起，主要以黄瓜花叶病毒（CMV）侵染为主。

（三）病害发生规律及流行特点

病原物主要是黄瓜花叶病毒（CMV），该病毒主要在多年生宿根植物上越冬，由于鸭跖草、反枝苋、刺儿菜、酸浆等都是桃蚜、棉蚜等传毒蚜虫的越冬寄主，每当春季瓜类发芽后，蚜虫开始活动或迁飞，成为传播此病的主要媒介。发病适温 20℃，气温高于 25℃多表现隐症。CMV 可通过蚜虫和摩擦传播，有 60 多种蚜虫可传播该病毒，烟田以烟蚜、棉蚜为主。CMV 在烟株内增殖和转移很快，侵染后 24℃条件下，6 小时在叶肉细胞内出现，48 小时可再侵染，4 天后即可显症。CMV 可侵染 36 科双子叶植物和 4 科单子叶植物约 124 种植物。不能在病残体上越冬，主要在越冬蔬菜、多年生树木及农田杂草上越冬。

翌春通过有翅蚜迁飞传到烟株上。蚜虫以非持久性传毒方式传播该病毒，在病株上吸食 2 分钟即可获毒，在健株上吸食 15～120 秒就完成。

蛇瓜病毒病是蛇瓜生产中发生较普遍的重要病害，苗期、成株期均可发病，以成株期发病为重，尤其是顶部叶片。

（四）防治方法

1.农业防治

清除杂草。在进行嫁接、打杈、绑蔓、掐卷须等田间作业时，应注意防止病毒传染。经常检查，发现病株要及时拔除烧毁。施足有机肥，增施磷钾肥，提高抗病力。适当多浇水，增加田间湿度。

2.种子处理

用 55℃温水浸种 40 分钟，或把种子在 70℃恒温下处理 72 小时，以钝化病毒病；也可用 0.1% 高锰酸钾溶液浸种 40 分钟后用清水洗后浸种催芽；也可用 10% 磷酸三钠浸种 20 分钟，用清水冲洗 2 ～ 3 次后晾干备用，或再用清水浸种后催芽播种。

3.彻底杀灭蚜虫

蚜虫是病毒病的主要传播载体，防治蚜虫可采用以下杀虫剂进行防治：10% 吡虫啉可湿性粉剂 1500 ～ 2000 倍液，20% 高氯·噻嗪酮乳油 1500 ～ 2500 倍液，10% 吡丙·吡虫啉悬浮剂 1500 ～ 2000 倍液，5% 氯氟·苯脲乳油 2000 ～ 2500 倍液。兑水喷雾。

4.预防

发病初期可采用以下药剂进行预防：2% 宁南霉素水剂 200 ～ 400 倍液，4% 嘧肽霉素水剂 200 ～ 300 倍液，20% 盐酸吗啉胍可湿性粉剂 400 ～ 600 倍液，7.5% 菌毒·吗啉胍水剂 500 ～ 700 倍液，2.1% 烷醇·硫酸铜可湿性粉剂 500 ～ 700 倍液，25% 琥铜·吗啉胍可湿性粉剂 600 ～ 800 倍液，1.05% 氮苷·硫酸铜水剂 300 ～ 500 倍液，3.85% 三氮唑·铜·锌水乳剂 600 ～ 800 倍液。兑水喷雾，视病情间隔 5 ～ 7 天喷 1 次。

四、蛇瓜叶斑病

（一）症状

蛇瓜叶斑病主要为害叶片。叶片发病初期出现水渍状褐色斑点，后逐渐扩展成大小不一的病斑，灰褐色至褐色，圆形或近圆形，严重的病斑融合成片，致叶片局部干枯，后期病斑表面现出小黑点，即病原菌分生孢子器。最后病斑破裂或穿孔（图 1-146）。

图 1-146　蛇瓜叶斑病

（二）病原特征

该病病原菌为葫芦科叶点霉（*Phylosticta cucurbitacearum* Sace.），又称瓜灰星菌，属半知菌亚门（无性类）、腔孢纲、球壳孢目、球壳孢科、叶点霉属。分生孢子器凸镜形，分生壁细胞明显，大小为（25～100）微米×（22.5～75）微米，具明显孔口，直径 5～17.5 微米；器孢子近球形或卵圆形至椭圆形，单胞，无色，大小为（4.0～6.25）微米×（2.5～4.5）微米。

（三）病害发生规律及流行特点

病菌以分生孢子器和菌丝体随病残体遗落土中越冬。翌年，气温 25～28℃，相对湿度高于 90% 或有雨水及露水时，从分生孢子器中涌出分生孢子借风雨溅射传播，进行初侵染和多次再侵染。

（四）防治方法

选较高地块种植蛇瓜，栽植密度适中，及时整枝打杈。重病地与非瓜类作物进行 2 年以上轮作，适当增施磷钾肥，合理灌水，雨后及时排水，防止积水和湿气滞留。

五、蛇瓜黑斑病

（一）症状

蛇瓜黑斑病主要为害叶片。发病初期出现水浸状小斑点，后扩展为圆形或近圆形，暗褐色，边缘稍隆起，病健交界处明显，病斑融合为大斑，引起叶片枯黄（图 1-147）。果实发病，初生水渍状暗色斑，后扩展成凹陷斑，引起果实腐烂。

图 1-147　蛇瓜黑斑病

（二）病原特征

该病病原菌为链格孢，属半知菌亚门真菌。分生孢子梗单生，或数根束生，暗褐色；分生孢子倒棒形，褐色或青褐色，3～6 个串生，有纵隔膜 1～2 个，横隔 3～4 个，横隔处有缢缩现象。

（三）病害发生规律及流行特点

病菌以菌丝体随病残体在土壤中或种子上越冬，第 2 年春天蛇瓜播种出苗后，遇适宜温度、湿度时，借风雨传播即可进行侵染，后病部又产生分生孢子，通过风雨传播，进行多次重复侵染，引起病害不断发展。

（四）防治方法

1.轮作倒茬

施足基肥，增施磷钾肥。雨后及时排水；发病后控制灌水。田间发现病情及时防治，发病初期可采用杀菌剂或配方进行防治。

2.药剂防治

25%嘧菌酯悬浮剂1500倍液喷雾防治；或50%异菌脲悬浮剂1500倍液喷雾防治；或10%苯醚甲环唑水分散粒剂1500倍液喷雾防治；或50%福·异菌（灭霉灵）可湿性粉剂800～1000倍液喷雾防治；或25%溴菌腈可湿性粉剂500～1000倍液+75%百菌清可湿性粉剂600倍液喷雾防治；或43%戊唑醇悬浮剂4000～5000倍液+70%代森联干悬浮剂800倍液喷雾防治；或2%嘧啶核苷类抗生素水剂200～500倍液+50%克菌丹可湿性粉剂500倍液喷雾防治。视病情隔5～7天喷1次。

六、蛇瓜霜霉病

（一）症状

蛇瓜霜霉病发病初期，叶面上出现水浸状不规则形病斑，逐渐扩大并变为黄褐色，湿度大时叶片背面长出黑色霉层（图1-148）。

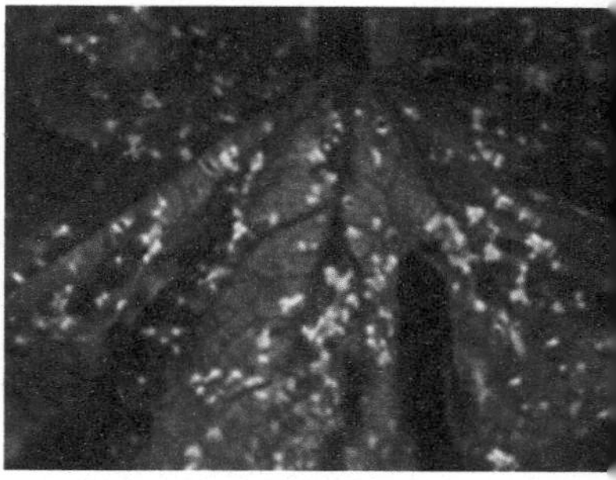

图1-148　蛇瓜霜霉病

（二）病原特征

瓜类霜霉病的致病菌是古巴假霜霉菌（*Pseudoperonospora cubensis* Rostov.），属于鞭毛菌亚门、霜霉菌目、假霜霉属，是一种专性寄生菌。最早发现瓜类作物霜霉病是1868年，葫芦科作物霜霉病首先在古巴报道。该菌侵染对葫芦科的甜瓜、西瓜、南瓜、丝瓜、冬瓜、葫芦及蛇瓜等12种瓜类造成病害，其中受害最严重的是黄瓜、甜瓜。目前瓜类霜霉病已成为世界各国瓜类作物的主要病害。

以卵形或指状分枝的吸器伸入寄主细胞内吸收养分，无性繁殖产生孢囊梗和孢子囊。孢子囊可随风雨、黄瓜甲虫、农器具等进行传播，Hliura等曾发现大量卵孢子，但是目前还没有卵孢子接种成功的报道。古巴假霜霉菌无性繁殖产生孢子囊，孢子囊对不良环境条件抵抗力较差，存活期短，因此在北方高寒地区难以越冬。有性阶段偶尔能产生卵孢子。

（三）病害发生规律及流行特点

田间病菌主要靠气流传播，从叶片气孔侵入。病害在田间发生的气温为16℃，适宜流行的气温为20～24℃。高于30℃或低于15℃发病受到抑制。日平均气温在18～24℃、相对湿度在80%以上时，病害迅速扩展。在湿度高、温度较低、通风不良时很易发生，且发展很快。

（四）防治方法

1.加强管理

选良种，育壮苗，选地势高、排水好的地块，重点施足基肥，增施磷钾肥。

2.药剂防治

防治霜霉病的化学药剂主要有两大类：一类是保护性杀菌剂，如波尔多液、氧氯化铜、代森锌、代森锰锌、百菌清等，这类杀菌剂主要作用为杀死表面病菌防止病菌的侵入，但对已侵入植株的病菌效果很差；另一类是内吸性杀菌剂，如金雷多米尔、杀毒矾等，这类杀菌剂能被植物体吸收，有防病和治病的双重效果，对已侵入植株的病菌起到抑制和杀灭作用。因此，发病前或发病初期可喷施保护性杀菌剂75%百菌清可湿性粉剂600倍液。发病初期起，喷施内吸性杀菌剂58%雷多米尔水分散粒剂600～800倍液或金雷多米尔600～800倍液，或64%杀毒矾可湿性粉剂600倍液，或25%阿米西达悬浮剂2000倍液。以上农药交替使用，每7～10天喷施1次，连续2～3次。

第二章

瓜类生理性病害

一、南瓜旱害

（一）症状

旱害是指由于土壤水分缺乏或者大气相对湿度过低对植物造成的危害。南瓜发生旱害，生长缓慢，植株低矮，叶片上出现小型黄色斑点，叶片薄而脆。

（二）发生原因

因土壤干旱，根系吸收不到足够的水分，叶片内的叶绿素在高温、强光、缺水等恶劣条件的作用下逐渐分解，从而出现黄色斑点。

（三）防治方法

干旱条件时及时浇水，合理密植，适当提高栽培密度。

二、南瓜裂瓜

（一）症状

南瓜幼瓜、成瓜都会发生裂瓜现象，在瓜面上产生纵向、横向或斜向裂口，裂口深浅、宽窄不一。严重开裂者裂口可深达瓜瓤，露出种子，裂口创面木栓化。轻微开裂者仅为一条小裂缝。若是幼果开裂后果实继续生长，裂口会逐渐加深、加大（图2-1）。

图 2-1 南瓜裂瓜

（二）发生原因

长期干旱或平时为预防灰霉病等侵染性病害而过度控水，在突降大雨或浇大水时，因果肉细胞吸水膨大，而果皮细胞已老化，不能与果肉细胞同步膨大，从而造成果皮胀裂。幼果遭受某些机械伤害出现伤口，果实膨大过程中则以伤口为中心而开裂。另外，开花时钙不足，花器缺钙，也会导致幼果开裂。

（三）防治方法

选择地势平坦、土质肥沃、保水保肥能力强的地块种植南瓜。精细整地，施足充分腐熟的有机肥，注意氮磷钾肥的配合使用。开花期喷施绿芬威或氯化钙等钙肥，预防植株缺钙。合理浇水，避免土壤干旱或过湿，特别要注意防止在土壤长期干旱后突然浇大水。棚室种植时，要避免温度过高或过低，生长期温度以保持在 18 ～ 25℃为宜。农事操作时防止对幼瓜造成机械损伤。

三、南瓜部分果皮木栓化

（一）症状

南瓜部分果皮木栓化，斑块形状各异，大小不一，少数隆起，多数凹陷，瓜皮颜色发生变化，后期斑块连片，组织硬化，表面龟裂，干燥时会形成网纹。

（二）发生原因

南瓜部分果皮木栓化是缺微量元素硼的一种表现。多数蔬菜吸收硼量远大于粮食和其他经济作物。因此，多年种蔬菜的土壤如果施用有机肥较少，又不施硼肥，就容易发生缺硼。缓冲能力较弱的沙壤土常发生缺硼。施用石灰过多，土壤呈碱性。降低了硼的有效性，也会导致缺硼。大水漫灌，浇水过多，土壤干旱，施用钾肥过多影响硼的吸收，也易发生缺硼。

（三）防治方法

（1）多施用有机肥，尤其是厩肥，以改良土壤、增强保水力；促进根系生长，提高对硼的吸收能力。对于沙壤土、有机质含量少的土壤、多年种菜的地块，更应适量施用硼肥。

（2）合理浇水，不要让土壤忽干忽湿，避免根系对硼的吸收能力降低。出现缺硼症状时，可向叶面喷施 0.10% ~ 0.25% 的硼砂或硼酸溶液。

四、西葫芦叶片破碎

（一）症状

识别早春露地小棚栽培的西葫芦，常因揭膜不当，造成叶片破碎，轻者叶缘发白、枯卷、碎破，重者整个叶片破散，不成样子。破碎影响叶片正常的生理功能，对西葫芦生长发育影响很大。

（二）发生原因

早春低温情况下扣小拱棚种植西葫芦，保证了西葫芦生长的温湿度要求，西葫芦正常生长发育。生长较快的叶片时常紧贴膜壁，易造成日烧，被灼部位干枯、发白，易破碎。更重要的原因是植株没有经过锻炼或锻炼不够，突然揭膜，使拱棚内植株由高温高湿环境一下子变为温度较低而空气干燥的环境，致死嫩叶尤其叶边缘不适应而焦枯，加之春风一吹，叶与地面摔打，叶片受害部位首先破碎，严重时整个叶片破碎。

（三）防治方法

（1）适期播种，适时定植，所扣小拱棚稍高稍宽些，避免揭棚前植株叶片贴附棚膜。

（2）做好肥水调控，促使壮秧。为此，应避免偏施、过施氮肥，增施磷钾肥。定植缓苗后控制灌水。

（3）外界最低温度稳定在 12℃ 以上适时揭膜。揭膜前一周要进行锻炼，先在背风向揭膜，风口逐日由小加大，临揭膜前 2 ~ 3 天迎风向揭膜，双向放风锻炼，然后选晴天上午揭膜。

（4）揭膜后及时灌水，保持植株充足水分，可明显减少叶片破碎。

五、西葫芦化瓜

（一）症状

"化瓜"即指西葫芦雌花开放后 3 ～ 4 天内，幼果前端褪绿变黄，变细变软，果实不膨大或膨大很少，表面失去光泽，前端萎缩，不能形成商品瓜，最终烂掉或脱落的现象。

（二）发生原因

由于授粉不良或没有授粉，子房内不能生成植物生长素，导致胚和胚乳不能正常生长，加上与营养生长争抢养分，供应雌花的养分不足，子房的植物生长素含量减少，不能结实而化瓜。

外因：

（1）温度过高，白天高于 35℃，夜间高于 20℃；或温度过低，白天低于 20℃，晚上低于 10℃，都会因呼吸消耗或根系吸收受阻等造成营养不良而化瓜。

（2）开花期如遇连续阴天或阴雨连绵，光合作用受影响，对光反应敏感的西葫芦雌花会因光照不足、子房发育不良而化瓜。

（3）密度大，叶面积指数达到 4 以上时，透光透气性降低，光合效率不高，消耗增加，每亩超过 3000 株时，叶子相互遮阴，化瓜率提高。

（4）如果肥水供应不足，根系不能很好发育，叶片小而发黄，影响光合作用，雌花营养供应不足而引起化瓜；如果肥水过多，特别是氮肥过多，植株徒长，空气湿度大引起病害，也会使化瓜率增加。

（5）白粉病、灰霉病、霜霉病和蚜虫等直接为害叶片和幼茎，造成生长不良而化瓜。

（6）如不及时采收商品瓜、畸形瓜、坠秧瓜，会使刚开放的雌花养分供应不良而化瓜；如将半成品全部采收，株上只剩下刚开放和未开放的雌花，由于顶端优势营养集中供给植株生长，造成徒长，也导致严重化瓜。

（三）防治方法

（1）使西葫芦生长白天温度在 25℃左右，夜温在 15℃左右，有利于碳水化合物的制造、运输和积累，化瓜可大大减少。

（2）为弥补光照不足，以每亩植 2000 株左右为宜。如遇到连续阴雨天，可叶面喷施糖氮素（0.2% 磷酸二氢钾 +1% 葡萄糖 +0.5% 尿素）改善植株营养状况。

（3）科学的肥水管理，早春栽培，注意雨天盖膜防止大雨淋花。

（4）及时采收，早摘畸形瓜、坠秧瓜，适时收商品瓜，不抢摘半成品商品瓜。

（5）化学处理，在开花后 2～3 天用 100～500 毫克/千克的赤霉素、100～200 毫克/千克的防落素喷洒，均能使小瓜长得快，不易化瓜。

六、西瓜化瓜

（一）症状

西瓜化瓜表现为瓜蔓变粗而脆，不易坐瓜；雌花开放时，瓜梗细且短，子房纤小，幼瓜易萎缩，这种现象称"化瓜"。化瓜主要表现为幼瓜发育一段时间后慢慢停止生长，逐渐褪绿变黄，最后萎缩坏死。

（二）发生原因

（1）西瓜为雌雄异花、虫媒花作物，如果在开花期遇到低温阴雨天气，就会影响正常的授粉受精而坐不住瓜。

（2）西瓜是强光照作物，光照不足会降低光合作用强度，光合产物减少，花器发育不良，植株生长不良，极易引起化瓜。

（3）过量施用氮肥，西瓜茎叶生长旺盛，生殖生长受到抑制，幼瓜会因营养供应不足而脱落。

（4）温、湿度过高保护地栽培西瓜时，由于温度高、湿度大，有利于营养生长，就会出现疯长现象而落花化瓜。

（5）西瓜栽植密度过大，或与高秆作物套种时行距偏小，造成田间郁闭，通风透光不良，营养生长旺盛，生殖生长受抑制而引起落花化瓜。

（6）在开花结瓜期水分供应不足，使雌花子房发育受阻而引起化瓜。

（7）病虫害防治不及时会导致西瓜生长不良而坐不住瓜。

（三）防治方法

（1）合理密植　西瓜种植密度应因品种而异，早熟品种每亩栽植

800株，中、晚熟品种500～800株。间作套种时要加大行距；保护地栽培不能过密，以植株间互不遮光为原则。

（2）合理追肥　浇水播种前施入充分腐熟的有机肥，无机肥料配合比例要合理，达到养分全面、供应均衡、缓急相济。在施足基肥的基础上，在西瓜坐住瓜之前应控制浇水施肥，待幼瓜长到拳头大小时，再重施肥水促瓜膨大。

（3）合理调节营养生长与生殖生长的关系　结瓜前期茎叶生长过旺或过弱都会导致落花化瓜，因此，应采取各种措施控制瓜秧徒长。如出现疯秧现象，可及时采用重压蔓、扭伤茎蔓顶端、扭伤坐瓜节位前的茎蔓等方法抑制茎叶生长；如植株生长过弱，要及时追施速效肥，增强植株生长势，促进开花结瓜。

（4）合理整枝　一般早熟品种留2条蔓，中、晚熟品种留3条蔓，整枝时应防止机械损伤而人为导致化瓜。西瓜需压蔓3～4次，要求做到留瓜节位与根之间轻压，靠近茎尖的几节重压。对生长过旺的品种，要在留瓜节位前3～4节将瓜蔓捏扁重压，并在坐瓜节位前5～6片叶时摘心。

（5）合理调节温度　西瓜坐瓜期适温25℃左右，低于8℃发育不良易产生畸形瓜。早春保护地栽培，在开花期以提高温度为主，但也要防止出现高温高湿现象。

（6）合理增加光照　西瓜是喜光作物，在低温弱光下结瓜率降低，所以要尽可能延长光照时间，增加光照强度，以提高坐瓜率。早春保护地栽培最好采用无滴膜、草苫等覆盖物，早揭晚盖，并保持棚面清洁，让西瓜多接受阳光。

（7）适时进行人工授粉　保护地栽培西瓜常因授粉受精不良而坐瓜率不高，采用人工授粉可显著提高坐瓜率。

（8）合理使用植物生长调节剂　生产上一般选择第二或第三雌花留瓜，对于坐瓜难的品种可在开花坐瓜期使用坐瓜灵或其他植物生长调节剂保瓜。

（9）及时防治病虫害　发现有病虫危害时，立即采取有效措施，对症下药，以减少病虫害造成的落花和化瓜。但应注意，在西瓜开花期尽量不要施药，以免影响授粉受精。

（10）注意防涝　西瓜生长后期特别不耐涝，应避免田间积水。如果田间湿度大，可在瓜下垫干草、瓦块等将瓜轻轻托起，以防化瓜。

七、西瓜急性凋萎病

（一）症状

在种植西瓜的过程中，会发现有西瓜急性凋萎病，严重时直接枯死，导致西瓜产量下降。

瓜类的急性凋萎主要发生在坐果至果实成熟阶段，尤其是收获前7～10天，在连续阴雨弱光下，根和叶的机能减弱，就容易发生急性凋萎。

病株的叶片，白天萎蔫，夜间略有恢复，3～5天后加重，以致枯死，没有死亡的病株茎蔓部呈畸形，膨大，维管束闭塞，水分输送受阻，使茎叶脱水而发生凋萎。

（二）发生原因

葫芦作砧木的嫁接西瓜容易发生急性凋萎病，南瓜作砧木发生急性凋萎病极少，冬瓜作砧木对急性凋萎病抗性强。坐果数与整枝方法影响发病，坐果过多、过度整枝的凋萎率高；高温、强光照及长期连阴雨都容易发病；地温高及嫁接接合面小，容易产生急性凋萎；缺镁时容易引起叶枯。

（三）防治方法

首先在苗期加强土壤和水分管理，施用移栽灵和复合芽孢杆菌促进根系强大，活力增强。为后期果实生长做好准备，则可避免急性萎蔫症。

（1）选用对急性凋萎病有较强抗性的砧木种类和品种　西瓜可用亲和性强、对其果实品质无不良影响、抗性强的南瓜砧或冬瓜砧，或者采用有抗性的西瓜共砧品种。

（2）增施镁肥　缺镁引起叶枯时，定植前土壤中施用碳酸镁，可以减少嫁接苗萎蔫病的发生。在果实膨大后期，叶面喷洒1%硫酸镁，可以大大减少急性萎蔫病的发生。

（3）其他　采用能使砧木与接穗接合完全的嫁接方法，同时加强田间管理，选用地下水位低的田块栽培；在嫁接苗生长过程中，要注意排水和供水均匀；避免坐果过多；整枝时要确保坐果的叶数；保持适度的茎叶数量，使水分蒸发减少一些，维持较强的根系活力；生长后期土温较高时，可采用地面覆草措施；控制氮肥的使用。

八、西瓜裂瓜

（一）症状

裂瓜多在生长后期、采收前期更容易发生，多表现横向或纵向不规则开裂，使其丧失商品价值，最后多造成腐烂。裂瓜为西瓜常见非侵染性病害，时有发生，因品种、管理水平、天气状况不同轻重程度差异较大，严重时显著影响西瓜生产。

（二）发生原因

裂瓜主要由以下几方面原因所致：

（1）品种特性　通常薄皮品种在生产过程中容易出现裂瓜，特别是在临近采收时容易发生。

（2）管理不当　瓜果膨大期间浇水不均或较长时间控水后突然浇大水致瓜皮开裂。

（3）瓜果在临近采收期天气暴晴暴雨，覆膜栽培在揭膜后空气湿度变化剧烈易造成裂瓜。

（三）防治方法

根据裂瓜原因，有针对性地采取预防措施，预防裂瓜。

（1）选择不易开裂的品种　一般颜色较深、果皮较厚的品种裂果较少。

（2）结果期合理浇水　避免西瓜在较长时间控水后，或严重缺水时突然猛浇大水，应分次浇水，水量逐渐由小到大。

（3）科学田间管理　保护地避免温度和湿度忽高忽低，并注意适时浇水和施肥。

九、西瓜畸形果

（一）症状

畸形瓜主要表现为大肚瓜、尖嘴瓜、偏头瓜。由于西瓜在花芽分化期或果实发育过程中，遇到不良环境条件和栽培管理不当容易形成畸形果，严重影响西瓜的品质和经济价值。

（二）发生原因

（1）在苗期花芽分化时，养分和水分供应不平衡，影响花芽分化。

（2）花芽分化时基质中缺少锰、钙等微量元素。

（3）在开花坐果期过于干旱或授粉不均匀导致产生畸形瓜。在果实发育期间水肥的不平衡也容易产生畸形瓜。

（三）防治方法

注意育苗基质营养的全面性，补施钙锰肥；加强苗期管理，注意温湿度的控制，创造有利于花芽分化的条件。开花坐果期注意采用人工辅助授粉，授粉时花粉要均匀涂抹在柱头上，合理施肥浇水。

十、西瓜日灼病

（一）症状

西瓜日灼病主要发生在夏季露地西瓜生长中后期的果实上，果实被强光照射后，出现白色圆形或椭圆至不规则形大小不等的白斑，病部上常腐生有杂菌。

（二）发生原因

日灼果是强光直接长时间照射果实所致。果实日灼斑多发生在朝西南方向的果实上。这是因为在一天中，阳光最强的时间是午后13～14时，此时太阳正处于偏西南方向。日灼斑的产生是由于被阳光直射的部位表皮细胞温度增高，导致细胞死亡。此外，水肥不足，导致植株生长过弱，枝叶不能遮挡果实，也会增加发病概率。

（三）防治方法

注意合理密植，栽植密度不能过于稀疏，避免植株生长到高温季节仍不能"封垄"，使果实暴露在强烈的阳光之下。有条件可进行遮阳网覆盖栽培。加强肥水管理，施用过磷酸钙作底肥，防止土壤干旱，促进植株枝叶繁茂。

十一、甜瓜化瓜

（一）症状

化瓜主要表现为幼瓜坐果两天后或发育一段时间后慢慢逐渐停止

生长，褪绿黄化，最后萎缩坏死。

甜瓜雌花开放后，子房不能迅速膨大，2～3天后开始萎缩黄化以至干缩或烂掉，这种现象俗称"化瓜"。甜瓜化瓜虽不及西瓜严重，但也有不同程度发生，特别是早春保护地栽培。

（二）发生原因

引起"化瓜"的原因很多，但主要有以下方面：

（1）没有授粉或受精　甜瓜雌花大多为雌雄两性花，有蜜腺，容易吸引昆虫授粉。但有时因连续阴雨降温，昆虫活动能力差或大棚条件下缺乏传粉昆虫，没有授粉受精的雌花，子房就不会膨大。

（2）雌花发育不良　原因是瓜蔓过于繁茂或由于连续阴雨而致光照不足。

（3）营养不平衡　甜瓜蔓叶生长过旺或过弱，营养物质分配不平衡，不利于果实的生长发育。

（4）干旱　开花期间土壤过于干旱。

（5）温度不适宜　春季大棚栽培中前期由于温度过低影响花粉的发育和花粉管的伸长。

（三）防治方法

为了防治甜瓜化瓜，提高坐果率，可以采取以下措施：

（1）人工辅助授粉　前一天下午采集次日将开的雄花或在当天清晨采集刚要开的雄花，剥去雄花花瓣，将雄花轻轻在雌花（结实花）柱头上碰一下即可。

（2）及时整枝摘心　整枝不但可以调节营养生长和生殖生长的矛盾，而且可改善通风透光条件，预留结果蔓雌花开放前2～3天应及时留2～3叶摘心，瓜坐稳后应适时打顶，使养分供应集中，促进果实膨大。

（3）激素处理　采用"番茄灵"（对氯苯氧乙酸）蘸花也可提高坐果率。方法是每天上午8～10时选择当天开放的雌花，用20毫克/升的药液蘸果柄。注意不要让子房沾上药。避免重复使用，以免发生裂果和畸形果。此法比人工授粉省工，坐果率达95%以上。

十二、甜瓜畸形果

（一）症状

甜瓜畸形果有偏果、瘦肩果、尖嘴果、扁平果、长形果、小果、双生果、裂果等。

偏果指的是一侧发育正常，另一侧发育不良，呈偏斜状的果实。

瘦肩果指的是果形上小下大的畸形果实，又称为梨形果。

尖嘴果与瘦肩果相反，指的是果形上大下小的畸形果实。

扁平果指的是横径明显大于纵径的果实。

长形果指的是纵径大于横径的果实。

小果指的是个体较小，达不到200克的果实。

双生果指的是上下双身或者左右双身的果实。

裂果指的是果实上形成大而深的裂口，并且裂口难以愈合。

（二）发生原因

偏果产生的主要原因是雌花授粉不均匀，病毒病的危害也可能导致偏果的产生。

瘦肩果的产生与果实发育早期的肥水供应有关。因为肥水管理而导致植株的生长势弱，单株坐果过多都可能会引起瘦肩果的产生。

因为甜瓜耐旱不耐涝，在果实膨大期过度灌水容易使植株受淹，使甜瓜植株根系的代谢受阻，产生尖嘴果。枯萎病危害引起的植株衰弱也可能引起尖嘴果的产生。

扁平果主要是留果的节位比较低、在结果发育过程中的温度较低、花期过度控水、结果期过度灌水施肥等原因引起的。

长形果产生的原因是高节位结果；在结果早期，功能叶大、完整，光合作用强，果实纵向发育良好，到结果后期，功能叶由于病虫的为害而发生早衰，从而导致果实横向发育较差。

小果产生的原因是植株营养不良；植株低节位早期结的果实；植株结果的数量太多；植株营养生长过旺，不能及时坐果，导致高节位产生小果。

在果实生长前期营养过剩会产生上下双身的果实，在果实生长后期营养过剩会产生左右双身的果实。

裂果主要与栽培品种、果皮硬化程度和含水量的影响有关。

（三）防治方法

1.扁平果防治方法

调节栽培季节和改善设施栽培的光温条件，前期适宜23～24℃，果实膨大期理想温度27～30℃。控制在适宜部位结果。植株生长势差的可以推迟结果。开花坐果期要注意水分供应，控水不可太狠。

2.长形果防治方法

适当降低坐果节位，加强坐果后期肥水管理，防止植株早衰。加强叶部病虫害防治，维持叶片功能。整枝控制不可太严，全株始终保留1～2个生长点，促其不断形成新叶，防止叶片过早衰老。

3.小果防治方法

前期加强肥培管理，促进营养生长。根据品种特性和栽培方式，合理整枝，控制结果部位。一般每株蔓留1～2果。植株生长势弱时可摘除幼果，促进营养生长，推迟结果。对生长旺盛的植株，应采用人工授粉，促进其坐果。在每天上午6～8时，用当天开的雄花去点当天开的雌花，轻轻碰2次，进行人工授粉。

4.裂果防治方法

选用采前裂果少的品种。合理灌水，在膨大期少灌水，果实生育后期多雨地区要加强排水，避免田间积水，控制果实膨大期以后的水分供应。保护果实附近叶片健全，防止果实直接暴露在阳光下。可在果实上盖草、盖叶，以免果皮提早硬化。

5.其他类型甜瓜畸形果防治方法

选用采前裂瓜少的品种。合理灌水，注意灌水时期和灌水量，在膨大期少灌水，瓜生育后期多雨地区要加强排水，避免田间积水，控制瓜膨大期以后的水分供应。保护瓜附近叶片健全，防止瓜直接暴露在阳光下。可在瓜上盖草、盖叶，以免瓜皮提早硬化。

十三、西葫芦大肚瓜

（一）症状

西葫芦果实中部或顶部异常膨大。

（二）发生原因

虽然已经授粉，但果实受精不完全，仅仅在先端形成种子，由于种子发育过程中会产生生长素，从而吸引较多的养分运输至该处，所以先端果肉组织优先发育，特别肥大，最终形成大肚瓜。养分不足、供水不均、植株生长势衰弱时，极易形成大肚瓜。在缺钾的情况下更易形成大肚瓜。

（三）防治方法

保证水肥充足供应，且要均匀，尤其要确保钾肥的供应，从而维持植株旺盛的长势。人工授粉的操作要精细、周到、充足，使花粉均匀地散落在雌花柱头上。

十四、西葫芦蜂腰瓜

（一）症状

果实的一处或多处出现状如蜂腰似的形状，将蜂腰瓜剖开，常会发现变细部分果肉已龟裂而成空洞。

（二）发生原因

西葫芦雌花授粉不完全，授粉后，营养物质供应不足，干物质积累少，易形成蜂腰瓜。高温干燥，低温多湿，植株长势弱会助长蜂腰瓜的产生。硼素的吸收不足，引起细胞分裂异常，子房发育过程中产生蜂腰现象。也有研究发现缺钾也易出现蜂腰瓜。

（三）防治方法

加强植株营养管理，特别是坐果期要做好温度、湿度、光照、水肥等管理工作，保证植株有充足的养分积累。增施腐熟农家肥和硼钾肥，保持各种元素营养平衡。及时采收商品瓜，保持植株生长旺盛。

十五、西葫芦化瓜

（一）症状

西葫芦生长过程中，雌花开放不长时间，瓜胎变黄、脱落，或者本已开始膨大的瓜突然中止生长，且瓜胎逐渐变黄、变软，这种现象称为化瓜。长到一定大小的幼瓜生长停止，逐渐变黄萎缩，最后干枯、脱落，表现为花和果实逐渐变黄萎缩（图2-2）。

图2-2　西葫芦化瓜症状

（二）发生原因

温室早期温度过低、后后期温度过高导致花粉发育不良，雌花未能受精，不能形成种子，生长素（IAA）合成不足，导致化瓜；人工授粉不及时也易导致化瓜；早春低温，短日照影响坐瓜，肥水管理不当，植株徒长造成化瓜。

（三）防治方法

1.农业防治

促进植株正常生长发育，加强保温措施，加强肥水管理，防止土壤水分和氮肥过多造成徒长。摘除侧枝，及时疏花疏果。根据植株长势及时采收，弱株应尽量早采收，旺株上部雌花较多可适当早采收，徒长株应适当晚采收。进行人工授粉。

2.药剂防治

可用25～30毫克/千克的2,4-D 50毫克/千克的防落素（番茄灵）涂抹花梗，用80～150毫克/千克的赤霉素喷果。

十六、佛手瓜叶烧病

（一）症状

佛手瓜叶烧病的危害症状：多发生在棚室中接近棚膜的瓜叶上。一般棚室向阳面低矮，佛手瓜成株后叶片很容易接触棚膜，造成叶烧。发生初叶面上出现小的白色斑块，形状不规则，扩大后呈白色至黄白色斑块，轻的可造成叶缘烧焦，重的导致半叶以上乃至全叶烧伤。叶烧病后期有腐生菌。易与其他病害混淆。

（二）发生原因

佛手瓜叶烧病是由高温引起的生理病害。棚内高温，在强光下的中午，放风不及时易引起叶烧病发生。另外，棚室近地面整枝应尽量短，不使瓜叶贴近棚膜。

（三）防治方法

（1）棚室栽植的佛手瓜因地制宜选择耐热品种。

（2）加强棚室管理，棚温超过30℃以上，要立即通风降温。对阳光照射过强的区域，棚室内外温差大不便放风时，可采用遮阳网遮阴方法，有条件的可采用反光幕。当地面或近地面温度过高，湿度低时应少量喷水，临时降温，增加湿度。

（3）采用高温闷棚法防治霜霉病，应根据栽培品种耐温性能，严格掌握闷棚温度和时间，应在闷棚前1天晚上浇水，以增加佛手瓜抗热能力。

（4）对已发生叶烧病的棚要加强管理，及时喷施亿安神力（微生物肥）50～100倍液或其他高效叶面肥，增强植株抗逆性。

十七、黄瓜沤根

（一）症状

沤根是育苗期常见病害，发生沤根时，根部不发新根或不定根，根皮发锈后腐烂，致地上部萎蔫，且容易拔起，地上部叶缘枯焦。严重时，成片干枯，似缺素症。

（二）发生原因

地温低于12℃，且持续时间较长，再加上浇水过量或遇连阴雨天气，苗床温度和地温过低，瓜苗出现萎蔫，萎蔫持续时间一长，就会发生沤根。沤根后地上部子叶或真叶呈黄绿色或乳黄色，叶缘开始枯焦，严重的整叶皱缩枯焦，生长极为缓慢。在子叶期出现沤根，子叶即枯焦；在某片真叶期发生沤根，这片真叶就会枯焦，因此从地上部瓜苗表现可以判断发生沤根的时间及原因。长期处于5～6℃低温，尤其是夜间的低温，致生长点停止生长，老叶边缘逐渐变褐，致瓜苗干枯而死。

（三）防治方法

（1）畦面要平，严防大水漫灌。

（2）加强育苗期的地温管理，避免苗床地温过低或过湿，正确掌握放风时间及通风量大小。

（3）采用电热线育苗，控制苗床温度在16℃左右，一般不宜低于12℃，使幼苗苗壮生长。

（4）发生轻微沤根后，要及时松土，提高地温，待新根长出后，再转入正常管理。

十八、黄瓜化瓜

（一）症状

刚坐下的幼瓜、果实在膨大时中途停止，由瓜尖至全瓜逐渐变黄，干瘪，最后干枯，俗称为化瓜。黄瓜出现少量化瓜（约占1/3）是植株自我调节的正常现象。但大量化瓜则属异常，往往与品种不适、管理不当、天气异常等因素有关（图2-3）。

图2-3　黄瓜化瓜症状

（二）发生原因

花芽分化受阻易引起化瓜。育苗期温度经常低于10℃以下的低温，可能导致花芽分化不正常而化瓜。温度过高，水、肥过大，秧苗徒长时花芽得不到充足的养分，分化受阻，易引起化瓜。干旱缺水、光照不足时也会造成花芽分化不良，引起化瓜。生长期植株的营养生长过旺，抑制了生殖生长，营养集中在茎叶上时，也易发生化瓜，特别是在甩蔓期，过早地追肥浇水，往往使根瓜化瓜而发生徒长。生长期中高温、干旱、缺肥、氮肥过多易造成化瓜。连续低温、阴天易引起化瓜。气体浓度不适会引起化瓜，主要是棚内缺少二氧化碳。过分密植易引起化瓜。根瓜采收不及时易引起化瓜。病虫害危害易引起化瓜。霜霉病、白粉病、炭疽病、角斑病、枯萎病、灰霉病，病害直接侵害叶片、根茎维管组织和嫩瓜而影响光合作用，影响物质的运输及嫩瓜的正常发育。蚜虫、白粉虱危害严重时也会引起化瓜。因品种结实力较强，而营养跟不上引起化瓜。

（三）防治方法

（1）因花芽分化受阻造成的化瓜，可采取培育黄瓜壮苗的办法来解决。育苗期内严格控制温度、湿度、光照及肥料，培育壮苗。

（2）因苗期低温造成的化瓜可以采用叶面喷 1% 磷酸二氢钾 +1% 葡萄糖 +1% 尿素来补救。为防止苗期徒长造成化瓜，可在 1 叶 1 心和 3 叶 1 心期用 150～200 克/千克浓度的乙烯利喷洒秧苗，防止徒长，促成雌花，提高产量。

（3）因营养生长过旺造成的化瓜，可采取协调生殖生长和营养生长的办法来解决。如推迟追肥和浇水期，控制氮肥的施用等。已发现植株生长旺、造成化瓜时，可喷 100 毫克/千克乙烯利促进雌花的发生。当植株节间过长，生长细弱，有徒长迹象时可喷 20 毫克/千克的矮壮素，抑制徒长，防止化瓜，促进瓜条生长。

（4）因高温、干旱、缺肥、氮肥过多等原因造成的化瓜，可采取降低温度、适时灌水、增施磷钾肥的办法解决。生产上常采用灌人粪尿（500～700 千克/亩）和叶面喷施 0.3% 磷酸二氢钾 +0.5% 尿素 +1% 葡萄糖混合液来克服氮肥过多造成的化瓜。

（5）因连续低温、阴天造成的化瓜可采取以下措施：叶面喷施 1% 磷酸二氢钾 +1% 葡萄糖 +1% 尿素（主要在苗期使用）；越冬黄瓜，在结瓜期用 100 克/千克赤霉素（即 1 克赤霉素加水 10 千克）喷花，可促进瓜条生长，并防止低温化瓜；在黄瓜开花后 2～3 天用 500～1000 克/千克的细胞激动素喷洒小瓜，能加速小瓜生长，防止低温化瓜；在黄瓜 7 叶时，喷 0.2% 的硼酸水溶液进行保瓜，防止化瓜脱落；配 50～100 毫克/千克赤霉素 +40 毫克/千克萘乙酸混合液，用毛笔顺瓜涂、点涂雌瓜或用手持喷雾器喷瓜，均能减少化瓜，且瓜条膨大速度快，增产增收。

（6）因缺少二氧化碳造成的化瓜，可采取温室二氧化碳增肥法来解决。

（7）因过分密植造成的化瓜，可采取合理密植的方法来解决。春早熟黄瓜的密度以 4000 株/亩为宜，秋延后黄瓜的密度以 5000 株/亩为宜，越冬茬黄瓜的密度以 3500～4000 株/亩为宜。

（8）因根瓜采收不及时造成的化瓜，可适时采摘根瓜。这种情况，往往在初种黄瓜的栽培者身上发生，若田间出现由于根瓜采摘晚而造成化瓜时，可采取追施人粪尿和根外喷施磷钾肥的方法来弥补。

（9）因病虫害造成的化瓜，可通过加强病虫害的防治、喷施一些植物生长调节剂和加强肥水管理、提高黄瓜抗病性、促进健壮生长等方法来解决。在黄瓜上常用的植物生长调节剂主要有 500 倍液绿风 95（喷雾）、1000 倍液的植物动力 2003（喷雾）。

（10）因品种结实力较强造成的化瓜，栽培中根据不同季节、不同的栽培设施，选用合适的栽培品种。一般选用津杂 2 号、津杂 4 号、津春 3 号、津优 1 号、津优 2 号、津绿 3 号。在秋后，冬季、春季温室大棚中，有良好的栽培管理措施下化瓜较轻。新泰密刺、长春密刺等品种，由于其节节有瓜，一节多瓜，在肥水管理跟不上、病虫害严重时，往往表现为较重的化瓜现象。

十九、黄瓜叶烧病

（一）症状

黄瓜叶烧病多发生在保护地栽培中，植株中、上部叶片因受光照和水分等环境影响而产生。发病初期在叶脉之间出现褪绿水渍状小斑点，形状、大小不一，随后逐渐发白，叶脉尚留有绿色，整张叶片成"麻花脸"。

（二）发生原因

黄瓜叶烧病是一种生理性病害，多发生在保护地早春栽培的黄瓜生长中后期。由于连续阴雨季节过后天气转晴，气温回升快，光照强，在植株中、上部叶片，靠近保护地的顶膜附近的叶片容易发生。在秋延后设施黄瓜栽培中，由于光照强烈，加上浇水不当，也易诱发此病。

（三）防治方法

（1）保持适当温度　保护地温度控制在 20 ~ 25℃之间，温度过高时要及时通风降温。

（2）光照调控　黄瓜生长中后期，由于光照较强，可用揭去边膜或顶膜、覆盖遮阳网等方法来减弱强光的影响。

避免高温闷棚时间过长，温度不能超过 45℃。

二十、黄瓜低温障碍

（一）症状

黄瓜遇冰点以上低温即寒害，常表现出多种症状，轻微者叶片出现黄化，虽不坏死，但不能进行正常生理活动。低温持续时间长，造成不发根。苗期沤根，地上茎粗短不往上长，植株不伸展。还会造成花芽不分化，较重的引致外叶枯死或部分真叶枯死，严重植株呈水浸状，后干枯死亡。达冰点组织受冻，水分结冰，解冻后组织坏死、溃烂。

（二）发生原因

黄瓜低温障碍的发病特点是该病属于生理病害而不是病毒侵染。该病害常发生于早春或晚秋，遇寒流或突然降温、降雨。冰点以上的低温称为寒害，冰点以下称冰害。黄瓜喜温，耐寒力弱，10℃以下就会受害，特别是低于 3 ～ 5℃，生理机能出现障碍，地温在 10 ～ 12℃黄瓜根毛原生质就停止活动，湿冷比干冷危害更大。低温时细胞渗透压降低，水分供求失衡，植株受寒害，当达到冰冻时，细胞间的水分结冰，细胞中水分析出，导致细胞脱水或造成涨裂坏死。近年来，国内外研究证明，植物体上存在具冰核活性的细菌（简称 INA），是促使植物发生霜冻的因素之一，这类细菌可在 −2 ～ −5℃时诱发植物细胞水结冰而发生霜冻。

（三）防治方法

（1）选用发芽快、出苗迅速、幼苗生长快的耐低温品种。目前我国已选育出一批在 10 ～ 12℃条件下也能萌发出苗的耐低温品种。生产上目前推广的耐低温弱光品种有：中农 7 号、津优 3 号、津春 5 号、中农 5 号、农大 12 号等。

（2）采用春化法把泡涨后快发芽的种子置于 0℃冷冻 24 ～ 36 小时播种，不仅发芽快，还可增强抗寒力。

（3）黄瓜播种后种子萌动时，温室应保持在 25 ～ 30℃。室温低于 12 ～ 15℃多数种子不能萌发。出苗后白天保持 25℃，夜温应高于15℃。同时对幼苗进行低温锻炼。当外界气温在 17℃以上时，应提早揭膜炼苗。黄瓜对低温忍耐是一个生理适应的过程。生产上要在揭膜前 4 ～ 5 天加强夜间炼苗，只要是晴天，夜间应把膜揭开，由小到大逐渐撤掉。经过几天锻炼之后叶色变深，叶片变厚，植株含水量降低，束缚水含量提高，过氧化物酶活性提高，原生质胶体黏性、细胞内渗透调节物质的含量增加，可溶性蛋白、可溶性糖含量提高，抗寒性得到明显提高。

（4）适度蹲苗，尤其是在低温锻炼的同时，采用干燥炼苗与蹲苗结合，对提高抗寒能力作用更为明显。但蹲苗不能过度，否则会影响缓苗速度和正常生长发育。推广浇足定植水后，适时中耕松土 2 ～ 3 次促根下扎。科学安排播种期和定植期。

（5）采取有效的保温防冻措施。黄瓜不同生育期对温度的要求不同：苗期对低温的适应能力与降温的快慢和幼苗锻炼程度有关，骤然降温或幼苗未经锻炼在 2 ～ 3℃就会枯死，在 5 ～ 10℃就有受冷害的可能。经过低温锻炼的幼苗，即使室温降至 2 ～ 3℃，忍耐时间也能长一些。一般情况下，黄瓜植株在 −2 ～ 0℃就被冻死，5 ～ 10℃有遭受冷害的可能，低于 5℃就受冻害，10 ～ 12℃以下生理活动失调，生育缓慢或停止生育。所以 5℃是黄瓜的"临界温度"，10℃是黄瓜的"经济最低温度"。黄瓜生育的界限温度为 10 ～ 32℃，光合作用最适宜温度 24 ～ 32℃，35℃时光合产量和呼吸消耗处于平衡状态。35℃以上时则呼吸作用消耗大于光合作用的合成，40℃以上光合作用衰退，生长停止。

（6）发生寒流侵袭时，应马上采用加温防冻措施。为促进黄瓜的光合作用可补施二氧化碳气肥。喷洒 72% 农用链霉素可溶性粉剂 4000 倍液，可使冰核细菌数量减少，喷洒 27% 高脂膜乳剂 80 ～ 100 倍液或巴姆兰丰收液膜 200 倍液有一定的预防作用。在寒流侵袭之前每亩喷植物抗寒剂 100 ～ 200 毫升，或 10% 宝力丰抗冷冻素 400 倍液，还可喷 3% ～ 5% 的蔗糖液，提高植株的抗寒性。

二十一、黄瓜褐色小斑病

（一）症状

保护地内早春栽培的黄瓜易出现褐色小斑症，多在真叶展开达 14 ～ 15 片以后发生在中下部叶片上。该病由多种原因引发，但症状相似，具有共同特征。发病叶片先是在大叶脉旁边出现白色至褐色条斑（点线状小斑点），发病早期条斑受叶脉限制而不连片，条斑紧靠大叶脉。条斑处叶肉坏死，大叶脉间的叶肉上还有零散的褐色斑点。叶片背面与叶片表面条斑相对应的位置呈白色。随着病情发展，叶柄附近条斑相连。

（二）发生原因

关于发病原因，目前尚有许多不明之处。

（1）锰过剩症引起的叶脉褐变　叶内锰的含量过高，一般先从网状支脉开始出现褐变，然后发展到主脉，形成"褐脉叶"。如果锰的含量继续增高，则叶柄上的刚毛变黑，叶片也开始枯死。锰过剩可能是因为土壤中的锰被激活成可吸收状态，但有时则是由于频繁使用含锰农药所致。

（2）低温多肥引起的生理障碍　在低温多肥的情况下，沿叶脉出现黄色小斑点，并逐渐扩大为条斑，近似于褐色斑点。其发病多在下位老叶，而且是从叶片的基部主叶脉附近的叶肉开始，集中在几条主叶脉上，呈向外延伸状。从症状特异、集中发病等情况考虑，可能是某些特定品种在低温多肥的环境下产生的一种生理障碍。

也有一些人认为这是低温多肥引起的生理性褐变，属锰过剩的慢性发作，但发病机制尚不十分清楚。土壤偏酸性，土质黏重，有机质含量高，土壤湿度大时，活性锰含量高。因此，种植年限较长的棚室，土壤往往酸化，当大量施用有机肥，遇土壤低温、高湿时，土壤中的锰呈还原状态，活性增加而易被植株吸收，造成锰中毒。另外，不同品种对锰过剩的忍耐能力不同，一般喜长日照的耐热的夏季型黄瓜品种在棚室内栽培时，在低温、短日照时期易出现褐色小斑症，低温会助长病情发展。

（三）防治方法

（1）科学选种　选用喜短日照且耐低温、弱光的品种，如山东密刺、新泰密刺、津春 3 号、中农 5 号、津优 2 号、中农 13 号等。

（2）改良土壤　把土壤酸碱度调整到中性，避免在过酸、过碱的土壤上种黄瓜。

（3）加强管理　施用充分腐熟的有机肥，适时、适量追肥。要注意钙的施用，土壤缺钙易导致锰元素过剩。出现褐色小斑症，可喷施含磷、钙、镁的叶面肥。定植后，注意增温、保温，适量浇水，土壤不能过湿或过干。

（4）药剂防治　由菊苣假单胞病引发的褐色小斑症，通常在叶片背面有菌脓，确诊后可喷农用链霉素、细菌杀星等防治细菌性病害的药剂。

二十二、黄瓜苦味瓜

（一）症状

一般情况下，黄瓜的味道是清香略带有微甜，但偶尔大家也会吃到味苦的黄瓜。黄瓜产生苦味，跟一种苦味素（葫芦素 C）有关，这种苦味素在黄瓜中含量过高会造成黄瓜发苦。

（二）发生原因

由于生产中氮肥施用过量或磷、钾不足，特别是氮肥施用突然过量造成植株徒长，坐瓜不整齐，在侧枝、弱枝上结出的瓜易出现苦味。此外，如遇低温寡照天气特别是阴天，黄瓜的根系或活动受损，吸收的水分和养分少，瓜条生长缓慢，往往在根系和下部瓜中积累更多的苦味素而导致瓜有苦味。苦味还有遗传性，叶色深绿的苦味多。苦味多发生在近瓜柄处，先端部分很少出现。

（三）预防措施

（1）选用无苦味的品种如津杂、津春系列等。

（2）加强温度的管理，苗期及结瓜初期温度应控制在 13℃以上，结瓜后期控制在 32℃以下；勤灌水，避免水分亏损，根瓜控水要适度，不可过度控水。

（3）平衡施肥，合理供应各种矿物质元素，施肥时掌握氮磷钾配比在 5 ∶ 2 ∶ 6，避免氮肥过多或过少。

（4）生育后期采用叶面喷肥，确保植株健壮生长。此外，喷洒生物制剂健植宝也可有效预防苦味瓜的发生。

二十三、黄瓜畸形瓜

（一）症状

黄瓜在生长后期（尤其是保护地黄瓜）畸形瓜发生较多，主要有弯曲瓜、尖嘴瓜、大肚瓜和细腰瓜，使黄瓜失去商品价值，影响种植效益。

（二）发生原因

1.弯曲瓜

长形果品种易形成弯曲瓜，严重时不具备商品价值。生理原因多与营养不良、植株细弱有关，尤其在高温或昼夜温差过大、过小，光照少的条件下易发生；有时水分供应不当，结瓜前期水分正常，后期水分供应不足，或病虫危害，均可形成弯曲瓜。

2.尖嘴瓜

果柄附近粗，先端细。单性结实力低的品种受精不良时形成尖嘴瓜，单性结实力强的品种不经授粉在营养条件好的情况下能发育成正常瓜，否则会形成尖嘴瓜。

3.大肚瓜

瓜条前端部分肥大，而中间及基部反而变细。这是由于雌花受粉不充分，受粉的先端肥大，而由于营养不足、水分不均、中间及基部发育迟缓而造成的。

4.细腰瓜

果柄基部和顶端正常，在瓜条中间部分缢缩，是由于营养和水分供应不均衡造成的，同化物质积累不均匀，就会出现细腰瓜。

（三）防治方法

（1）发现畸形瓜时及早摘除，以降低营养消耗。

（2）注意棚室内温湿度的调节，肥水供应要及时均衡，避免发生生理干旱现象。

（3）叶面多喷洒一些植物调节剂，如绿风95、"惠满丰"等。

二十四、黄瓜花打顶

（一）症状

在黄瓜苗期或定植初期最易出现花打顶现象，其症状表现为生长点不再向上生长，生长点附近的节间长度缩短，不能再形成新叶，在生长点的周围形成雌花和雄花间杂的花簇。花开后瓜条不伸长，无商品价值，同时瓜蔓停止生长。

（二）发生原因

1.干旱

用营养钵育苗，营养钵与营养钵之间距离要适当，靠得不要太近。苗期水分管理不当，定植后控水蹲苗过度造成土壤干旱。地温高，浇水不及时，新叶没有发出，导致花打顶。

2.肥害

定植时施肥量大，肥料未腐熟或没有与土壤充分混匀，或一次施肥过多（尤其是过磷酸钙），容易造成肥害。同时，如果土壤水分不足，溶液浓度过高，使根系吸收能力减弱，使幼苗长期处于生理干旱状态，也会导致花打顶。

3.低温

温室保温性能不好或育苗期间遇到低温寡照天气，夜间温度低于15℃，致使叶片中白天光合作用制造的养分不能及时输送到其他部分而积累在叶片中（在 15～16℃条件下同化物质需 4～6 小时才能运转出去），使叶片浓绿皱缩，造成叶片老化，光合机能急剧下降，而形成花打顶。另外，白天长期低温也易形成花打顶。同时，育苗期间的低温、短日照条件，十分有利于雌花形成，因此，保温性能较差的温室所育的黄瓜苗雌花反而多。

4.伤根

在土温低于 10～12℃、土壤相对湿度 75% 以上时，低温高湿，造成沤根，或分苗时伤根，长期得不到恢复，植株营养不良，出现花打顶。

5.药害

喷洒农药过多、过频造成较重的药害。

（三）防治方法

1.疏花

花打顶实际是植株生殖生长过于旺盛，营养生长太弱的一种表现，因此先要减轻生殖生长的负担，摘除大部分瓜纽。需要特别注意的是，在温室冬春季黄瓜定植不久，由于植株生长缓慢，往往在生长点处聚集大量雌花（小瓜纽），常被误认为是花打顶，其实，只要进行正常的浇水施肥，待黄瓜节间伸长后，这一聚集现象会自然消失。一些无经验的菜农将其误诊为花打顶，按防治花打顶的方法进行疏瓜处理，会贻误结瓜最佳时期，造成惨重损失。

2.叶面喷肥

通过摘掉雌花等方法促进生长后喷施 0.2% ～ 0.3% 的磷酸二氢钾，也可喷施促进茎叶快速生长的调节剂，或硫酸锌和硼砂的水溶液，还可喷专治花打顶的药剂——"花打顶"（每袋加水 50 千克）。

3.水肥管理

发生花打顶后，浇大水后密闭温室保持湿度，提高白天和夜间温度，一般 7 ～ 10 天即可基本恢复正常，其间可酌情再浇 1 次水，以后逐渐转入正常管理。适量追施速效氮肥和钾肥（硝酸钾或硫酸钾）。

4.温度管理

育苗时，温度不要过高或过低。应适时移栽，避免幼苗老化。温室保温性能较差时，可在未插架前，夜间加盖小拱棚保温。定植后一段时间内，白天不放风，尽量提高温度。

第三章
瓜类贮藏期病害

一、黄瓜的主要贮藏病害

（一）症状

黄瓜原产于印度及东南亚热带地区，又名青瓜、胡瓜，供食用的是脆嫩果实，含水量很高，采收后在常温下存放几天就开始衰老，表皮由绿色逐渐变成黄色，瓜的头部因种子继续发育而逐渐膨大，尾部组织萎缩变糠，瓜形变成棒槌状，果肉绵软，酸度增高，食用品质显著下降。黄瓜质地脆嫩，易受机械损伤，瓜刺（刺瓜类型）容易脱落，形成伤口流出汁液，从而感染病菌引起腐烂，也会出现一些贮藏病害。黄瓜贮藏中的病害主要有炭疽病、细菌性软腐病、腐霉病和根霉病等。

（1）黄瓜贮藏中的炭疽病表现为：瓜条染病，病斑近圆形，初为淡绿色，后成黄褐色，病斑稍凹陷，表面有粉红色黏稠物，后期开裂。

（2）黄瓜细菌性软腐病表现为：发病初期，病斑为水浸状褪绿色圆斑，扩大后稍凹陷，病部发软，病斑逐渐变为淡褐色，仔细观察可见周围有黄色晕圈，病部由外向里呈软腐状，并具有腥臭味。

（3）黄瓜腐霉病症状，需仔细辨识。在高湿条件下发生的叶腐较易识别。清晨有露水时，果实上有白色棉絮状的菌丝体，并呈现油滑的外观。可切取病部，放入塑料袋中，封口，置于温度较高的场所，几小时后，就会散发鱼腥味，并长出白色菌丝。

（4）黄瓜根霉病在果上初生白色棉絮状菌落，后变灰黑色，散发出浓厚的酒精气味，后期生出蓝绿色霉状物。

（二）病原特证

（1）黄瓜炭疽病的病原物是葫芦科刺盘孢菌（*Colletotrichum orbiculare*），该菌属于半知菌亚门真菌。病菌以菌丝体或拟菌核在种子上或随病残体在土壤中越冬。

（2）黄瓜细菌性软腐病病原物主要是胡萝卜软腐欧文氏菌胡萝卜软腐致病变种［*Erwinia carotovora* subsp. *carotovora* (Jones) Bergey et al.］，属细菌。菌体短杆状，大小为（1.2～3.0）微米×（0.5～1.0）微米。在 PDA 培养基上菌落呈灰白色，变形虫状，可使石蕊牛乳变红，明胶液化。病菌发育适温 2～40℃，最适温度 25～30℃。50℃经 10 分钟致死，适宜 pH5.3～9.3，最适 pH7.3。病原菌在病残体上或土壤中越冬，经伤口或自然裂口侵入，接触传播蔓延。

（3）黄瓜腐霉病病原物腐霉菌［*Pythium aphanidermatum* (Edson) Fitzpatrick］，是适应性较强的真菌。该菌是世界广布种，危害多种植物，引起幼苗猝倒、成株根腐、茎腐、萎蔫和果腐等。可能由多种腐霉菌引起。腐霉科为霜霉目中最原始的 1 类，是水霉目进化到霜霉目的过渡类型，其中低等类型接近水霉，高等类型接近霜霉。低等种类生于水中或土中，孢子囊不脱落，与菌丝分化不明显，萌发时多形成游动孢子；高等种类陆生，孢子囊易脱落，萌发时产生游动孢子或直接生芽管。腐霉科腐生于水体或土壤中，或寄生于植物。

（4）黄瓜根霉病原物是匐枝根霉或黑根霉［*Rhizopus stolonifer* (Ehrenb. exFr.) Vuill.］，属接合菌亚门真菌。孢子囊球形至椭圆形，褐色至黑色，直径 65～350 微米，囊轴球形至椭圆形，膜薄平滑，直径 70 微米，高 90 微米，具中轴基，直径 25～214 微米；孢子形状不对称，近球形至多角形，表面具线纹，似蜜枣状，大小为（5.5～13.5）微米×（7.5～8.0）微米，褐色至蓝灰色；接合孢子球形或卵形，直径 160～220 微米，黑色，具瘤状突起，配囊柄膨大，两个柄大小不一，无厚垣孢子。病菌寄生性不强。该菌分布普遍，经常能从各种果实、粮食上分离出来。生长适温 30℃、相对湿度 90%

以上，属湿生性菌。

（三）防治方法

特别要说明的是，主要贮藏病害要从生长期就开始防治，并加强贮藏工艺。

1.生长期防治

（1）加强田间管理，注意通风透光和降低田间湿度，减少田间侵染。

（2）及时拔除病株，用石灰消毒减少田间初侵染和再侵染源。

（3）避免大水漫灌。

（4）喷洒50%琥胶肥酸铜可湿性粉剂500倍液，或14%络氨铜水剂300倍液，或30%绿得保胶悬剂400倍液，或77%可杀得可湿性粉剂500倍液。

（5）采收、装卸时要轻拿轻放，防止碰撞造成伤口。

（6）采后贮藏在低温冷藏库中。

贮存期1个月以上的可在入贮前用杀菌剂（如特克多）加涂膜剂（如虫胶、可溶性蜡剂）混合浸果处理，以延长保鲜期。

2.贮藏工艺

（1）选瓜　采收贮藏用的黄瓜最好是采收植株中部生长的瓜，俗称"腰瓜"；切勿采收接连地面的瓜来贮藏，因为连地瓜与泥土接触，瓜身带有许多病菌，容易腐烂；也不要采收植株顶部的结头瓜来贮藏，因为这种瓜是植株衰老枯竭时的后期瓜，瓜的内含物不足，在外形上也表现不大规则，贮藏寿命短。黄瓜采收时期应做到适时早收，要求在瓜身碧绿、顶芽带刺、种子尚未膨大时进行，即选直条、充实的中等成熟绿色瓜条供贮藏用。过嫩的瓜含水多，固形物少，不耐贮藏；黄色衰老的瓜商品价值差，也不宜贮藏。需要贮运时间长的商品瓜应在清晨采收，以确保瓜的质量。

（2）采后处理与包装黄瓜　采后要对果实进行严格挑选，去除有机械伤痕、有病斑等不合格的瓜，将合格的瓜整齐地放在消过毒的干燥筐（箱）中，装筐容量不要超过总容量的3/40。如果贮藏带刺多的瓜要用软纸包好放在筐中，以免瓜刺相互扎伤，感病腐烂。为了防止黄瓜脱水，贮藏时可采用聚乙烯薄膜袋折口作为内包装，袋内放入约占瓜重 1/30 的乙烯吸收剂，或在堆码好的包装箱底与四壁用塑料薄膜铺盖。

（3）贮藏运输中控制的条件

① 温度　黄瓜的适宜贮藏温度很窄，最适温度为 10～13℃，10℃以下会受冷害，15℃以上种子长大、变黄及腐烂明显加快，有机械制冷设备的冷库是较理想的场所。

② 湿度　黄瓜很易失水变软萎蔫，要求相对湿度保持在 95% 左右，可采用加塑料薄膜包装，防止失水。

③ 气体　黄瓜对乙烯极为敏感，贮藏和运输时须注意避免与容易产生乙烯的果蔬（如番茄、香蕉等）混放，贮藏中用乙烯吸收剂脱除乙烯对延缓黄瓜衰老有明显效果。黄瓜可用气调贮藏，适宜的气体组成是 O_2 和 CO_2 均为 2%～5%。

二、贮藏期冬瓜疫病

（一）症状

贮藏期冬瓜疫病主要侵害茎、叶、果各部位，整个生育期均可发病。苗期染病，茎、叶、叶柄及生长点呈水渍状或萎蔫，后干枯死亡。成棵染病多从茎嫩头或节部发生，初为水浸状，病部失水萎缩，病部以上叶片迅速萎蔫，维管束不变色。叶片受害，先出现水浸状，后形成不规则形灰绿色病斑，严重的叶片枯死。果实染病，初现水浸状斑点，后病斑凹陷，有时开裂，溢出胶状物，病部扩大后引致瓜腐烂，表面常产生白霉。

（二）病原特征

冬瓜疫病的病原物为甜瓜疫霉［*Phytophthora melonis* (Katsur)］。菌丝丝状，无色，无隔，老熟菌丝有球状体。孢囊梗无隔细长，分枝，顶生单胞，无色，卵圆形，顶部有乳突的孢子囊。有性时期产生淡黄色、球形的卵孢子。

（三）病害发生规律及流行特点

菌丝体或卵孢子及厚垣孢子随病残体在土壤中越冬。翌年温湿度适合，产生孢子囊，经雨水、流水传播。冬瓜疫病的发生，在一定温度条件下，与冬瓜生长期间雨情关系密切，降雨多的年份发病多，降雨量正常则发病轻，病害迅速蔓延。同样雨水量条件下疫病的发生还与排灌和施肥等管理技术有关。不合理灌溉，或地势低洼、排水不良、电子地、施未腐熟带有病残体的厩肥及偏施氮肥，尤其偏施速效氮肥，发病重。

（四）防治方法

（1）选用抗病品种。青皮荷白粉的冬瓜品种较抗病，如广东南海青皮冬瓜。黑皮冬瓜等也可选用。

（2）收获后及时清洁田园，把病残体集中烧毁或深埋。

（3）与非瓜类作物实行 3 年以上轮作，适期播种育苗，原则上当地雨季前已坐瓜，作为确定播种期的依据，保证坐果率。根据不同季节、品种，确定栽植密度，每亩栽 600 ～ 1000 株为宜。控制主蔓 23 ～ 35 节坐瓜，50 ～ 55 节摘心，注意摘除侧蔓。根据冬瓜对养分的需要，每产 5000 千克吸收氮 57.5 千克、磷 24.5 千克、钾 5.5 ～ 10 千克，应以有机肥为基肥，避免氮肥过多。

（4）苗床药土消毒，每平方米用 25% 甲霜灵可湿性粉剂 8 克。

（5）高畦深沟栽培，铺地膜，雨后及时排水。

（6）结瓜后垫草或搭架把瓜吊起来或垫高，避免接触地面，雨季适当提前采收。

（7）发病初期喷洒或浇灌 70% 乙膦·锰锌可湿性粉剂 500 倍液，或 60% 琥·乙膦铝可湿性粉剂（琥胶肥酸铜＋乙膦铝）500 倍液，或 14% 络氨铜水剂 300 倍液，或 77% 可杀得微粒可湿性粉剂 400 倍液，或 50% 甲霜铜可湿性粉剂 600 倍液。喷洒和灌根同时进行，效果更好。每株灌上述药液 0.3 ～ 0.5 升，视病情 10 天左右 1 次，连续 2 ～ 3 次。

三、贮藏期冬瓜炭疽病

（一）症状

冬瓜炭疽病危害子叶、真叶、叶柄、主蔓、果实等部位，主要危害叶片和果实，以果实症状最明显。叶片被害，病斑呈近圆形或圆形，初为水渍状，后变为黄褐色，边缘有黄色晕圈。严重时，病斑相互连接成不规则的大病斑，致使叶片干枯。潮湿时，病部分泌出粉红色的黏质物。果实被害，开始产生水渍状浅绿色的病斑，后变为黑褐色稍凹陷的圆形或近圆形病斑，上生有粉红色黏质物。果实被害后，因病菌的潜伏侵染成为贮藏期病害（图3-1），是造成烂瓜的原因之一。

图 3-1　贮藏期冬瓜炭疽病

（二）病原特征

病原菌为葫芦科刺盘孢（*Colletotrichum lagenarium*），属半知菌亚门真菌。分生孢子盘聚生，初为埋生，红褐色，后突破表皮呈黑褐色。分生孢子梗无色，圆筒状，单胞，长圆形。

（三）病害发生规律及流行特点

病原物主要以菌丝体附着在种子上，或随病残株在土壤中越冬，亦可在温室或塑料木棚骨架上存活。越冬后的病菌产生大量分生孢子，成为初侵染源。通过雨水、灌溉、气流传播，也可以由昆虫携带传播或田间操作时传播。湿度高、叶面结露，病害易流行。氮肥过多、大水漫灌、通风不良，植株衰弱，发病重。

（四）防治方法

（1）田间操作　除病灭虫，绑蔓、采收均应在露水落干后进行，减少人为传播蔓延。增施磷钾肥以提高植株抗病力。

（2）种子处理　用50%代森铵水剂500倍液浸种1小时，或50%多菌灵可湿性粉剂500倍液浸种30分钟，清水冲洗干净后催芽。

（3）发病初期　喷洒50%甲基硫菌灵可湿性粉剂700倍液＋新高脂膜＋70%代森锰锌可湿性粉剂600倍液，或50%苯菌灵可湿性粉剂1500倍液＋80%炭疽福美可湿性粉剂（福美双·福美锌）800倍液，或2%嘧啶核苷类抗生素水剂200倍液，或50%多菌灵可湿性粉剂

500 倍液 +65% 代森锌可湿性粉剂 500 倍液，或 50% 异菌脲可湿性粉剂 800 倍液 +70% 代森锰锌可湿性粉剂 600 倍液，或 50% 咪鲜胺锰盐可湿性粉剂 1000 倍液，或 25% 咪鲜胺乳油 1000 倍液 +70% 代森锰锌可湿性粉剂 600 倍液，或 50% 咪鲜胺锰盐可湿性粉剂 1500 倍液 + 新高脂膜 +70% 代森锰锌可湿性粉剂 600 倍液，或 25% 溴菌腈可湿性粉剂 500 倍液 +70% 代森锰锌可湿性粉剂 600 倍液，间隔 7～10 天 1 次，连续防治 4～5 次。

四、贮藏期南瓜疫病

（一）症状

茎蔓发病较重，叶和果实发病较少，成株期受害重，苗期较轻。发病初期茎基部呈暗绿色水渍状，病部渐渐缢缩软腐，呈暗褐色，病部叶片萎蔫，不久全株枯死，病株维管束不变色。叶片受害产生圆形或不规则形水渍状大病斑，发展速度快，边缘不明显，干枯时呈青枯，叶脆易破裂。瓜部受害软腐凹陷，潮湿时，表面长出长稀疏的白色霉状物（图 3-2）。南瓜疫病在

图 3-2　贮藏期南瓜疫病

整个生育期都可发生。幼苗发病，茎基部出现水渍状软腐，多呈暗绿色，常造成苗倒伏。果实被害后，因病菌的潜伏侵染成为贮藏期病害，是造成南瓜烂瓜的原因之一。

（二）病原特征

病原菌为辣椒疫霉（*Phytophthora capsici* Leonian），属鞭毛菌亚门真菌。寄主为瓜类、番茄、茄子、辣椒、木瓜等。

（三）病害发生规律及流行特点

北方寒冷地区病菌以卵孢子在病残体上和土壤中越冬，种子上不能越冬，菌丝因耐寒性差也不能成为初侵染源；在南方温暖地区病菌主要以卵孢子、厚垣孢子在病残体或土壤及种子上越冬，其中土壤中病残体带菌率高，是主要初侵染源。

（四）防治方法

1.选用抗病品种

采用高畦栽培，避免田间积水，中午高温时不要浇水，严禁浸灌或串灌；果实膨大后用稻草等垫瓜，避免果面直接接触地面。

2.药剂防治

70% 疫毒灵（乙膦铝）可湿性粉剂灌根或喷雾，对疫病防治效果较好。也可用 58% 甲霜灵·锰锌可湿性粉剂 500 倍液或 75% 百菌清可湿性粉剂 600 倍液灌根，每株灌根 250 ～ 300 毫升，每 7 ～ 10 天 1 次，连灌 3 ～ 4 次。

五、贮藏期佛手瓜炭疽病

（一）症状

佛手瓜炭疽病是在佛手瓜整个种植期都有可能发生的真菌型病害，需要全程护理，方法包括控制室温和使用农药等。

此病主要为害叶片和果实。开始在叶片上出现红褐色小点，后扩展成红褐色至紫褐色斑，病斑较少，边缘颜色略深。湿度大时病斑上产生粉红色黏稠状物。多个病斑相互连接致病叶枯死。果实感病，病斑圆形或不规则形，初为淡褐色凹陷斑，湿度大时有红褐色点状黏质物溢出，皮下果肉干腐状。

（二）病原特征

病原物为葫芦科刺盘孢。分生孢子盘聚生，初埋生在表皮下，红褐色，后突破表皮呈黑褐色，刚毛少，散生在孢子盘上，暗褐色，直或弯，具隔膜 1 ～ 3 个，大小为（30 ～ 75）微米 ×（3.3 ～ 5.5）微米。分生孢子梗单胞，无色，倒钻形，大小为（10 ～ 20）微米 ×（3.5 ～ 5.5）微米。有性态为瓜类小丛壳 [*Glomerella lagenarium* (Pass.) Watanable et Tamura]，属子囊菌亚门真菌。子囊壳球形，直径约 110 微米。子囊孢子单胞无色，在自然条件下未发现，通过人工培养或紫外线照射可产生子囊壳。

（三）病害发生规律及流行特点

病原物主要以菌丝体或拟菌核在种子上或随病残株在田间越

冬，亦可在温室或塑料温室旧木料上存活。越冬后的病菌产生大量分生孢子，成为初侵染源。此外，潜伏在种子上的菌丝体也可直接侵入子叶，引致苗期发病。病菌分生孢子通过雨水传播，孢子萌发适温 22～27℃，病菌生长适温 24℃，8℃以下、30℃以上即停止生长。10～30℃均可发病，其中 24℃发病重。湿度是诱发本病重要因素，在适宜温度范围内，空气湿度 93%以上，易发病，相对湿度97%～98%，温度 24℃潜育期 3 天，相对湿度低于 54%则不能发病。早春塑料棚温度低，湿度高，叶面结有大量水珠，佛手瓜吐水或叶面结露，满足发病的湿度条件，易流行。露地条件下发病不一，南方7～8月，北方 8～9月。低温多雨条件下易发生。气温超过 30℃，相对湿度低于 60%，病势发展缓慢。此外，采用不放风栽培法及连作、氮肥过多、大水漫灌、通风不良，植株衰弱，发病重。此病南方危害不重，但北方反季节栽植的佛手瓜危害较重。

（四）防治方法

1.田间防治

（1）做到从无病株上留种。

（2）地温高于 10℃，北方棚室以 4 月上旬播种为宜，苗期20～30 天，生长势强利于抗病。

（3）施用酵素菌沤制的堆肥或充分腐熟的有机肥，实行 3 年以上的轮作，必要时对苗床进行消毒，减少初侵染源。

（4）加强棚室温湿度管理。在棚室进行生态防治，即进行通风排湿，使棚内湿度保持在 70%以下，减少叶面结露和吐水。田间操作，除病灭虫、绑蔓、采收均应在露水落干后进行，减少人为传播蔓延。

（5）塑料棚或温室采用烟雾法。选用 45%百菌清烟剂，每亩 250克，隔 9～11 天熏 1 次，连续或交替使用，也可于傍晚喷撒 8%克炭灵粉尘剂或 5%百菌清粉尘剂，每亩 1 千克。

（6）棚室或露地发病初期喷洒 50%甲基硫菌灵可湿性粉剂 700倍液 +75%百菌清可湿性粉剂 700 倍液，或 36%甲基硫菌灵悬浮剂400～500 倍液，或 50%苯菌灵可湿性粉剂 1500 倍液，或 60%防霉宝超微可湿性粉剂 800 倍液，或 50%多丰农可湿粉 500 倍液，或 2%抗霉菌素（农抗 120 水剂），或 2%武夷菌素（BO-10）水剂 200 倍液，或

80%大生可湿性粉剂 500 倍液，隔 7 ～ 10 天 1 次，连续防治 2 ～ 3 次。如能混入喷施宝或植宝素 7500 倍液，可有药肥兼收之效。采收前 7 天停止用药。

2.加强贮藏防治

（1）贮藏特性　佛手瓜是多年生宿根蔓性草本植物，当年陆续开花连续结果。供贮藏的瓜应在雌花开放 20 ～ 25 天后，当果实生长到一定大小，表皮绿色开始减退，具有光泽，肉瘤上的刚刺不很明显时即可采收。如果采收过晚，瓜皮绿色褪为黄绿色，肉瘤上的刚刺开始脱落，甚至种子从瓜中长出芽来，这种成熟度的瓜就不能长期贮藏。

佛手瓜的皮薄，皮层角质化程度低，肉质脆嫩，极易遭受损伤。因此，从采收至入库贮藏的各个操作环节中，都要注意轻拿轻放，尽量避免损伤。

（2）贮藏条件　佛手瓜的贮藏温度以 3 ～ 5℃较为适宜，温度超过 10℃，呼吸旺盛，营养物质消耗快，甚至种子出现生根发芽，严重降低其商品品质。佛手瓜因皮薄且角质化程度低而易失水，所以，相对湿度 85% ～ 95% 对其贮藏较为有利。另外，5% ～ 8% 氧气和 3% ～ 5% 二氧化碳对佛手瓜的成熟衰老有明显的抑制作用，可保持其良好的品质，延长贮藏期。

（3）贮藏方式与管理　由于佛手瓜耐贮藏，所以目前生产上多在常温条件下采用缸藏、沟藏、窖藏等方式。只要入贮产品的质量高，贮藏设施合理，管理措施得当，一般可贮藏至春节前后在蔬菜淡季上市。如果在冷藏库内控制适宜的低温，并结合使用果蔬塑料保鲜袋或者用 0.03 毫米厚聚乙烯薄膜单瓜包，贮藏保鲜效果会更好。各种贮藏方式管理工作的依据，就是佛手瓜所能适应的贮藏温度、湿度以及气体成分指标。

佛手瓜入贮前必须进行精心挑选，剔除伤病瓜和过嫩的瓜；将瓜放在冷凉通风的场所 2 ～ 3 天，使瓜散失部分田间热；在冷库采用塑料袋包装贮藏时，必须在冷库中将瓜体温度降至 5℃左右时，才能将瓜装入塑料袋；为了减少腐烂病害，入贮前可用 800 倍液多菌灵浸泡大约 1 分钟，捞出后沥水、晾干即可贮藏。托布津、苯来特等防腐剂同样可以使用。

六、佛手瓜贮藏期其他病害

（一）症状

除了前述佛手瓜炭疽病外，佛手瓜贮藏期病害还有软腐病、腐烂病和灰霉病等。

佛手瓜软腐病症状：发病初期，病斑初为淡褐色水渍状，湿度大时，长出白色棉絮状毛霉，即病菌的孢囊梗和孢子囊，病斑逐渐扩大皱缩，后白色毛霉萎缩，整个瓜软腐溃烂，并有臭味。

佛手瓜腐烂病症状：发病初期，病部初生褐色斑点，病斑迅速扩大，病部组织腐烂，凹陷，呈褐色，表面着生稠密的白色菌丝，后变浅褐色菌丝体。

佛手瓜灰霉病症状：发病初期病斑呈褐色腐烂，空气潮湿时表面生鼠灰色霉层，即病菌的分生孢子梗和分生孢子。

（二）病原特征

佛手瓜软腐病病原菌为 *Mucor lamprosporus* Lensner。菌丝白色，无假根；孢囊梗直立，单轴分枝，繁密成层，顶生孢子囊；孢子囊球形，无色，直径为 19.5～33.8 微米；孢囊孢子球形，壁薄平滑，孢子囊膜不破碎。

佛手瓜腐烂病病原菌为 *Rhizoctonia solani* Kühn，丝核菌属。不产生无性孢子，菌丝体初期无色，直径 13～14.5 微米，分枝的角度接近直角，分枝的基部缢缩，在基部附近有隔膜。老熟菌丝黄褐色，较粗大。

佛手瓜灰霉病病原菌为 *Botryotinia spermophila* (Noble).，葡萄孢盘菌属真菌。无性世代分生孢子梗褐色树状分枝，分生孢子丛生于枝端，单细胞，无色至淡褐色，卵形，大小为（5.2～13）微米 ×（7.8～18.2）微米。

（三）病害发生规律及流行特点

佛手瓜表皮受伤后，病菌从损伤处侵入而引起发病。病菌在佛手瓜整个生长期的任何伤口都可侵入。病菌侵入后以菌丝潜伏在组织内，到佛手瓜贮藏后期侵染佛手瓜引起发病。在腐烂的佛手瓜上产生孢子，能进行重复侵染。贮藏期的温湿度条件与病害发生有密切关系。库房湿度达到 95% ～ 98% 有利于发病。因此，雨后、重雾或露水未干时采收的佛手瓜，瓜面湿度大，表皮水分较多，又易擦伤，发病较严重。

（四）防治方法

1.农业防治

适时采收贮藏瓜，根据贮藏期长短适当提早采收，瓜成熟度掌握在八成左右，过早或过晚采收均不利于贮藏。把好瓜采摘关，瓜采收时必须坚持以下原则：霜、露、雨水未干不采收；选黄留青，分批采摘；伤瓜、落地瓜、粘泥瓜及病虫瓜必须分开堆放等。在采收、装运及贮藏过程中都要防止瓜遭受人为和机械损伤，以杜绝病菌从伤口侵入，降低发病率。加强库房管理。贮藏瓜入库后前期应打开门窗，10 ～ 15 天后白天开窗，晚上关，20 天后昼夜均关门窗。根据外界与库房温度、湿度，用门或窗开、关调节库房内的温湿度与通风换气调节库房内气体成分。

2.化学防治

做好库房消毒处理。在瓜入库前做好库房消毒，可用 40 倍福尔马林液或用 500 倍的甲基硫菌灵药液进行喷洒库房，再关闭门窗 3 ～ 4 天，然后打开门窗通气 3 ～ 4 天，等药气散发后方可入库贮藏。

第四章
瓜类重要地下虫害

第一节 蝼蛄类

一、华北蝼蛄

华北蝼蛄学名 *Gryllotalpa unispina* Saussure，又名土狗子、蝼蝈、啦啦蛄等，属直翅目、蝼蛄科。

1.为害症状

主要以成虫和若虫咬食刚萌发的种子、瓜苗的幼根和嫩茎，同时由于成虫和若虫在土下活动开掘隧道，使苗根和土分离，造成幼苗干枯死亡，致使苗床缺苗断垄。

2.形态特征

（1）成虫 雌成虫体长45～50毫米，雄成虫体长39～45毫米。形似非洲蝼蛄，但体黄褐至暗褐色，前胸背板中央有一心脏形红色斑点。后足胫节背侧内缘有刺一个或消失。腹部近圆筒形，背面黑褐色，腹面黄褐色，尾须长约为体长的一半（图4-1）。

（2）卵 椭圆形。初产时长1.6～1.8毫米，

图4-1 华北蝼蛄成虫

宽 1.1 ～ 1.3 毫米，孵化前长 2.4 ～ 2.8 毫米，宽 1.5 ～ 1.7 毫米。初产时黄白色，后变黄褐色，孵化前呈深灰色。

（3）若虫　形似成虫，体较小，初孵时体乳白色，2 龄以后变为黄褐色，5 ～ 6 龄后基本与成虫同色。

3.发生规律及生活习性

华北蝼蛄约 3 年发生 1 代，若虫 13 龄，以成虫和 8 龄以上的各龄若虫在 150 厘米以上的土中越冬。第二年 3 ～ 4 月当 10 厘米深土温达 8℃ 左右时若虫开始上升为害，地面可见长约 10 厘米的虚土隧道，4 ～ 5 月份地面隧道大增，这时为为害盛期；6 月上旬当隧道上出现虫眼时已开始出窝迁移和交尾产卵，6 月下旬至 7 月中旬为产卵盛期，8 月为产卵末期。产卵前先在 10 ～ 15 厘米土壤深处做椭圆形卵室，卵室上方另挖一活动室。卵室下方再挖一隐蔽室为产卵后栖息场所。每室中产卵 50 ～ 85 粒。每只雌虫产卵 50 ～ 500 粒，多为 120 ～ 160 粒。

初孵若虫营群集生活，以后渐渐分散活动，至秋季达 8 ～ 9 龄时入土越冬。第 2 年春越冬若虫上升为害，到秋季达 12 ～ 13 龄时，又入土越冬，第 3 年春天再上升为害，到 8 月上中旬才开始羽化为成虫，秋季以成虫越冬。

成虫、若虫具趋光性，但由于体重大，飞翔能力不如非洲蝼蛄，所以，在黑光灯下诱杀率不如非洲蝼蛄。蝼蛄常在土里开掘隧道挖穴而居，昼伏夜出进行为害、交配等活动。

4.防治方法

（1）农业防治　施用厩肥、堆肥等有机肥料要充分腐熟；深耕、中耕也可减轻蝼蛄危害。

（2）物理防治

① 诱杀　蝼蛄的趋光性很强，在羽化期间，晚上 19 ～ 21 时可用灯光诱杀；或在苗圃步道间每隔 20 米左右挖一小坑，将马粪或带水的鲜草放入坑内诱集，再加上毒饵更好，次日清晨可到坑内集中捕杀。

② 人工捕捉　结合田间操作，发现有新拱起的隧道时，可人工挖洞捕杀。

（3）化学防治　做苗床（垄）时用 40% 乐果乳油或 90% 敌百虫晶体 0.5 千克 + 水 5 千克拌饵料 50 千克，傍晚时将毒饵均匀撒在苗床上诱杀；饵料可用多汁的鲜菜、鲜草以及蝼蛄喜食的块根和块茎，或炒香的麦麸、豆饼和煮熟的谷子等。用 25% 西维因粉 100 ～ 150 克与 25 克细土均匀拌和，撒于土表再翻入土下毒杀。

用 50% 对硫磷 0.5 千克加水 50 升搅拌均匀后，再与 500 千克种子混合搅拌，堆闷 4 小时后摊开晾干，再用天达 2116 浸拌种专用药剂拌种。

二、东方蝼蛄

东方蝼蛄（*Gryllotalpa orientalis* Burmeister），曾用名非洲蝼蛄，也名土狗子、地狗子、啦啦蛄等，属直翅目、蝼蛄科。

1.为害症状

以成虫、若虫咬断嫩茎或啃食刚萌发的种子、幼芽，或将幼苗咬断，使幼苗枯死。咬断的部分呈乱麻状。此外，蝼蛄常在表土层窜成许多隧道，使苗土分离、失水干枯而死，造成缺苗断条。

2.形态特征

（1）成虫　雌成虫体长 31 ～ 35 毫米；雄成虫体长 30 ～ 32 毫米（图 4-2）。体浅茶褐色，腹部色浅，全身密布细毛。头小，圆锥形。触角丝状。复眼红褐色，很小，突出。单眼 2 个。前胸背板卵圆形，中央具一明显的长心脏形凹陷斑。

图 4-2　东方蝼蛄

前翅短小，鳞片状；后翅宽阔，纵褶成尾状，较长，超过腹末端。腹末有 1 对尾须。前足开掘足，后足胫节背侧内缘有距 3 ～ 4 根。

（2）卵　椭圆形，长约 2.8 毫米，宽约 1.5 毫米。初产时黄白色，有光泽，渐变黄褐色。

（3）若虫　初孵若虫乳白色，随虫体长大，体色变深，末龄幼虫体长达 24 ～ 25 毫米。若虫体形似成虫，但仅有翅芽。

3.发生规律及生活习性

东方蝼蛄在南方 1 年发生 1 代；在北方 2 年发生 1 代，以成虫及各龄若虫在冻土层以下越冬。第二年 4 ～ 5 月上升到地表面，为害春播作物，5 月上旬至 6 月中旬是蝼蛄最活跃阶段，也是第 1 次为害盛期。6 月下旬至 8 月下旬，天气炎热转入地下越夏，并产卵。6 ～ 7 月是产卵盛期，产卵期长达 120 多天。雌虫一生产卵 3 ～ 4 次，每只雌虫产卵 100 余粒，多的可达 300 ～ 500 粒。卵多产在 5 ～ 10 厘米深的潮湿土内，卵窝呈鸭梨形。9 月份以后随着气温下降，蝼蛄又上升到表土层，对秋作物进行为害，10 月以后陆续入土越冬。蝼蛄昼伏夜出，尤其气温高、湿度大，闷热的夜晚大量出土活动。蝼蛄有趋光性，对香甜物质也有强烈的趋性。马类、牛粪及未腐熟的粪肥可招引成虫产卵。蝼蛄在土中活动受温湿度影响，若 20 厘米深的土温在 15 ～ 20℃，土壤含水量在 20% 以上时，蝼蛄活动最盛，为害最重。此外，沿河两岸、沟渠、近湖等低湿地发生重。

4.防治方法

（1）农业防治　精耕细作，深耕多耙；施用充分腐熟的农家肥；有条件的地区实行水旱轮作。

（2）物理防治　根据东方蝼蛄的趋光性，在田间安放黑光灯进行诱集捕杀。

（3）化学防治　用瓜类种衣剂（如锐劲特种衣剂）西瓜、甜瓜、黄瓜等种子，对防治蝼蛄、金针虫、种蝇等效果好。

50% 辛硫磷乳油拌种，用药量为种子重量的 0.1% ～ 0.2%；40% 甲基异柳磷乳油拌种，用量为种子重量的 0.1% ～ 0.125%，堆闷 12 ～ 24 小时。

毒饵诱杀：药量为饵料的 0.5% ～ 1%，先将饵料（麦麸、豆饼、秕谷、棉籽饼或玉米碎粒等）5 千克炒香，用 90% 敌百虫 30 倍液拌潮为度。每亩用毒饵 2 千克左右。

第二节　蛴螬类

一、华北大黑鳃金龟

华北大黑鳃金龟（*Holotrichia oblita* Hope），属鞘翅目、鳃金龟科。

1.为害症状

成虫主要取食瓜叶，一般发生较少。瓜株幼苗期，幼虫（蛴螬）在地下咬断根、茎，造成缺苗断垄。瓜成株期间受害，轻者根系损伤，造成地上部生长衰弱，严重时引起植株萎蔫枯死。

2.形态特征

（1）成虫　长椭圆形，体长21～23毫米，宽11～12毫米，黑色或黑褐色有光泽。胸、腹部生有黄色长毛，前胸背板宽为长的2倍，前缘钝角，后缘角几乎成直角。每鞘翅3条隆线。前足胫节外侧3齿，中后足胫节末端2距。雄虫末节腹面中央凹陷，雌虫隆起（图4-3）。

图4-3　华北大黑鳃金龟成虫与幼虫

（2）卵　椭圆形，乳白色。

（3）幼虫　体长35～45毫米，前体刚毛每侧3根，肛门孔3射裂缝状，前方着生一群扁而尖端成钩状的刚毛，并向前延伸到肛腹片后部1/3处（图4-3）。

3.发生规律及生活习性

华北大黑鳃金龟在西北、东北和华东地区2年发生1代，华中及江浙等地区1年发生1代，以成虫或幼虫越冬。在河北越冬成虫约4月中旬左右出土活动直至9月份入蛰，前后持续达5个月，5月下旬至8月中旬产卵，6月中旬幼虫陆续孵化，为害到12月以第2龄或第3龄越冬；第2年4月越冬幼虫继续发育为害，6月初开始化蛹，6月下旬进入盛期，7月始羽化为成虫后即在土中潜伏，相继越冬，直至第3年春天才出土活动。东北地区的生活史则推迟约半月余。成虫白天潜伏土中，黄昏活动；上午8～9时为出土高峰，有假死及趋光性。出土后尤喜在灌木丛或杂草丛生的路旁、地旁群集取食交尾，并在附近土壤内产卵，故地边苗木受害较重；成虫有多次交尾和陆续产卵习性，产卵次数多达8次，雌虫产卵后约27天死亡。多喜欢在6～15厘米深的湿润土中散产卵，每只雌虫产卵32～193粒。幼虫3龄有相互残杀习性，常沿垄向及苗行向前移动为害，在新鲜被害株下易找到幼虫；幼虫随地温升降而上下移动，春季10厘米处地温约达10℃时，幼虫由土壤深处向上移动，地温约20℃时主要在5～10厘米处活动取食，秋季地温降至10℃以下时又向深处迁移，越冬于30～40厘米处。土壤过湿或过干都会造成幼虫大量死亡（尤其是15厘米以下的幼虫），幼虫的适宜土壤含水量为 10.2% ～ 25.7% ；灌水和降雨对幼虫在土壤中的分布也有影响，如遇降雨或灌水则暂停为害下移至土壤深处，若遭水浸则在土壤内做一个穴室，如浸渍 3 天以上则常窒息而死，故可灌水减轻幼虫的危害。

4.防治方法

（1）农业防治　对蛴螬严重的地块在深秋或初冬翻耕土地，使其被冻死、风干或被天敌咬死、寄生等，一般可压低虫量 15% ～ 30%，明显减轻第二年危害。

合理安排轮作，避免前茬为豆类，花生、甘薯和玉米的地块，常会引起蛴螬的严重危害，这与成虫的取食与活动有关。

避免施用未腐熟的厩肥，因其成虫对未腐熟的厩肥有强烈趋性，常将卵产于其内，如施入田间，则带进大量虫源，而施用腐熟的有机肥可改良土壤透气性和透水性，使作物根系发育快，苗齐苗壮，增强抗虫性。并且由于蛴螬喜食腐熟的有机肥，因此可减轻其对作物的危害。

合理使用化肥。碳酸氢铵、腐殖酸铵、氨水等散发出的氨气对蛴螬等地下害虫有一定的趋避作用。

合理灌溉。蛴螬发育最适宜的土壤含水量为 15% ～ 20%，因此在蛴螬发生区，在不影响作物生长发育的前提下，对于灌溉要合理加以控制。

（2）物理防治　根据成虫的趋光性，在田间安放黑光灯或佳多牌杀虫灯进行诱杀。

（3）生物防治　用 100 亿个 / 克青虫菌粉剂 1 份加干细土 20 份播种时穴施，可兼灭地老虎等；幼虫危害幼苗时，撒施于根际周围。

（4）化学防治

① 土壤施药　用 5% 辛硫磷颗粒剂，每亩 2.5 ～ 3 千克，制成毒土，顺垄撒施，浅锄覆土。

② 药液灌根　用 40% 氧化乐果 800 倍液或 25% 增效喹硫磷乳油 1000 倍液、50% 辛硫磷乳油 1500 倍液灌根，毒杀幼虫。

③ 防治成虫　在田间发生成虫为害时，在菜田中或菜田周围低矮的豆科植物上，喷药消灭大黑鳃金龟成虫，可使用 10% 吡虫啉可湿性粉剂 3000 倍液、10% 氯氰菊酯乳油 1500 倍液、40% 毒死蜱（40% 乐斯本）乳油 1000 倍液等。

二、暗黑鳃金龟

暗黑鳃金龟（*Holotrichia parallela* Motschumsky），又称暗黑金龟子，属鞘翅目、鳃金龟科。

1.为害症状

幼虫（蛴螬）取食播下的种子或咬断幼苗的根、茎，咬断处断口整齐。轻则缺苗断垄，严重时引起植株萎蔫枯死。

2.形态特征

（1）成虫　体长 16 ～ 22 毫米，体宽 7.8 ～ 11.5 毫米，黑色或黑褐色，无光泽，被黑色绒毛，腹部背板青蓝色丝绒状（图 4-4）。

（2）幼虫　体长 35 ～ 45 毫米，头前顶刚毛每侧 1 根，胸腹部乳白色，臀节腹面有钩状刚毛，呈三角形分布（图 4-4）。

图 4-4　暗黑鳃金龟幼虫、成虫

3.发生规律及生活习性

暗黑鳃金龟 1 年发生 1 代，多以 3 龄老熟幼虫越冬，少数以成虫越冬。在地下潜伏深度为 15 ～ 40 厘米，20 ～ 40 厘米深处最多。以成虫越冬的，第 2 年 5 月份出土。以幼虫越冬的，4 月下旬至 5 月初化蛹，化蛹盛期在 5 月中旬，6 月初至 8 月中下旬为成虫发生期。成虫多昼伏夜出，趋光性强，喜欢飞翔在玉米、高粱等高秆作物和灌木上，交尾后即飞往杨、柳、榆、桑等树上，取食中部叶片。成虫在土中产卵，以 5 ～ 20 厘米深处最多。7 月初开始产卵，直至 8 月中旬。7 月中旬卵开始孵化，下旬为孵化盛期，8 月中下旬为幼虫为害盛期。幼虫食性杂，3 龄后食量最大，可转移为害，使植物成片死亡。连作地、田间及四周杂草多；地势低洼、排水不良、土壤潮湿；氮肥施用过多或过迟；栽培过密，株行间通风透光差；施用的农家肥未充分腐熟；上年秋冬温暖、干旱、少雨雪，翌年干旱、少雨，气温适宜（20 ～ 30℃），有利于虫害的发生与发展。

4.防治方法

（1）农业防治　合理施肥、灌溉。其他同华北大黑鳃金龟的防治。

（2）化学防治

① 诱杀　首先可在田块周围堆集新鲜马粪诱集捕杀。其次，用1000倍40%氧化乐果喷洒榆、杨树枝，扦插于瓜田，能降低虫口密度，减少产卵量，或在瓜田周围种植的榆树和杨树上，将树皮刮除蜡层后涂抹1：1氧化乐果诱杀。根据成虫营养前期取食杂草，也可在田边杂草上喷洒2%乐果粉将其杀灭于田外。

② 毒饵　用90%敌百虫30倍液拌新鲜菠菜叶，于每日下午3时以后撒于西瓜幼苗行间进行毒杀。

③ 药剂防治　用50%辛硫磷1000倍液喷洒幼苗根际周围的土壤，成虫钻入土中即被熏死。

三、铜绿丽金龟

铜绿丽金龟（*Anomala corpulenta* Motsch），属鞘翅目、丽金龟科。

1.为害症状

以幼虫为害幼苗的根、茎部，造成缺苗断条，常与东北大黑金龟幼虫混合发生。

2.形态特征

（1）成虫　体长19～21毫米，宽9～10毫米。体背铜绿色，有光泽。前胸背板两侧为黄绿色，鞘翅铜绿色，有3条隆起的纵纹（图4-5）。

（2）卵　长约40毫米。椭圆形，初时乳白色，后为淡黄色。

（3）幼虫　长约40毫米，头黄褐色，体乳白色，身体弯曲呈"C"形（图4-5）。

图4-5　铜绿丽金龟成虫与幼虫

3.发生规律及生活习性

铜绿丽金龟 1 年发生 1 代，以 3 龄幼虫在土内越冬，第 2 年春季土壤解冻后，越冬幼虫开始上升移动，5 月中旬前后继续为害一段时间后，取食农作物和杂草的根部，然后，幼虫做土室化蛹，6 月初成虫开始出土，为害严重的时间集中在 6 月至 7 月上旬，7 月份以后，虫量逐渐减少，为害期为 40 天。成虫多在傍晚 18 ～ 19 时飞出进行交配产卵，8 时以后开始为害，直至凌晨 3 ～ 4 时飞离果园重新到土中潜伏。成虫喜欢栖息在疏松、潮湿的土壤中，潜入深度一般为 7 厘米左右。成虫有较强的趋光性，以 20 ～ 22 时灯诱数量最多。成虫也有较强的假死性。成虫于 6 月中旬产卵于果树下的土壤内或大豆、花生、甘薯、苜蓿地里，雌虫每次产卵 20 ～ 30 粒。7 月间出现新一代幼虫，取食寄主植物的根部，10 月中上旬幼虫在土中开始下移越冬。

4.防治方法

（1）物理防治　人工防治利用成虫的假死习性，早晚振落捕杀成虫。

诱杀成虫利用成虫的趋光性，当成虫大量发生时，于黄昏后在果园边缘点火诱杀。有条件的果园可利用黑光灯大量诱杀成虫。

（2）化学防治

① 诱杀　首先可在田块周围堆集新鲜马粪诱集捕杀。其次，根据成虫营养前期取食杂草，也可在田边杂草上喷洒 2% 乐果粉将其杀灭于田外。再用 1000 倍 40% 氧化乐果喷洒榆、杨树枝，扦插于瓜田，能降低虫口密度，减少产卵量，或在瓜田周围种植的榆树和杨树上，将树皮刮除蜡层后涂抹 1 ∶ 1 氧化乐果诱杀。

② 药剂防治　用 50% 辛硫磷 1000 倍液喷洒幼苗根际周围的土壤，成虫钻入土中即被熏死。

第三节　金针虫类

一、沟金针虫

沟金针虫（*Pleonomus canaliculiatus* Faldemann），也叫沟叩头虫，

俗称小黄虫、铁丝虫、黄蚰蜒等，属鞘翅目、叩头甲科。

1.为害症状

主要以幼虫为害。幼虫潜伏于瓜穴的有机肥内，后钻入瓜苗根部及接近地表的瓜茎蛀食为害，使瓜苗地上部分萎蔫死亡，造成缺苗断垄；为害侧根和须根，影响瓜苗发育，其为害所造成的伤口是枯萎病菌侵入的重要途径。

2.形态特征

（1）成虫　雌成虫体长16～17毫米，宽4～5毫米，雄虫长14～18毫米，宽3.5毫米，雄体瘦窄，背扁平。体红棕至棕褐色，前胸和鞘翅盘区色较暗。全体密被金黄色短毛。雌虫触角略呈锯齿状，伸达鞘翅基部。后翅退化。雄虫触角线形，达鞘翅末端，足较细长（图4-6）。

（a）幼虫　　　　　　（b）雌成虫　　　　　　（c）雄成虫

图4-6　沟金针虫

（2）卵　长0.7毫米，宽0.6毫米，椭圆形，乳白色。

（3）幼虫　初孵时长约2毫米，乳白色，老龄幼虫体长20～30毫米，宽3～4毫米，黄色，前头和口器暗褐色，头扁平，上唇呈三叉状突起；自胸至第10腹节背中有1条细纵沟。尾端分叉并稍上翘，叉内侧各有1个小齿（图4-6）。

3.发生规律及生活习性

沟金针虫约3年完成1代，以各龄幼虫及成虫在30厘米左右深土层下越冬。每年8～9月间老熟幼虫在12～15厘米深土层处做蛹室化蛹；蛹期20余天。个别羽化早的成虫当年秋末还能外出活动、产卵，但大多数成虫羽化后在土内潜伏越冬。第二年早春，越冬成虫逐渐上升至表土层活动、产卵，全年以3月下旬至4月初出现的量最多。成虫日间潜伏在表土内，晚间外出。雄性成虫活泼，飞翔能力较强，对黑光灯有强的趋性，但不上灯，都在灯下静止。雌成虫无后翅，多在发生处附近的土面及寄主植物附近爬动，等待雄成虫前来交配，产卵入表土内。

沟金针虫每年中有两次严重为害期：第一次为春季，第二次为秋季。越冬幼虫，在3月初即大量上升至很浅的表土下，在寄主根际处为害。此时，因越冬后第一次取食，食量较大，返青的蔬菜、小麦以及春播的各种农作物（包括蔬菜及果、林苗木）均可遭受严重危害。进入夏季后，表土温度过高，幼虫下降潜入深土层，秋末再度上升为害，形成第二次为害盛期。沟金针虫适于在干燥土地中生活，管理粗放、杂草丛生的菜地，金针虫发生偏重；精耕细作、翻耕暴晒、经常灌溉而湿度大的丰产田就很少发生。又因雌虫活动较差、活动范围小的关系，常在一片地中或某一小环境内形成繁殖基地。

4.防治方法

（1）农业防治　在金针虫活动盛期，进行瓜田灌溉，可使其潜入土壤下层，减轻受害。结合田间管理，发现受害苗时，挖土捉虫捕杀。

（2）化学防治　用40%毒死蜱（40%乐斯本）100倍液进行拌种。

苗期可用40%的毒死蜱1500倍液或40%的辛硫磷500倍液与适量炒熟的麦麸或豆饼混合制成毒饵，于傍晚明顺垄撒入瓜床，利用地下害虫昼伏夜出的习性，即可将其杀死。

种子包衣：每千克种子用30～50毫升锐劲特种衣剂进行拌种。具体做法是先把种子装在一个塑料小桶里，然后根据种子重量，量取合适的锐劲特种衣剂，并把种衣剂倒入种子里，充分搅拌均匀，再把搅拌好的种子摊开于塑料薄膜上，放在阴凉的地方，阴干后就可以播种。

二、细胸金针虫

细胸金针虫（*Agriotes fuscicollis* Miwa），也叫细胸叩头虫、细胸叩头甲、土蚰蜒，属鞘翅目、叩头甲科。

1.为害症状

成虫对作物为害不严重，主要是幼虫长期生活于土壤中，为害各类蔬菜的种子和幼苗。幼虫咬食刚播下的种子，食害胚乳使不能发芽；如已出苗可为害须根、主根或茎的地下部分，使幼苗枯死。受害幼苗很少主根被咬断，被害部不整齐。

2.形态特征

（1）成虫　体长 8 ～ 9 毫米，宽 2.5 毫米。栗褐色，被黄褐色细短毛。前胸背板略成圆形，后缘角伸向后方，突出如刺（图 4-7）。

（2）卵　球形，乳白色，直径 0.5 ～ 1 毫米。

（3）幼虫　老熟幼虫体长约 32 毫米，宽约 1.5 毫米，细长圆筒形，淡黄色，光亮，头部扁平，第一胸节较第二、三节稍短，1 ～ 8 节腹节略等长。尾节圆锥形，尖端为红褐色小突起，背面近前缘两侧各有褐色圆斑 1 个，并有 4 条褐色纵纹（图 4-7）。

图 4-7　细胸金针虫幼虫与成虫

3.发生规律及生活习性

细胸金针虫在东北地区约 3 年发生 1 代。6 月中下旬成虫羽化，活动能力强，对刚腐烂的禾本科草类有较强的趋性。6 月下旬至 7 月上旬为产卵盛期，卵产于表土内。在黑龙江克山地区，卵发育历期 8 ～ 21 天。幼虫喜潮湿及微偏酸性的土壤，一般在 5 月份，10 厘米厚的土壤温度达到 7 ～ 13℃ 时，为害严重，7 月上中旬土温升至 17℃ 时即逐渐停止为害。

4.防治方法

（1）农业防治　在金针虫活动盛期，进行瓜田灌溉，可使其潜入土壤下层，减轻受害。结合田间管理，发现受害苗时，挖土捉虫捕杀。

（2）化学防治

① 拌种　用 40% 毒死蜱（40% 乐斯本）100 倍液进行拌种。

② 毒饵　苗期可用 40% 的毒死蜱 1500 倍液或 40% 的辛硫磷 500 倍液与适量炒熟的麦麸或豆饼混合制成毒饵，于傍晚撒入瓜床，利用地下害虫昼伏夜出的习性，即可将其杀死。

一、小地老虎

小地老虎（*Agrotis ypsilon* Rottemberg），俗名土蚕、黑地蚕、切根虫等，属鳞翅目、夜蛾科。

1.为害症状

1、2 龄幼虫将幼苗从茎基部咬断，或咬食子叶、嫩叶，常造成缺苗断垄，以致补栽、毁种。

2.形态特征

（1）成虫　体长 17 ～ 23 毫米，翅展 40 ～ 54 毫米。头、胸部背面暗褐色，足褐色，前足胫、跗节外缘灰褐色，中后足各节末端有灰褐色环纹。前翅褐色，前缘区黑褐色，外缘以内多暗褐色；基线浅褐色，黑色波浪形内横线双线，黑色环纹内一圆灰斑，肾状纹黑色具黑边，其外中部一楔形黑纹伸至外横线，中横线暗褐色波浪形，双线波浪形外横线褐色，不规则锯齿形，亚外缘线灰色，其内缘在中脉间有 3 个尖齿，亚外缘线与外横线间在各脉上有小黑点。后翅灰白色，纵脉及缘线褐色，腹部背面灰色（图 4-8）。

图 4-8　小地老虎成虫与幼虫

（2）卵　馒头形，直径约 0.5 毫米，高约 0.3 毫米，具纵横隆线。初产乳白色，渐变黄色，孵化前卵一顶端具黑点。

（3）幼虫　圆筒形，老熟幼虫体长 37 ～ 50 毫米、宽 5 ～ 6 毫米。头部褐色，具黑褐色不规则网纹；体灰褐至暗褐色，体表粗糙、具大小不一而彼此分离的颗粒，腹部各节有 4 根毛片，前两个小，后两个大，梯形排列。背线、亚背线及气门线均黑褐色；前胸背板暗褐色，黄褐色臀板上具两条明显的深褐色纵带；胸足与腹足黄褐色（图4-8）。

3.发生规律及生活习性

小地老虎1年发生代数随各地气候不同而异，愈往南年发生的代数愈多；在长江以南以蛹及幼虫越冬，但在南亚热带地区无休眠现象，从10月到第2年4月都见发生和危害。西北地区2～4代，长城以北一般年2～3代，长城以南黄河以北年3代，黄河以南至长江沿岸年4代，长江以南年4～5代，南亚热带地区年6～7代。无论年发生代数多少，在生产上造成严重危害的均为第1代幼虫。南方越冬代成虫2月份出现，全国大部分地区羽化盛期在3月下旬至4月上中旬，宁夏、内蒙古为4月下旬。成虫多在15～22时羽化，白天潜伏于杂物及缝隙等处，黄昏后开始飞翔、觅食，3～4天后交配、产卵。卵散产于低矮叶子茂密的杂草和幼苗上，少数产于枯叶、土缝中，近地面处落卵最多，每只雌虫产卵800～1000粒，多达2000粒。成虫的活动性和温度有关，在春季夜间气温达8℃以上时即有成虫出现，但10℃以上时数量较多、活动增强；具有远距离南北迁飞习性，春季由低纬度向高纬度、低海拔向高海拔迁飞，秋季则沿着相反方向飞回南方；对普通灯光趋性不强，对黑光灯极为敏感，有强烈的趋化性，特别喜欢酸、甜、酒味和泡桐叶。成虫的产卵量和卵期在各地有所不同，卵期随分布地区及世代不同的主要原因是温度高低不同所致。幼虫的危害习性表现为：1～2龄幼虫昼夜均可群集于幼苗顶心嫩叶处取食为害；3龄后分散。幼虫行动敏捷，有假死习性，对光线极为敏感，受到惊扰立刻卷缩成团，白天潜伏于表土的干湿层之间，夜晚出土从地面将幼苗植株咬断拖入土穴，或咬食未出土的种子，幼苗主茎硬化后改食嫩叶和叶片及生长点，食物不足或寻找越冬场所时，有迁移现象。

4.防治方法

（1）农业防治　除草灭虫，杂草是小地老虎产卵的场所，也是幼虫向作物转移为害的桥梁。因此，春耕前进行精耕细作，或在初龄幼虫期铲除杂草，可消灭部分虫、卵。

（2）物理防治

①灯光诱杀成虫　结合黏虫用糖、醋、酒诱杀液或甘薯、胡萝

卜等发酵液诱杀成虫。

②糖醋液诱杀成虫　糖6份、醋3份、白酒1份、水10份、90%敌百虫1份调匀，或用泡菜水加适量农药，在成虫发生期设置，均有诱杀效果。

③堆草诱杀幼虫　在瓜苗定植前，小地老虎仅以田中杂草为食，因此可选择小地老虎喜食的灰菜、刺儿菜、苦荬菜、小旋花、苜蓿、艾蒿、青蒿、白茅、鹅儿草等杂草堆放诱集小地老虎幼虫，或人工捕捉。

（3）化学防治　对不同龄期的幼虫，应采用不同的施药方法。1～3龄幼虫期耐药性差，且暴露在寄主植物或地面上，是药剂防治的适期。幼虫3龄前用喷雾、喷粉或撒毒土进行防治；3龄后，田间出现断苗，可用毒饵或毒草诱杀。喷洒40.7%毒死蜱乳油每亩90～120克兑水50～60千克，或2.5%溴氰菊酯3000倍液，或20%氰戊菊酯3000倍液，或20%菊·马乳油3000倍液，或10%溴·马乳油2000倍液，或90%敌百虫800倍液，或50%辛硫磷800倍液。

二、黄地老虎

黄地老虎（*Agrotis segetum* Schiffermiiller），俗名土蚕、黑地蚕、切根虫等，属鳞翅目、夜蛾科。

1.为害症状

以幼虫为害。幼虫多从地面上咬断幼苗，主茎硬化可爬到上部为害生长点，切断幼苗近地面的茎部，使整株死亡，造成缺苗断垄，甚至毁种。

2.形态特征

（1）成虫　体长14～19毫米，翅展32～43毫米，灰褐至黄褐色。额部具钝锥形突起，中央有一凹陷。前翅黄褐色，全面散布小褐点，各横线为双条曲线但多不明显，肾纹、环纹和剑纹明显，且围有黑褐色细边，其余部分为黄褐色；后翅灰白色，半透明（图4-9）。

（2）卵　扁圆形，底平，黄白色，具40多条波状弯曲纵脊，其中约有15条达到精孔区，横脊15条以下，组成网状花纹。

（3）幼虫　体长33～45毫米，头部黄褐色，体淡黄褐色，体表颗粒不明显，体多皱纹而淡，臀板上有两块黄褐色大斑，中央断开，小黑点较多，腹部各节背面毛片，后两个比前两个稍大（图4-9）。

图 4-9　黄地老虎成虫与幼虫

（4）蛹　体长 16 ～ 19 毫米，红褐色。第 5 ～ 7 腹节背面有很密的小刻点 9 ～ 10 排，在腹部末端着生粗刺 2 根。

3.发生规律及生活习性

黄地老虎在东北、内蒙古地区 1 年发生 2 代，西北 2 ～ 3 代，华北 3 ～ 4 代。一年中春秋两季为害，但春季为害重于秋季。一般以 4 ～ 6 龄幼虫在 2 ～ 15 厘米深的土层中越冬，以 7 ～ 10 厘米最多，第 2 年春季 3 月上旬越冬幼虫开始活动，4 月上中旬在土中做室化蛹，蛹期 20 ～ 30 天。华北 5 ～ 6 月份为害最重，黑龙江 6 月下旬至 7 月上旬为害最重。成虫昼伏夜出，具较强趋光性和趋化性。习性与小地老虎相似，幼虫以 3 龄以后为害最重。

4.防治方法

（1）农业防治　早春清除菜田及周围杂草，防止黄地老虎成虫产卵是关键一环；如已被产卵，并发现 1 ～ 2 龄幼虫，则应先喷药后除草，以免个别幼虫入土隐蔽。清除的杂草，要远离菜田，沤粪处理。

（2）物理防治　利用其趋光性用黑光灯诱杀成虫。

① 糖醋液诱杀成虫　用糖 6 份、醋 3 份、白酒 1 份、水 10 份，再加上 90% 敌百虫 1 份调匀，或用泡菜水加适量农药，在成虫发生期设置，均有诱杀效果。某些发酵变酸的食物，如甘薯、胡萝卜、烂水果等加入适量药剂，也可诱杀成虫。

② 堆草诱杀幼虫　在瓜苗定植前，黄地老虎仅以田中杂草为食，因此可选择黄地老虎喜食的灰菜、刺儿菜、苦荬菜、小旋花、苜蓿、艾蒿、青蒿、白茅、鹅儿草等杂草堆放诱集黄地老虎幼虫，或人工捕捉，或拌入药剂毒杀。

（3）化学防治　黄地老虎 1 ～ 3 龄幼虫期耐抗药性差，且暴露在寄主植物或地面上，是药剂防治的适期。喷洒 20% 菊·马乳油 3000 倍液、40.7% 毒死蜱乳油每亩 90～120 克兑水 50～60 千克，或 10% 溴·马乳油 2000 倍液，或 2.5% 溴氰菊酯或 20% 氰戊菊酯 3000 倍液，或 90% 敌百虫 800 倍液，或 50% 辛硫磷 800 倍液。此外也可选用 3% 氯唑磷（3% 米乐尔）颗粒剂，每亩 2～5 千克处理土壤。

三、警纹地老虎

警纹地老虎（*Agrotis exclamationis* Linnaeus），别名警纹夜蛾、警纹地夜蛾，属鳞翅目、夜蛾科。

1.为害症状

与小地老虎和黄地老虎为害基本一致，多以幼虫在土中钻入瓜茎、薯块、块根、葱茎等内部啃食为害。为害胡麻时，常环绕根茎处啃食韧皮部，地上部分立刻表现症状，胡麻进入现蕾开花阶段，植株叶片由下向上逐渐枯黄凋萎或全株死亡。

2.形态特征

（1）成虫　体长约 16～18 毫米，翅展 36～38 毫米，体灰色，头部、胸部灰色微褐，颈板具黑纹 1 条，颈板灰褐色，雌虫触角线状，雄虫双栉齿状，分枝短。前翅灰色至灰褐色，有的前翅前缘、前翅外缘略显紫红色；横线多不明显，内横线暗褐色，波浪形，剑纹黑色，肾形纹大，黑边棕褐色，环形斑、棒形斑十分明显，尤其是棒形斑又粗又长，黑色，较易辨别。后翅色浅，白色，微带褐色，前缘浅褐色（图 4-10）。

图 4-10　警纹地老虎幼虫与成虫

（2）卵　半球形，直径 0.75 毫米，初产时乳白色，孵化时呈黑色；表面有隆起的纵横线。

（3）幼虫　老熟幼虫体长约30～40毫米，两端稍尖，头部黄褐色，无网纹，体灰黄色，体表生大小不等颗粒，略具皱纹，背线、亚背线褐色，气门线不显著。前胸盾、臀板黄褐色，臀板上褐色斑点较稀少，胸足黄褐色，腹足灰黄色，气门黑色椭圆形（图4-10）。

（4）蛹　长16～18毫米，褐色。下颚、中足、触角伸达翅端附近，露出后足端部。气门突出，第5腹节前缘红褐色区具很多大小不一的圆点坑，这些坑后方不闭合。腹部末端具2根臀棘。

3.发生规律及生活习性

警纹地老虎在西北地区1发年生2代，以老熟幼虫在土中越冬，第2年4月化蛹，越冬代成虫4～6月出现，5月上旬进入盛期，一代幼虫发生在5～7月，龄期参差不齐，6～7月为幼虫为害盛期，第1代成虫7～9月出现，10月上中旬第2代幼虫老熟后进入土中越冬。成虫有趋光性，该虫常和黄地老虎混合发生。一般较小地老虎耐干燥，在干旱少雨地区发生为害重。

4.防治方法

（1）农业防治　早春清除菜田及周围杂草，防止警纹地老虎成虫产卵是关键一环；如已被产卵，并发现1～2龄幼虫，则应先喷药后除草，以免个别幼虫入土隐蔽。

（2）物理防治　利用其趋光性用黑光灯诱杀成虫。

① 堆草诱杀幼虫　在瓜苗定植前，选择警纹地老虎喜食的灰菜、刺儿菜、苦荬菜、小旋花、苜蓿、艾蒿、青蒿、白茅、鹅儿草等杂草堆放诱集警纹地老虎幼虫，或人工捕捉，或拌入药剂毒杀。

② 糖醋液诱杀成虫　糖6份、醋3份、白酒1份、水10份、90%敌百虫1份调匀，或用泡菜水加适量农药，在成虫发生期设置，均有诱杀效果。某些发酵变酸的食物，如甘薯、胡萝卜、烂水果等加入适量药剂，也可诱杀成虫。

（3）化学防治　警纹地老虎1～3龄幼虫期耐药性差，且暴露在寄主植物或地面上，是药剂防治的适期。喷洒40.7%毒死蜱乳油每亩90～120克兑水50～60千克，或20%菊·马乳油3000倍液，或2.5%溴氰菊酯或20%氰戊菊酯3000倍液，或10%溴·马乳油2000倍液，或90%敌百虫800倍液，或50%辛硫磷800倍液。此外也可选用3%氯唑磷（3%米乐尔）颗粒剂，每亩2～5千克处理土壤。

四、大地老虎

大地老虎（*Trachea tokionis* Butler），别名黑虫、地蚕、土蚕、切根虫、截虫，属鳞翅目、夜蛾科。

1.为害症状

大地老虎主要分布于河南省各地，属杂食性害虫。幼虫咬食幼苗的嫩茎叶，使整株死亡，常给苗床造成严重损失。

2.形态特征

（1）成虫　体长 20～23 毫米，翅展 52～62 毫米；前翅黑褐色，肾状纹外有一不规则的黑斑（图 4-11）。

（2）卵　半球形，直径 1.8 毫米，初产时浅黄色，孵化前呈灰褐色。

（3）幼虫　老熟幼虫体长 41～61 毫米，黄褐色；体表多皱纹，微小颗粒不显，头部唇基三角形底边大于斜边，蜕裂线两臂在颅顶不与颅中沟相连。腹部第 1～8 节背面的 4 个毛片，前面两个和后面两个大小几乎相同。臀板几乎全为深褐色的一整块密布龟裂状的皱纹板（图 4-11）。

（4）蛹　体长 23～29 毫米，腹部第 4～7 节前缘气门之前密布刻点。

图 4-11　大地老虎幼虫与成虫

3.发生规律及生活习性

大地老虎在河南省每年发生 1 代，以 3～6 龄幼虫在土表或草丛潜伏越冬，越冬幼虫在 4 月份开始活动为害，6 月中下旬老熟幼虫在土壤 3～5 厘米深处筑土室越夏，越夏幼虫对高温有较高的抵抗力，但由于土壤湿度过干或过湿，或土壤结构受耕作等生产活动田间操作所破坏，越夏幼虫死亡率很高；越夏幼虫至 8 月下旬化蛹，9 月中下旬羽化为成虫，每只雌虫产卵量 648 ～ 1486 粒，卵散产于土表或生长幼嫩的杂草茎叶上，孵化后，常在草丛间取食叶片，如气温上升到 6℃以上时，越冬幼虫仍活动取食，抗低温能力较强，在 −14℃情况下越冬幼虫很少死亡。

4. 防治方法

（1）农业防治 早春播种或造林前，进行深耕细耙，可消灭部分卵、幼虫和早春杂草。

水旱轮作或浇水：实行水旱轮作可消灭多种地下害虫，在大地老虎发生后及时进行灌水可收一定效果。

（2）物理防治

① 诱杀成虫 利用糖醋酒液或甘薯发酵液诱杀成虫。

② 用鲜草诱杀成虫 用苜蓿、灰菜等柔嫩多汁的鲜草，每 25 ～ 40 千克鲜草拌 90% 敌百虫 250 克加水 0.5 千克，每亩施用 15 千克。黄昏前堆放在苗圃地上诱杀成虫。

③ 用泡桐叶或莴苣叶诱杀成虫 每天清晨翻开树叶进行捕捉，或在桐叶、莴苣叶上喷 100 倍敌百虫液诱杀成虫。

④ 人工捕杀幼虫 清晨在受害苗周围，或沿着残留在洞口的被害茎叶，将土拨开 3 ～ 5 厘米深即可发现幼虫，或幼虫盛发期晚 20 ～ 22 时捕杀幼虫。

（3）化学防治

① 毒土 75% 辛硫磷乳油 0.5 克，加少量水，喷拌细土 120 ～ 170 千克，每亩施用 20 千克。

② 喷施药液 喷 90% 敌百虫 800 倍液，或 50% 敌敌畏 1000 倍液，或 2.5% 溴氰菊酯 3000 ～ 5000 倍液。

第五节　种蝇类

一、灰地种蝇

灰地种蝇［*Delia platura* (Meigen)］，又叫灰种蝇、种蝇、地蛆、种蛆、菜蛆、根蛆，属双翅目、花蝇科。

1.为害症状

幼虫在土中为害种子，取食胚乳或子叶，引起种芽畸形、腐烂而不能出苗；为害幼苗根茎部，造成萎凋和倒伏枯死，导致缺苗断垄，甚至毁种；并传播软腐病，为害留种株根部，引起根茎腐烂或枯死。

2.形态特征

（1）成虫　体长约5毫米，灰黄色。雄蝇两复眼几乎相接触，胸部背面有3条黑色纵纹，后足有一列稠密、弯曲的短毛，各腹节间有一黑色横纹。雌蝇两复眼间距较宽，中足生有一根刚毛。前翅灰色透明，翅脉黑褐色（图4-12）。

（2）卵　乳白色，长椭圆形。

（3）幼虫　老熟幼虫体长7～8毫米，乳白色略带浅黄色；头退化，仅有1对黑色口钩。虫体前端细后端粗（图4-12）。

（4）蛹　长椭圆形，红褐色或黄褐色。

图4-12　灰地种蝇幼虫与成虫

3.发生规律及生活习性

灰地种蝇在山东1年发生4代，以蛹越冬，早春西瓜播种后，3月下旬至4月上旬为害西瓜及其他瓜类作物，4月初1代幼虫进入发生为害盛期，常较露地不覆膜的西瓜田提早5～10天。为害西瓜主要发生在播种后真叶长出之前至第1片真叶展开、第2片真叶露出时，为害期为10～15天。由于发生在出苗前后，再加上覆膜，人们不易发现。主要原因是施用了未腐熟的有机肥，膜下温度高于15℃，平均温度为24.5℃，较露地高1倍以上，对灰地种蝇的繁殖有利，再加上早春西瓜出苗时间长也有利于种蝇幼虫的蛀害。

4.防治方法

（1）农业防治

① 使用充分腐熟的有机肥，要均匀、深施，最好作底肥，种子

与肥料要隔开，也可以在粪肥上覆一层毒土。

②在种蝇已发生的地块，要勤灌溉，必要时可大水漫灌，能阻止种蝇产卵，抑制种蝇活动及淹死部分幼虫。

（2）物理防治　用糖醋液（红糖20克、醋20毫升、水50毫升混合）或5%红糖水可以诱集种蝇成虫。

（3）化学防治

①在成虫发生期，用5%氟虫脲（5%卡死克）可分散液剂1500倍液、10%溴虫腈（10%除尽）悬浮剂1500倍液、21%增效氰·马乳油2000倍液或2.5%溴氰菊酯3000倍液，隔7天1次，连续喷2～3次。

②已经发生幼虫的菜田可用48%地蛆灵乳油1500倍液、50%辛硫磷乳油800倍液、48%毒死蜱（48%乐斯本）乳油1500倍液顺水浇灌或落株，第一次用药后每隔7天再用两次。

③从种植开始每次灌溉都使用臭氧防治根蛆技术，可以起到很好的预防作用，能够有效替代化学农药防治蛆类，降低农药费用，提高品质，增加产量，起到节本增效的目的。臭氧发生设备产生臭氧气体，利用臭氧溶于水的特性，通过水气混合器充分溶解到水中，用含一定浓度的臭氧水灌溉土壤。臭氧具有强氧化性和广谱杀菌性，可有效杀灭土壤中的根蛆、韭蛆、根结线虫、细菌、病毒等。

二、葱地种蝇

葱地种蝇（*Delia antiqua* Meigen），又叫葱蝇、葱蛆、蒜蛆，属双翅目、花蝇科。

1.为害症状

以幼虫蛀入瓜的根、茎，引起腐烂、叶片枯黄、萎蔫，甚至成片死亡。

2.形态特征

（1）成虫　前翅基背毛极短小，不及盾间沟后的背中毛的1/2部分。雄蝇两复眼间额带最窄分比中单眼狭；后足胫节的内下方中央，为全胫节长的1/3～1/2部分，长具成列稀疏而大致等长的短毛。雌蝇中足胫节的外上方有两根刚毛（图4-13）。

（2）幼虫　腹部末端有7对突起，各突起均不分叉，第1对高于第2对，第6对显著大于第5对（图4-13）。

图 4-13　葱地种蝇幼虫与成虫

3.发生规律及生活习性

葱蝇在华北地区 1 发生 3～4 代，以蛹在土中或粪肥中停滞发育来越冬，并可营腐生生活。成虫多在干燥的晴天活动，晚上不活动，阴湿或多风天气常躲在土缝等隐蔽处，卵堆产于鳞茎和 1 厘米表土中。幼虫有强烈的背光性和趋腐性，喜潮湿，常在土面下活动，并能在土里转换寄主为害。幼虫共 3 龄，老熟幼虫在鳞茎或土中化蛹。5 月上旬成虫盛发，卵成堆产在葱叶、鳞茎和周围 1 厘米深的表土中。卵期 3～5 天，孵化的幼虫很快钻入鳞茎内为害。幼虫期 17～18 天。老熟幼虫在被害株周围的土中化蛹，蛹期 14 天左右。第 1 代幼虫为害期在 5 月中旬，第 2 代幼虫为害期在 6 月中旬，第 3 代幼虫为害期在 10 月中旬，成虫集中在葱叶、鳞茎及葱地成堆产卵。

4.防治方法

（1）农业防治　使用充分腐熟的粪肥，可在粪肥上覆一层毒土或拌少量药剂；快速育苗，瓜类、豆类浸种催芽；早春耕，避免湿土暴露地面招引成虫产卵；晴天中午前后浇水，使浇水后土表很快干燥，干扰卵粒孵化，避免幼虫钻土为害。

（2）物理防治　用红糖－醋－水（1：1：2.5）制成诱液后加少量锯末和敌百虫，放入诱集盒内，每天在成虫活动盛期打开盒盖，诱杀成虫，注意诱液每 5 天加半量。

（3）化学防治　防治成虫及初孵幼虫，可用下列药剂喷雾：80% 敌敌畏乳油 1500 倍液，或 2.5% 氯氰乳油 2000～2500 倍液，或 2.5% 高效氟氯氰菊酯（2.5% 保得）乳油 2500～3000 倍液，或 40% 菊·马乳油 3000～4000 倍液。

发现蛆害株可用下列药剂灌根：1.8% 阿维菌素乳剂（1.8% 爱福丁乳剂）3000 倍液，或 50% 辛硫磷乳油 1200 倍液。

第六节　沙潜类

一、网目拟地甲

网目拟地甲（*Opatrum subaratum* Faldermann），别名沙潜，属鞘翅目、拟步甲科。

1.为害症状

成虫和幼虫为害瓜菜幼苗。成虫取食植物地上部分，造成缺刻或孔洞。幼虫为害植物地下部的嫩茎和嫩根，引起幼苗萎蔫枯死。

2.形态特征

（1）成虫　体长 7.2 ～ 8.6 毫米，宽 3.8 ～ 4.6 毫米；雄成虫体长 6.4 ～ 8.7 毫米，宽 3.3 ～ 4.8 毫米。成虫羽化初期乳白色，逐渐加深，最后全体呈黑色略带褐色，一般鞘翅上都附有泥土，因此外观成灰色。虫体椭圆形，头部较扁，背面似铲状，复眼黑色，在头部下方。前胸发达，前缘呈半月形，其上密生刻点如细沙状。鞘翅近长方形，其前缘向下弯曲将腹部包住，故有翅不能飞翔；鞘翅上有 7 条隆起的纵线，每条纵线两侧有突起 5 ～ 8 个，形成网格状。前、中、后足各有距 2 个，足上生有黄色细毛。腹部背板黄褐色，腹部腹面可见 5 节，末端第 2 节甚小（图 4-14）。

图 4-14　网目拟地甲幼虫与成虫

（2）卵　圆形，乳白色，表面光滑，长约 1.2 ～ 1.5 毫米，宽约 0.7 ～ 0.9 毫米。

（3）幼虫　初孵幼虫体长 2.8 ～ 3.6 毫米，乳白色。老熟幼虫体长 15 ～ 18.3 毫米，体细长与金针虫相似，深灰黄色，背板色深。足 3 对，前足发达，为中、后足长度的 1.3 倍。腹部末节小，纺锤形，背板前部稍突起成一横沟。前部有褐色钩形纹 1 对，末端中央有隆起的褐色部分，边缘共有刚毛 12 根，末端中央有 4 根，两侧各排列 4 根（图 4-14）。

（4）蛹　长 6.8 ～ 8.7 毫米，宽 3.1 ～ 4 毫米。裸蛹，乳白色并略带灰白，羽化前深黄褐色。腹部末端有 2 钩刺。

3.发生规律及生活习性

网目拟地甲在东北、华北地区 1 年发生 1 代，以成虫在土中、土缝、洞穴和枯枝落叶下越冬。第 2 年春天 3 月下旬杂草发芽时，成虫大量出土，取食蒲公英、野蓟等杂草的嫩芽，并随即在菜地为害蔬菜幼苗。成虫在 3 ～ 4 月活动期间交配，交配后 1 ～ 2 天产卵，卵产于 1 ～ 4 厘米表土中。幼虫孵化后即在表土层取食幼苗嫩茎嫩根，幼虫 6 ～ 7 龄，历期 25 ～ 40 天，具假死习性。6 ～ 7 月份幼虫老熟后，在 5 ～ 8 厘米深处做土室化蛹，蛹期 7 ～ 11 天。成虫羽化后多在作物和杂草根部越夏，秋季向外转移，为害秋苗。网目拟地甲性喜干燥，一般发生在旱地或较黏性土壤中。成虫只能爬行，假死性特强。成虫寿命较长，最长的能跨越 4 个年度，连续 3 年都能产卵，且孤雌后代成虫仍能进行孤雌生殖。除为害瓜类外，还为害禾谷类作物和棉花、花生、大豆等经济作物。

4.防治方法

（1）农业防治　提早播种或定植，错开网目拟地甲发生期。

（2）化学防治　幼虫可用 1% 印楝素水剂 800 倍液或 50% 辛硫磷乳油 1000 倍液喷洒或灌根处理。

网目拟地甲为害严重的地区，于播种前或移植前用 20% 氰戊菊酯乳油 2500 倍液或 90% 晶体敌百虫 1000 倍液喷洒地面，每亩用兑好的药液 75 千克，深耙 20 厘米；也可撒在栽植沟或定植穴内，浅覆土后再定植；还用 50% 辛硫磷或 40% 毒死蜱乳油 0.5 千克加水适量，喷拌在 150 千克细土上，撒在地面，可有效地兼治金针虫、蛴螬、地老虎、跳甲幼虫、地蛆、根结线虫等地下害虫。

用 5% 毒死蜱颗粒剂，每亩用 2 千克，兑细土 20 千克拌匀后撒施或沟施，对网目拟地甲等地下害虫有效。

二、蒙古拟地甲

蒙古拟地甲（*Gonocephalum reticulatum* Motschulsky），又叫蒙古沙潜，属鞘翅目、拟步甲科。

1.为害症状

与网目拟地甲相似。以幼虫和成虫为害瓜菜幼苗。幼虫为害植物地下部的嫩茎和嫩根，引起幼苗萎蔫枯死。成虫取食植物地上部分，造成缺刻或孔洞。

2.形态特征

成虫体长 6～8 毫米，暗黑褐色，鞘翅上无明显颗粒状突起，无网纹。

老熟幼虫体长 12～15 毫米，背面灰黄色，腹部末端有褐色刚毛 8 根。

3.发生规律及生活习性

蒙古拟地甲与网目拟地甲的生活规律大体相同。每年发生 1 代。以成虫在土中或枯草、落叶下越冬。华北地区，来年 2～3 月开始活动，4 月上旬为活动盛期，卵产于杂草根际的表土。幼虫 4 月下旬出现，幼虫的危害盛期在 5 月份，6～7 月幼虫在 5～9 厘米深的土壤中化蛹，6 月下旬至 7 月上旬变为成虫。成虫不能飞，只能爬行。成虫在杂草和禾谷类根部度过炎热的夏天，天气凉爽的 9 月开始活动，10 月下旬霜冻前越冬。

4.防治方法

（1）农业防治　提早播种或定植，错开蒙古拟地甲发生期。

（2）化学防治　幼虫可用 1% 印楝素水剂 800 倍液或 50% 辛硫磷乳油 1000 倍液喷洒或灌根处理。

蒙古拟地甲为害严重的地区，可于播种前或移植前用 50% 辛硫磷或 40% 毒死蜱乳油 0.5 千克加水适量，喷拌在 150 千克细土上，撒在地面；还可用 20% 氰戊菊酯乳油 2500 倍液或 90% 晶体敌百虫 1000 倍液喷洒地面，每亩用兑好的药液 75 千克，深耙 20 厘米，可有效地兼治金针虫、蛴螬、地老虎、跳甲幼虫、地蛆、根结线虫等地下害虫。

另外，用 5% 毒死蜱颗粒剂，每亩用 2 千克，兑细土 20 千克拌匀后撒施或沟施，对蒙古拟地甲等地下害虫有效。

第五章
瓜类食叶及钻蛀虫害

第一节　叶甲类

一、黄曲条跳甲

黄曲条跳甲（*Phyllotreta striolata* Fabricius），俗称狗虱虫、跳虱，简称跳甲，属鞘翅目、叶甲科，主要为害十字花科蔬菜，也为害茄果类、瓜类和豆类蔬菜。

1. 为害症状

成虫取食叶片出现密集的椭圆形小孔，被害叶片老而带苦味；而幼虫在土中为害根部，咬食主根或支根的皮层，形成不规则的条状疤痕，也可咬断须根，使幼苗地上部分萎蔫而死。萝卜被害后，表面蛀成许多黑斑，变黑腐烂。

2. 形态特征

（1）成虫　体长 1.8 ～ 2.4 毫米，体黑色有光泽。触角基部 3 节及足的跗节深褐色。前胸及鞘翅上有许多刻点，排列成纵行。鞘翅中央有 1 黄色条纹，两端大，中央狭，外侧的中部凹曲很深，内侧中部直形，仅前后两端向内弯曲。后足腿节膨大，适于跳跃。雄虫比雌虫略小，触角第 4、5 节特别膨大粗壮。初羽化的成虫苍白色，翅上曲条与鞘翅的其他部分同色（图5-1）。

（2）卵 长约0.3毫米。蚕茧形。初产时淡黄色，半透明，将孵化时姜黄色。

（3）幼虫 老熟幼虫体长4毫米左右，长圆筒形，乳白色。胸足发达。头部、前胸盾片和腹末臀板呈淡褐色。

（4）蛹 长约2毫米，纺锤形。初化蛹时为乳白色，将羽化时变为淡褐色。上颚、触角和各足腿节呈赤褐色。头部

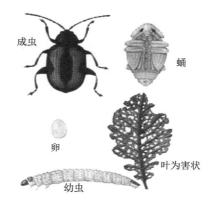

图5-1 黄曲条跳甲成虫、卵、幼虫、蛹

隐于前胸下，触角和足可达第5腹节，胸部背面有稀疏的褐色刚毛，腹末有5叉状突起。

3.发生规律及生活习性

黄曲条跳甲在我国每年发生4～8代。东北、华北4～6代，华东4～7代，华中5～7代，华南7～8代。我国南岭以北各地均以成虫越冬，在华南及福建漳州等地无越冬现象，可终年繁殖。黄曲条跳甲在上海郊区全年发生6～7代，春季1、2代和秋季5、6代为多发代，为害严重，盛夏高温季节发生数量较少，10月中旬后以部分第6代和第7代羽化的成虫在贴地菜叶下的浅土层中越冬。越冬期间如温度回升至10℃以上，仍能出土在叶背取食为害。

4.防治方法

（1）农业防治 黄曲条跳甲寄主范围窄，耐饥力差，怕干旱，因此可以采用以下防治措施：

避免十字花科蔬菜，特别是青菜类连作，越冬寄主田更不能连作青菜。不能轮作的田块，在前茬青菜收获后立即进行耕翻晒垡，待表土晒白后再播下熟青菜。

（2）化学防治 防治适期掌握在成虫尚未产卵时，重点在瓜类蔬菜苗期。

① 土壤处理 连作青菜在耕翻播种时，每亩均匀撒施5%辛硫磷颗粒剂2～3千克，可杀死幼虫和蛹，残效期在20天以上。

②生长期防治　可用 80% 敌敌畏乳油或 90% 晶体敌百虫每亩 50 克兑水 50 千克喷雾，唯敌敌畏残效期仅 1 天左右，若能两者混用则残效期可延长至 3～4 天。也可用 40% 速灭菊酯 1500 倍液喷雾，发现幼虫为害根部，还可用药液浇灌。进行土壤处理的田块，若出苗后由邻近田块迁入成虫为害，可立即用 80% 敌敌畏喷杀。在 4 月中下旬施用药剂消灭产卵前的越冬成虫，是控制全年发生为害的关键措施。因为越冬代成虫产卵量大，虫源田面积小，产卵前期又长，不仅有利于防治，而且对压低虫源基数、减小以后各代防治的压力起到显著的效果，还可兼治蚜虫、小地老虎等其他害虫。

二、黄直条跳甲

黄直条跳甲（*Phyllotreta rectilineata* Chen.），属鞘翅目、叶甲科。

1.为害症状

成虫啃食叶片，造成叶片孔洞光合作用降低，最后只剩叶脉，甚至死亡；而刚出土的幼苗，子叶被吃后，可整株死亡，造成缺苗毁种。幼虫于土中咬食根皮，根系吸水，肥力下降，使叶片由外到内发黄萎蔫而死。

2.形态特征

形态与黄曲条跳甲相似，但虫体较大，鞘翅黄条和足色不同。黄直条跳甲成虫体长 2.2～2.8 毫米。鞘翅上的黄条狭窄，宽度不及翅宽的 1/3，黄条中部内外侧均为直形：足腿节和胫节黑色，跗节棕红色（图 5-2）。

图 5-2　黄直条跳甲成虫

3.发生规律及生活习性

黄直条跳甲在我国华南地区 1 年发生 7～8 代，并可终年繁殖，无滞育现象。高温高湿有利于该害虫发生，田间表现世代重叠，气温达到 10℃以上开始活动、取食。成虫善跳跃，很少飞翔，但高温时也能飞翔，一般中午前后活动最盛。成虫有趋光性，对黑光灯敏感，成虫寿命长，产卵期长达 30～45 天，致使发生不整齐，世代重叠。

卵散产于植株周围湿润的土缝中或细根上。幼虫在土中孵化、取食、发育、化蛹，成虫出土为害叶片。每只雌虫平均产卵 200 粒左右。卵孵化需要较高的湿度，卵期 3 ～ 9 天，幼虫期 11 ～ 16 天，共 3 龄，生活于土中，幼虫孵化后在 3 ～ 5 厘米的表土层啃食根皮，老熟幼虫在土中 3 ～ 7 厘米深处筑土室化蛹。以成虫在落叶、杂草潜伏越冬和土缝中，以向阳处居多，20℃以上食量开始大增。喜栖息在湿润环境中。

4.防治方法

（1）农业防治　清除田地边杂草，轮作，土壤灌水，增施肥料等。

（2）化学防治　在春季越冬成虫开始活动尚未产卵时，采用药剂防治，效果最好。防治成虫用叶面喷药或种子处理，防治幼虫用药液灌根。药剂有 80% 敌百虫可溶性粉剂 1000 ～ 2000 倍液、50% 敌敌畏乳油 1000 ～ 2000 倍液、50% 杀螟腈乳油 800 ～ 1200 倍液、鱼藤精 800 ～ 1200 倍液、20% 硫丹乳油 300 ～ 400 倍液、0.5% ～ 1% 鱼藤粉。

三、黄狭条跳甲

黄狭条跳甲（*Phyllotreta vittula* Redtenbacher），别名黄狭条菜跳甲、麦拟黄条叶甲、直条跳甲、黄窄条跳甲、菜蚤子、土跳蚤、黄跳蚤、狗虱虫，属鞘翅目、叶甲科。

1.为害症状

以成虫和幼虫为害。成虫咬食叶片成无数小孔，影响光合作用，严重时致整株菜苗枯死，还可加害留种株的嫩荚，影响留种；幼虫在土中为害菜根，蛀食根皮等，咬断须根，严重者造成植株地上部叶片萎蔫枯死。

2.形态特征

成虫体长 1.5 ～ 1.8 毫米，体黑色，有光泽。头、胸部呈金属暗绿色；鞘翅上黄条较狭窄、直形，中央宽度仅为翅宽的 1/3（图 5-3）。触角黑褐色，但基部 4 节赤褐色，可与其他种区别。

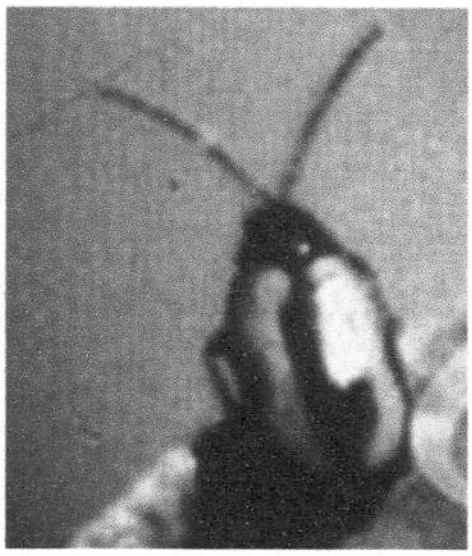

3.发生规律及生活习性

黄狭条跳甲分布于我国河南以北地区，

图 5-3　黄狭条跳甲成虫

以成虫越冬。春季为害菜苗甚烈，严重时毁苗成灾。成虫往往沿叶脉组织取食为害叶肉，仅存叶底表皮，使叶片卷缩枯萎。当天气干燥时，为害特别严重。

4.防治方法

（1）农业防治　清洁田园，深翻晒土。收获后彻底收集残株落叶，铲除杂草烧毁，并进行播前深翻晒土，以消灭部分虫蛹，恶化虫子越冬及食料基地环境，可减轻危害；铺设地膜，避免成虫把卵产在根上；加强幼苗期肥水管理，促菜株早生快长，以缩短或度过幼株受害危险期。

（2）化学防治

① 药杀幼虫　在重危害区，播前或定植前后用撒毒土、淋施药液法处理土壤，毒杀土中虫蛹。可用80%敌百虫可溶性粉配成毒土撒施土表浅松土［药：土为1：（50～100）］；或淋施90%敌百虫结晶1000倍液或80%敌敌畏1500～2000倍液，或50%辛硫磷2000～3000倍液，或20%氰戊菊酯（20%速灭杀丁）3000～4000倍液，或2.5%溴氰菊酯（2.5%敌杀死）3000倍液，或40%菊马乳油2000～3000倍液，或10%氯氰菊酯乳油2000～3000倍液1～2次，要淋透。

② 药杀成虫　用上述有机磷或菊酯类药剂或52%农地乐（毒死蜱＋氯氰菊酯）800～1000倍或5%氟虫脲（5%卡死克）1000～2000倍，当成虫开始活动而尚未产卵时喷施为适期。

四、黄守瓜

黄守瓜（*Aulacophora femoralis* Motschulsky），俗称黄萤子、瓜萤子、瓜叶虫，属鞘翅目、叶甲科。

1.为害症状

成虫、幼虫都能为害。成虫喜食瓜叶和花瓣，还可为害南瓜幼苗皮层，咬断嫩茎和食害幼果。叶片被食后形成圆形缺刻，影响光合作用，瓜苗被害后，常带来毁灭性灾害；幼虫在地下专门取食瓜类根部，重者使植株萎蔫而死，也蛀入瓜的贴地部分，引起腐烂，丧失食用价值。

2.形态特征

（1）成虫　体长7～8毫米，长椭圆形，全体橙黄或橙红色，有时略带棕色。上唇栗黑色。复眼、后胸和腹部腹面均呈黑色。触角丝状，约为体长之半，触角间隆起似脊。前胸背板宽约为长的 2 倍，中央有一弯曲深横沟。鞘翅中部之后略膨阔，刻点细密，雌虫尾节臀板向后延伸，呈三角形突出，露在鞘翅外，尾节腹片末端呈角状凹缺；雄虫触角基节膨大如锥形，末端较钝，尾节腹片中叶长方形，背面为一大深洼（图 5-4）。

图 5-4　黄守瓜幼虫与成虫

（2）卵　卵圆形。长约 1 毫米，淡黄色。卵壳背面有多角形网纹。

（3）幼虫　长约 12 毫米。初孵时为白色，以后头部变为棕色，胸、腹部为黄白色，前胸盾板黄色。各节生有不明显的肉瘤。腹部末节臀板长椭圆形，向后方伸出，上有圆圈状褐色斑纹，并有纵行凹纹 4 条。

（4）蛹　纺锤形，长约 9 毫米。黄白色，接近羽化时为浅黑色。各腹节背面有褐色刚毛，腹部末端有粗刺 2 个。

3. 发生规律及生活习性

黄守瓜每年发生代数因地而异。我国北方每年发生 1 代；南京、武汉 1 代为主，部分 2 代；广东、广西 2 ～ 4 代；台湾 3 ～ 4 代。各地均以成虫越冬，常十几头或数十头群居在避风向阳的田埂土缝、杂草落叶或树皮缝隙内越冬。第二年春季温度达 6℃时开始活动，10℃时全部出蛰，瓜苗出土前，先在其他寄主上取食，待瓜苗生出 3 ～ 4 片真叶后就转移到瓜苗上为害。各地为害时间江西为 4 月中下旬（幼虫 5 月中下旬为害瓜根）；江苏、湖北武汉为 4 月下旬至 5 月上旬；华北约为 5 月中旬。在湖南 1 年 2 代区，越冬代成虫 4 月下旬至 5 月上旬转移到瓜田为害，7 月上旬第 1 代成虫羽化，7 月中下旬产卵，第 2 代成虫于 10 月份进入越冬期。

成虫喜在温暖的晴天活动，一般以上午10时至下午3时活动最烈，阴雨天很少活动或不活动，取食叶片时，常以身体为半径旋转咬食，使叶片留下半环形的食痕或圆洞，成虫受惊后即飞离逃逸或假死，耐饥力很强，取食期可绝食10天而不死亡，有趋黄习性。雌虫交尾后1～2天开始产卵，常堆产或散产在靠近寄主根部或瓜下的土壤缝隙中。产卵时对土壤有一定的选择性，最喜产在湿润的壤土中，黏土次之，干燥沙土中不产卵。产卵多少与温湿度有关，20℃以上开始产卵，24℃为产卵盛期，此时，湿度愈高，产卵愈多，因此，雨后常出现产卵量激增。幼虫共3龄。初孵幼虫先为害寄主的支根、主根及茎基，3龄以后可钻入主根或根茎内蛀食，也能钻入贴近地面的瓜果皮层和瓜肉内为害，引起腐烂。幼虫一般在6～9厘米表土中活动，耐饥力较强。

凡早春气温。升早，成虫产卵期雨水多，发生为害期提前，当年为害可能就重。黏土或壤土由于保水性能好，适于成虫产卵和幼虫生长发育，受害也较沙土为重。连片早播早出土的瓜苗较迟播晚出土的受害重。

4.防治方法

防治黄守瓜首先要抓住成虫期，可利用趋黄习性，用黄盆诱集，以便掌握发生期，及时进行防治；防治幼虫掌握在瓜苗初见萎蔫时及早施药，以尽快杀死幼虫。苗期受害影响较成株大，应列为重点防治时期。

（1）农业防治　春季将瓜类秧苗间种在冬作物行间，能减轻为害。合理安排播种期，以避过越冬成虫为害高峰期。

（2）化学防治　当瓜苗生长到4～5片真叶时，视虫情及时施药。防治越冬成虫可用90%晶体敌百虫1000倍、50%敌敌畏乳油1000～1200倍；喷粉可用2%～5%敌百虫每亩1.5～2千克。也可用5%氯氰菊酯（5%百事达）乳油1000～1500倍液或18.1%顺式氯氰菊酯（18.1%富锐）乳油2000倍液、48%毒死蜱（48%乐斯本）乳油1000倍液、2.5%鱼藤酮乳油500～800倍液、2.5%溴氰菊酯（2.5%敌杀死）乳油3000～4000倍液。

幼苗初见萎蔫时，用50%敌敌畏乳油1000倍液或90%晶体敌百虫1000～2000倍液、1.8%阿维菌素（爱福丁）4000倍液灌根，杀灭根部幼虫。

五、黑足黑守瓜

黑足黑守瓜（*Aulacophora nigripennis* MotschuLsky），属鞘翅目、叶甲科。

1. 为害症状

成虫取食瓜叶、茎、花及瓜条，幼虫食害瓜苗根部，严重时造成全株死亡。

2. 形态特征

成虫体长 5.5～7 毫米，宽 3.2～4 毫米。全身极光亮；头部、前胸节和腹部橙黄至橙红色，上唇、鞘翅、中胸和后胸腹板、侧板以及各足均为黑色。小盾片栗色或栗黑色，狭三角形，约为体长的 2/3，第 3 节较第 4 节短，前胸背板宽短于长的 2 倍。鞘翅具较强光泽。鞘翅两侧在基部后明显膨宽，基部略隆，翅面上具密细刻点。雌成虫末节腹板端部波状凹缘，雄成虫末节腹板中心纵长方形（图 5-5）。

图 5-5　黑足黑守瓜成虫与幼虫

3. 发生规律及生活习性

黑足黑守瓜 1 年发生 1～2 代，以成虫在避风向阳的土缝或石缝及树皮缝中越冬。第二年 4 月上旬开始取食。6 月上中旬第 1 代成虫产卵，6 月中旬至 7 月上旬进入幼虫发生期，7 月上中旬化蛹，7 月中旬成虫羽化出土，7 月下旬至 8 月上旬进入羽化盛期。成虫羽化后于白天交尾，把卵产在土缝中。部分成虫不交配产卵，随秋季第 2 代成虫进入越冬状态。成虫在春季出现后，一部分为害瓜萎幼苗，一部分迁到泡桐、榆树叶背取食，到 5 月中旬才全部迁进瓜萎田。成虫越冬前取食瓜萎残茬上的再生芽，偶害丝瓜、白菜。该虫喜群集，常十几头或数十头为害，食害成网状。成虫在 10 ～ 17 时活动，露水未干不活动，阴雨天活动迟缓，有假死受惊坠地习性。雌雄成虫多次交配，产卵量为 96 ～ 694 粒，卵多产在多年生的植株地表 1 ～ 2 厘米处。初孵幼虫为害根部，后随虫龄长大蛀入根内取食。该虫幼虫有一定腐食性，取食腐朽的瓜蒌，老熟幼虫在寄主根际处 4 ～ 19 厘米深处做土室化蛹。

4.防治方法

（1）农业防治　提早播种，当越冬代成虫发生量大时，瓜苗已长出 5 片真叶以上，可减轻受害和着卵，是防治的重要技术之一。

（2）化学防治　在成虫产卵期单用或混用草木灰、石灰粉、锯末或 2% 巴丹粉剂，每亩 2 千克撒在瓜根四周土面或瓜叶上，防止成虫产卵和为害。

瓜苗移栽前后至 5 片真叶前及时喷洒 50% 杀螟丹（50% 巴丹）水溶剂 1000 倍液或 10% 吡虫啉可湿性粉剂 1500 倍液、20% 氰戊菊酯乳油 2000 ～ 2500 倍液、10% 醚菊酯（10% 多来宝）悬浮剂 1000 倍液。

防治幼虫为害根部可用 50% 辛硫磷乳油 1500 倍液灌根。采收前 5 ～ 7 天停止用药。

六、黄足黑守瓜

黄足黑守瓜（*Aulacophora lewisii* Baly），又称柳氏黑守瓜、黄胫黑守瓜，属鞘翅目、叶甲科。

1.为害症状

成虫取食瓜的叶片、茎、花及瓜条，幼虫食害瓜苗根部，严重时造成全株死亡。

2.形态特征

（1）成虫　体长 5.5 ～ 7 毫米，宽 3 ～ 4 毫米，全身仅鞘翅、复眼和上额顶端黑色，其余部分均呈橙黄或橙红色（图 5-6）。

（2）卵　黄色，球形，表面有网状皱纹。

（3）幼虫　黄褐色，胸部各节有明显瘤突，上生刚毛（图 5-6）。

（4）蛹　灰黄色，头顶、前胸及腹节均有刺毛，腹末左右具指状突起，上着生刺毛 3 ～ 4 根。

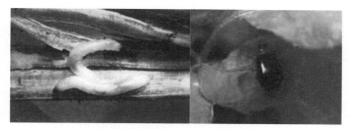

图 5-6　黄足黑守瓜幼虫与成虫

3.发生规律及生活习性

成虫昼间交尾，产卵于土面缝隙中，聚成小堆。幼虫食害瓜类根部，老熟时建成土室，在其中化蛹。本种比黄守瓜发生迟，为害作物的种类较少，以丝瓜、苦瓜受害较烈，一些年份发生严重。喜湿好热，成虫耐热强，稍有假死性。

4.防治方法

（1）农业防治　春季将瓜类秧苗间种在冬作物行间，能减轻为害。合理安排播种期，以避过越冬成虫为害高峰期。

（2）化学防治　瓜苗生长到 4 ～ 5 片真叶时，视虫情及时施药。防治越冬成虫可用 90% 晶体敌百虫 1000 倍液，或 50% 敌敌畏乳油 1000 ～ 1200 倍液，喷粉可用 2 ～ 5% 敌百虫每亩 1.5 ～ 2 千克。

当幼苗初见萎蔫时，用 50% 敌敌畏乳油 1000 倍液或 90% 晶体敌百虫 1000 ～ 2000 倍液灌根，杀灭根部幼虫。

第二节　蟋蟀类

一、花生大蟋蟀

花生大蟋蟀（*Brachytrupes portentosus* Lich.），又名巨蟋，属直翅目、蟋蟀科。

1.为害症状

以若虫和成虫咬断瓜嫩苗，造成缺穴断垄而减产，是瓜苗期的主要害虫。

图 5-7　花生大蟋蟀

2.形态特征

（1）成虫　体长 41 毫米左右，宽 13 毫米，体黄、棕、黑褐色。复眼之间具"Y"形浅沟。前胸发达，有明显纵沟，两侧具桃色块斑，色较浅。雌虫前翅翅脉多纵行呈网状交叉，无横脉，不发声，腹部末端有产卵管。雄虫前翅肘脉形成粗糙挫状，两翅摩擦振动时能发声（图 5-7）。

（2）卵　两端钝圆，长肾形，长约 4 毫米，宽约 1.4 毫米。卵壳光滑，微透明，初产青灰色，后变土黄色，孵化前变淡黄色。

（3）若虫　蜕 10 次皮，共 11 龄。7 龄前若虫无翅芽。末龄幼虫黑褐色，腹面蜡黄色，体长 35 毫米左右。

3.发生规律及生活习性

大蟋蟀一般 1 年发生 1 代。以若虫在土洞中越冬。第 2 年 3 ~ 5 月间出土活动，危害花生幼苗。6 月上旬羽化为成虫，7 ~ 8 月间成虫白天交尾，9 月中旬为产卵盛期，9 月后成虫陆续死去，11 月中下旬若虫开始越冬。

4.防治方法

① 毒饵诱杀　用 50% 辛硫磷可湿性粉剂 1 份与炒香的米糠 5 份，拌匀后，再加适量的水调成毒饵，制成黄豆大小的颗粒，傍晚时撒入穴洞的附近，蟋蟀在夜间出洞，取食后中毒。

② 冬耕除虫　秋季花生收后，进行 1 ~ 2 次犁地、耙地，把越冬幼虫翻于地上冻死或被鸟吃掉。

二、油葫芦

油葫芦（*Gryllulus testaceus* Walker），属直翅目、蟋蟀科。

1.为害症状

以成虫和若虫食叶、幼瓜及嫩荚。

2.形态特征

（1）成虫　体细长，雌体长 20 ~ 24 毫米，雄 18 ~ 23 毫米。体背黑褐色有光泽，腹面为黄褐色。头与前胸等宽，两复眼之间有黄带相连，前胸背板中央纵沟两侧各有一月牙纹，此处光滑无毛，前翅约与腹部等长，后翅发达，尖端向后方突出如尾，后足胫节有刺6对；尾毛特长（图5-8）。

（2）卵　长2.4～3.8毫米。略呈长筒形，微黄乳白色，两端稍尖，表面光滑。

（3）若虫　成长若虫体长21.4～21.6毫米，体背深褐色，前胸背板月牙纹甚明显，雌、雄虫都有翅芽，雌若虫产卵管长度露出于尾端。

图5-8　油葫芦成虫

3.发生规律及生活习性

油葫芦在我国东部发生多，1年发生1代，以卵在土中越冬。在北京越冬卵于4月底至5月下旬孵化，4月下旬至8月初为若虫发生期，成虫于5月下旬陆续羽化。10月上旬成虫产卵，10月中下旬天气渐冷，成虫老死，卵在土中越冬。雌虫营造土穴产卵，多产于河边、沟边、田埂、坟地等杂草较多的向阳地段，深约2～4厘米。每只雌虫产卵34～114粒。成虫寿命200多天，产卵后1～8天死亡。雄虫善鸣，以诱雌虫交尾，并善斗和互相残杀，常筑穴与雌虫同居。成虫喜隐藏在积草下，尤以阴凉处土质疏松潮湿、薄薄一层积草为最喜爱存身之处。白天潜藏于植物和土块下，夜间外出觅食，遇惊动则逃避，如环境适宜，在一处可见数十头油葫芦，又因好斗，遇虫数多时互相残杀。若虫、成虫平时好居暗处，但夜间也扑向灯光。喜食带油质和香味的作物。卵期很长，从10月上旬见卵至第二年5月上旬孵化，长达7个月。卵的孵化率不高，产在土表的卵全不能孵化，产在土中的卵，土壤经翻动也不能孵化，只有产在土中又没有被翻动土壤的卵才能孵化。若虫共6龄，常数十只分居在距离不远的杂草间、砖瓦土块下，遇有惊动，行动敏捷，但不跳跃。白天隐蔽，晚间外出觅食，不善做穴。若虫蜕皮后即将皮壳吃掉。若虫期20～25天，各龄龄期2～4天，大多3天左右。

4.防治方法

（1）物理防治　由于油葫芦具有趋光性，因此可以在田间设置杀虫灯诱杀成虫。

（2）化学防治　采用毒饵诱杀。当每平方米瓜田有虫3～4只时，先用60～70℃热水将90%敌百虫晶体溶成30倍液（50克药兑1.5升热水），每升溶好的药液拌入30～50千克炒香的麦麸或豆饼或棉籽饼，拌时要充分加水（为饵料重量的1～1.5倍），以手稍攥即出水为宜，然后撒施于田间。

在苗期每亩用50%辛硫磷乳油25～40毫升，拌30～40千克炒香的麦麸或豆饼或棉籽饼，拌时要适当加水，然后撒施于田间。也可用50%辛硫磷乳油50～60毫升，拌细土75千克，撒入田中，杀虫效果90%以上。施药时要从田的四周开始，向中间推进效果好。

三、斗蟋

斗蟋（*Velarifictorus micado* Saussure），属直翅目、蟋蟀科。

1.为害症状

以成虫和若虫取食叶片，造成缺刻或孔洞。有的咬食花荚，特别喜欢咬食大田直播种子的新芽和新根，严重时，可使全田毁种90%，严重影响生产。

2.形态特征

（1）成虫　体型中等，雄虫体长13～16毫米，雌虫体长14～19毫米，黑褐色，头圆，颜面平直，头顶漆黑具反光，后头有3对橙黄纵纹，其前列一般无横纹相连；两单眼间橙黄色，横纹两端粗，中间缢缩成大括弧形，前翅较短，略接近腹端（图5-9）。雄蟋颜面不凹入，大颚也正常；前胸背板黑褐色横形，前翅长达腹端，两性后翅不发达。雄蟋发音镜近长方形，其中一横脉曲成直角，把镜室分为2个，斜脉2条，端网区与镜等长，后端圆，腹末有2根尾须向后斜伸。雌蟋产卵管由中间向后直伸，较后足腿节长，俗称三尾子。

（2）卵　长圆形，光滑，黄色半透明，具弹性，长约2.3～3.0毫米。

（3）若虫　灰褐色，具翅芽，形体似成虫。

3.发生规律及生活习性

斗蟋1年发生1代，以卵越冬。第二年

图5-9　斗蟋成虫

越冬卵于 5 ～ 6 月间孵化；7 月上中旬始见新羽化的成虫；8 月中下旬盛发，雄虫羽化后连续长鸣，呼唤雌蟋蟀过来交配；9 ～ 10 月进入产卵盛期，把卵产在土内 1 ～ 1.5 厘米深处，分散不成块，产卵历期 25 ～ 51 天，卵量 130 粒。若虫喜欢栖息在土壤潮湿杂草丛生的农田、园区或砖石下。连作地、田间及四周杂草多；氮肥施用过多或过迟，有机肥未充分腐熟；栽培过密、株行间通风透光差；干旱、少雨，气温适宜（20 ～ 30℃），有利于虫害的发生与发展。

4.防治方法

（1）物理防治　利用蟋蟀的趋光性，可在田间安置黑光灯诱杀成虫。

（2）化学防治　毒饵诱杀。当每平方米瓜田有虫 3 ～ 4 只时，先用 60 ～ 70℃热水将 90% 敌百虫晶体溶成 30 倍液（50 克药兑 1.5 升热水），每升溶好的药液拌入 30 ～ 50 千克炒香的麦麸或豆饼或棉籽饼，拌时要充分加水（水为饵料重量的 1 ～ 1.5 倍），以手一攥稍出水即可，然后撒施于田间。

苗期每亩用 50% 辛硫磷乳油 25 ～ 40 毫升，拌 30 ～ 40 千克炒香的麦麸或豆饼或棉籽饼，拌时要适当加水，然后撒施于田间。也可用 50% 辛硫磷乳油 50 ～ 60 毫升，拌细土 75 千克，撒入田中，杀虫效果 90% 以上。施药时要从田的四周开始，向中间推进效果好。

四、大扁头蟋

大扁头蟋（*Loxoblemmus doenitzi* Stein），属直翅目、蟋蟀科。

1.为害症状

以成虫和若虫取食叶片，造成缺刻或孔洞，喜欢咬食花荚，特别喜欢咬食大田直播种子的新芽和新根，严重时，可使全田毁种 90%，严重影响生产。

2.形态特征

（1）成虫　雄虫体长 15 ～ 20 毫米，雌虫体长 16 ～ 20 毫米，前翅长 9 ～ 12 毫米，体中型，黑褐色（图 5-10）。雄虫头顶明显向前凸，前缘黑色弧形，边缘后具一橙黄色至赤褐色横带，颜面深褐色至黑色，扁平倾斜，中央具一黄斑，单眼隐藏在其中，两侧向外突出呈三角形。前胸背板宽于长，侧板前缘长，后缘短，下缘倾斜，下缘前有一黄斑。前翅长于腹部，内无横脉，斜脉2条或3条，侧区黑褐色，前下角及下缘浅黄色，具四方形发音镜；后翅细长伸出腹端似尾，脱落后仅留痕迹；足浅黄褐色，其上散布黑色斑点，前足胫节内、外侧都有听器。雌性仅头顶稍向前凸，向两侧凸出，致面部倾斜，前翅短于腹部，在侧区亚前缘脉具2分枝，有6条纵脉；产卵管较后足股节短。

图5-10　大扁头蟋成虫

（2）卵　长2.3～2.6毫米，宽0.5～0.6毫米，乳白色带黄，长圆形稍弯，两端略尖。

（3）若虫　灰褐色，具翅芽，形态与成虫相似。

3.发生规律及生活习性

大扁头蟋1年发生1代，以卵在土壤中越冬，卵期长达7～8.5个月。长江以北至黄河一带于5月上中旬孵化；5月下旬至6月上旬若虫大量出土，若虫期62天；7～8月出现成虫，鸣声大作，以7音节为主，成虫期56天；9月中下旬产卵，产卵期持续34～45天，雌虫平均产卵量为131粒。

4.防治方法

（1）物理防治　利用蟋蟀的趋光性，可在田间安置黑光灯诱杀成虫。

（2）化学防治　播种时，穴施辛硫磷、呋喃丹颗粒剂每亩4千克。

苗期每亩用50%辛硫磷乳油25～40毫升，拌30～40千克炒香的麦麸或豆饼或棉籽饼，拌时要适当加水，然后撒施于田间。

也可用50%辛硫磷乳油50～60毫升，拌细土75千克，撒入田中，杀虫效果90%以上。施药时要从田四周开始，向中间推进效果好。

第三节　象甲类

一、大灰象甲

大灰象甲（*Sympiezomias velatus* Chevrolat），又叫日本大灰象，属鞘翅目、象甲科。

1.为害症状

大灰象甲可为害瓜类蔬菜、棉花、枣树等。在瓜田中成虫取食瓜苗的嫩尖和叶片，轻者把叶片食成缺刻或孔洞，重者把瓜苗吃成光秆，造成缺苗断垄。在枣树上成虫主要取食枣树叶片，对枣苗和幼龄枣树为害尤重；幼虫先将叶片卷合并在其中取食，为害一段时间后再入土食害根部。

2.形态特征

（1）成虫　体长 8～10 毫米，黑褐色，被灰白、灰黄、黄褐色鳞片，头管较短粗，每鞘翅上各有 1 个近环状的褐色斑纹和 10 条纵沟（图 5-11）。

（2）卵　长 1 毫米、宽 0.4 毫米左右，长椭圆形。初产时乳白色，两端半透明，经 2～3 日变暗，孵化前乳黄色。数十粒卵粘在一起，成块状。

图 5-11　大灰象甲成虫

（3）幼虫　末龄幼虫体长约 12 毫米，乳黄色，背部弯曲。

（4）蛹　长约 10 毫米，初为乳白色，后变为灰黄色至暗灰色。

3.发生规律及生活习性

大灰象甲每 2 年发生 1 代。以成虫和幼虫在土中越冬。越冬成虫来年 4～5 月出蛰活动危害，5 月下旬产卵。产卵时雌成虫先用足将叶片左右合拢成饺子状，然后产卵于其中。卵期 7 天左右，在幼虫孵化后即钻出入土活动，取食苗木幼根；9 月下旬在土中越冬；次年春继续取食，6 月下旬化蛹，蛹期 15 天左右；7 月中旬成虫羽化后在原处越冬。成虫不能飞翔，靠爬行活动。4 月初温度较低时，多潜伏在土块间隙中或植物残株下面，遇雨有些成虫被泥土粘住而死亡。成虫有假死性、隐蔽性和群居性，取食时间多在 10 时以前和傍晚，以 16 ～ 22 时取食的最多。幼虫在土块间隙或松软表土内取食腐殖质和须根，对苗木基本无害。

4.防治方法

（1）物理防治　春季成虫出土为害期，利用其不能飞翔、活动性较差以及群集性和假死性，于 9 时前或 16 时后，人工捕捉成虫。

早春于桑苗圃边播种白芥子引诱成虫，以减少对桑树的为害，并可集中防治。

（2）化学防治　虫口密度大时，可喷洒 90% 敌百虫晶体或 80% 敌敌畏乳油 1000 倍液、50% 辛硫磷乳油或 50% 杀螟松乳油 1500 倍液。

二、蒙古土象

蒙古土象（*Xylinophorus mongolicus* Faust），别名小丸瓢箪象甲、蒙古象鼻虫、蒙古灰象甲，属鞘翅目、象甲科。

1.为害症状

成虫取食瓜幼苗子叶、嫩尖及生长点，幼苗顶土时，苗眼四周的表土出现缝隙，成虫就会趁机群集其中为害嫩芽，因此苗未出土就常被吃光或成秃桩，造成缺苗断垄，严重的整片苗地无苗。

2.形态特征

（1）成虫　体长 4 ～ 7 毫米，黑色，密被黄褐色鳞片；鞘翅上有褐色鳞片形成的不规则斑纹（图 5-12）。

（2）幼虫　末龄体长约 6 ～ 9 毫米，短粗，乳白色。

3.发生规律及生活习性

蒙古土象每 2 年发生 1 代。以成虫和幼虫越冬。第二年 4 ～ 5 月越冬代幼虫活动危害，造成缺苗断垄。春季成虫常隐藏

图 5-12　蒙古土象成虫

在土块下或苗根周围土缝中，晴天 10 点钟以后大量出土取食幼苗，有群居性和假死性，食害大苗时，常沿叶缘咬食成缺刻。卵散产于土中，幼虫在土中以根系和腐殖质为食。

4.防治方法

（1）物理防治　由于象甲具有假死性，因此可早、晚铺单震落成虫。4月上旬至春播前用杨树枝诱集成虫，放鸡啄食成虫，新栽果树苗套塑料袋。

（2）拌种　用40%氧化乐果拌种杀虫率为54%，0.2%巴丹拌种的杀虫率为67%，0.25%巴丹拌种的杀虫率为92%。播种前用50%甲胺磷拌种，播种时撒甲胺磷、50%辛硫磷、50%甲基对硫磷毒土，不但能杀成虫，更重要的是消灭卵和一龄幼虫，是压低下一代虫口密度的关键。

（3）化学防治　地面施药，控制潜土成虫。常用药剂：5%辛硫磷颗粒剂，每亩撒施3千克；或25%对硫磷胶囊剂或50%辛硫磷乳油，每亩0.3～0.4千克加细土30～40千克拌匀成毒土撒施，或稀释为500～600倍液均匀喷于地面。使用辛硫磷后应及时浅耙，以防光解。

第四节　蚜虫类

一、棉蚜

棉蚜（*Aphis gossypii* Gliver），也叫瓜蚜，属同翅目、蚜科。

1.为害症状

成虫和若虫多群集在叶背、嫩茎和嫩梢刺吸汁液。梢受害，叶片卷缩，生长点枯死，严重时在瓜苗期能造成整株枯死。成长叶受害，干枯死亡。蚜虫为害还可引起煤烟病，影响光合作用，更重要的是可传播病毒病，植株出现花叶、畸形、矮化等症状，受害株早衰。

2.形态特征

无翅雌蚜体长1.5～1.9毫米，绿色，体表常有霉状薄蜡粉。雄蚜体长1.3～1.9毫米，狭长卵形，有翅，绿色、灰黄色或赤褐色（图5-13）。有翅胎生雌蚜体长1.2～1.9毫米，有翅2对，黄色、浅绿色或深绿色，头胸大部为黑色。若蚜形如成蚜，复眼红色，体被蜡粉，有翅若蚜2龄现翅芽。

3.发生规律及生活习性

棉蚜一年发生十几代，以卵在越冬寄主上越冬。来年 3 月下旬至 4 月上旬，卵大量孵化。若虫孵出后在越冬寄主上发生 3～4 代，于 5 月份，由越冬寄主迁往夏寄主，在夏寄主上营孤雌胎生。在夏季大约 4～5 天即可发育一代，每头雌虫可繁殖后代 60～70 只，10 月上旬，由夏寄主再回迁到冬寄主上，并于 11 月份产卵越冬。棉蚜在

图 5-13　棉蚜

瓜类上为害的主要时期是春末夏初，秋季一般轻于春季，如夏季条件适合也会大发生。

4.防治方法

（1）农业防治　清除杂草，减少蚜虫来源。蚜虫以卵在木本植物枝条上和一些杂草基部越冬，来年 3～4 月份孵化，就地繁殖几代后迁飞至西瓜田为害。因此，应提早将瓜田周围杂草清除干净，或喷药灭蚜。

（2）物理防治　利用黄色诱杀蚜虫。蚜虫具有趋向黄颜色的习性，因此，可在瓜田内悬挂涂有农药和黄色胶黏体的木板或布条来诱杀。

（3）化学防治　当田间发现蚜虫时，可用 40% 乐果乳油 1000 倍液喷雾防治，或用 50% 敌敌畏乳剂 1500 倍液喷雾防治。用药剂防治蚜虫要注意早治和及时治，即在发生蚜虫的初期就喷药消灭。喷药时以叶片背面为主。

二、甘蓝蚜

甘蓝蚜（*Brevicoryne brassicae* Linnaeus），别名菜蚜，属同翅目、蚜科。

1.为害症状

以成虫、若虫成群密集吸食叶片汁液，在菜叶上，造成叶片卷缩变形，植株生长不良，影响包心，并因大量排泄蜜露，引起煤污病。此外，还会传播病毒病。

2.形态特征

有翅胎生雌蚜体长约 2.2 毫米，头、胸部黑色，复眼赤褐色。腹

部黄绿色，有数条不很明显的暗绿色横带，两侧各有 5 个黑点，全身覆有明显的白色蜡粉。触角第 3 节有 37 ～ 49 个不规则排列的感觉孔；腹管很短，远比触角第 5 节短，中部稍膨大。无翅胎生雌蚜体长 2.5 毫米左右，全身暗绿色，被有较厚的白蜡粉，复眼黑色，触角无感觉孔；无额瘤；腹管短于尾片；尾片近似等边三角形，两侧各有 2 ～ 3 根长毛（图 5-14）。

图 5-14　甘蓝蚜

3.发生规律及生活习性

甘蓝蚜在北京、河北、山东、山西、内蒙古等地 1 年发生 10 余代，以卵在蔬菜上越冬。第 2 年春 4 月孵化，先在越冬寄主嫩芽上胎生繁殖，而后产生有翅蚜迁飞至已经定植的甘蓝、花椰菜苗上，继续胎生繁殖为害，以春末夏初及秋季最重。10 月初产生性蚜，交尾产卵于留种或贮藏的菜株上越冬。少数成蚜和若蚜也可在菜窖中越冬。

4.防治方法

（1）农业防治　蚜虫以卵在木本植物枝条上和一些杂草基部越冬，来年 3 ～ 4 月份孵化，就地繁殖几代后迁飞至西瓜田为害，提早将瓜田周围杂草清除干净，或喷药灭蚜。

（2）物理防治　利用蚜虫具有趋向黄颜色的习性，因此，可在瓜田内悬挂涂有农药和黄色胶黏体的木板或布条来诱杀。

（3）化学防治　当田间发现蚜虫时，可用 50% 敌敌畏乳剂 1500 倍液喷雾防治或用 40% 乐果乳油 1000 倍液喷雾防治，喷药时以叶片背面为主。

第五节　粉虱类

一、温室白粉虱

温室白粉虱（*Trialeurodes vaporariorum* Westwood），属同翅目、

粉虱科。

1.为害症状

以成虫、若虫吸食植物的汁液，被害叶片褪绿、变黄、萎蔫。该虫群聚为害，种群数量庞大，并分泌大量蜜液，可导致煤污病的发生。

2.形态特征

（1）成虫　体长 1～1.5 毫米，淡黄色。翅面覆盖白蜡粉，停息时双翅在体上合成屋脊状如蛾类，翅端半圆状遮住整个腹部，翅脉简单，沿翅外缘有一排小颗粒（图 5-15）。

（2）卵　长约 0.2 毫米，长椭圆形，基部有卵柄，淡绿色变褐色，覆有蜡粉。

（3）若虫　体长 0.3～0.5 毫米，长椭圆形，淡绿色或黄绿色，足和触角退化，紧贴在叶片上。

图 5-15　温室白粉虱成虫

3.发生规律及生活习性

温室白粉虱在北方温室一年可发生 10 余代，冬季在室外不能存活，是以各虫态在温室越冬并继续为害。成虫羽化后 1～3 天可交配产卵，平均每只雌虫产卵 142.5 粒。可孤雌生殖，后代为雄性。成虫有趋嫩性，总是随着植株的生长在顶部嫩叶产卵，因此白粉虱在作物上自上而下的分布为：新产的绿卵、变黑的卵、初龄若虫、老龄若虫、伪蛹、新羽化成虫。白粉虱以卵柄从气孔插入叶片组织中，与寄主植物保持水分平衡，不易脱落。若虫卵孵化后 3 天内在叶背可做短距离游走，当口器插入叶组织后就失去了爬行的机能，开始营固着生活。繁殖适温为 18～21℃，在温室条件下，约 1 个月完成一代。冬季温室作物上的白粉虱，是露地春季蔬菜上的虫源。由于温室和露地蔬菜生产紧密衔接和相互交替，可使白粉虱周年发生。

4.防治方法

（1）农业防治　提倡在温室种植白粉虱不喜食的芹菜等耐低温的作物，减小黄瓜、番茄的种植面积。

培育"无虫苗"把苗房和生产温室分开，育苗前熏杀残余虫口，清理杂草和残株，在通风口密封，控制外来虫源。

避免黄瓜与番茄、菜豆混栽，温室、大棚附近避免栽白粉虱发生严重的蔬菜，以减少虫源。

（2）物理防治　白粉虱对黄色敏感，有强烈趋性，可在温室内设置黄板诱杀成虫。方法是：用油漆将木板涂为黄色，再涂上一层粘油，每亩设置 32～34 块，行间可与植株高度相同。7～10 天重涂 1 次，以提高防治效果。

（3）生物防治　可人工繁殖释放丽蚜小蜂。在温室第二茬番茄上，当白粉虱成虫在 0.5 只 / 株以下时，每隔两周放 1 次，共 3 次释放丽蚜小蜂。寄生蜂可在温室内建立种群并能有效地控制白粉虱为害。

（4）化学防治　由于白粉虱世代重叠，在同一时间同一作物上存在各种虫态，必须连续用药。10% 噻嗪酮（10% 扑虱灵）乳油 1000 倍液、25% 灭螨猛乳油 1000 倍液、2.5% 联苯菊酯（2.5% 天王星）乳油 3000 倍液，连续施用，对白粉虱成虫、卵和若虫均有较好防治效果。

二、烟粉虱

烟粉虱（*Bemisia tabaci* Gennadius），属同翅目、粉虱科。

1. 为害症状

低龄若虫常取食叶片汁液。为害初期，植株叶片出现白色小点，沿叶脉变为银白色，后发展至全叶呈银白色，光合作用受阻。严重时，全株除心叶外，多数叶片布满银白色膜，导致植株生长减缓，叶片变薄，叶脉、叶柄变白发亮，呈半透明状；幼瓜、幼果受害后变硬，严重时脱落；植株矮缩。多在叶背及瓜果毛丛中取食，卵散产于叶背面。还可传播多种病毒病。

2. 形态特征

（1）成虫　体淡黄白色，体长 0.85～0.91 毫米，翅白色，被蜡粉，无斑点，静止时左右翅合拢呈屋脊状（图 5-16）。

（2）卵　长梨形，有小柄，与叶面垂直，大多散产于叶片背面，初产时淡黄绿色，孵化前颜色加深，呈深褐色。

（3）若虫　共 3 龄，淡绿至黄色。

3. 发生规律及生活习性

图 5-16　烟粉虱成虫

烟粉虱生命力、繁殖力强，一年发生 10 多代，田间世代重叠。

在25℃条件下从卵到成虫需要18～30天，成虫寿命10～22天。11月中旬至来年3月上旬，随着气温的降低，露地作物上烟粉虱基本消失，但大棚内蔬菜上可见成虫活动，12月下旬地表最低温度为-6℃时，单膜覆盖的大棚内烟粉虱全部死亡，而双膜覆盖的大棚仍有少量烟粉虱成虫，1月上旬地表最低温度为-8℃，双膜覆盖的大棚仍有少量的烟粉虱成虫。3月中旬至6月中旬在大棚繁殖。随着大棚作物的衰老，以及外界气温不断升高，大棚内烟粉虱自6月上中旬大量向外扩散，到6月下旬大棚内烟粉虱虫量迅速下降，而靠近大棚的适生寄主虫量不断上升。7月上旬至9月中旬，此时气温偏高，对烟粉虱特别有利，烟粉虱在露地作物大量繁殖。8月下旬至9月中旬随着秋熟作物不断衰老，烟粉虱不断向秋播作物上转移扩散，此时也是对环境为害的时期。9月中下旬为全年虫量高峰期。10月份后，温度下降，对烟粉虱的繁殖和存活十分不利，虫量开始大幅度下降，露地烟粉虱纷纷向大棚转移或死亡。直至11月中旬，露地作物上烟粉虱结束。

4.防治方法

（1）农业防治　减少越冬虫源，保护地蔬菜育苗前熏蒸温室，以减少虫口基数，在温室通风口加一层尼龙纱，阻断外来虫源。温室、大棚附近避免栽植黄瓜、西红柿、茄子、棉花等烟粉虱喜食作物，以减少虫源。

清除衰枝老叶，烟粉虱高龄若虫多分布在下部叶片，黄瓜及茄果类整枝时，适当摘除部分老叶，深埋或烧毁以减少种群数量；清除田园杂草，减少烟粉虱的田外寄主。

（2）物理防治　利用烟粉虱对黄色有强烈趋性，在棚室内设置黄色板诱杀成虫（每亩用10厘米×20厘米的黄色板8～10块）。于烟粉虱发生初期（尤其在大棚揭膜前），将黄色板涂上机油黏剂（一般7天重涂1次），均匀悬挂在作物上方，黄板底部与植株顶端相平或略高些。

（3）生物防治　可人工繁殖释放丽蚜小蜂。在温室第二茬的番茄上，当烟粉虱成虫在0.5只/株以下时，每隔2周放1次，共3次释放丽蚜小蜂。寄生蜂可在温室内建立种群并能有效地控制烟粉虱的为害。

（4）化学防治　在冬季防治时必须以日光温室为重点，在春夏防治时以日光温室附近的田块为重点，统一连片用药，以达到事半功倍的效果。防治烟粉虱必须掌握四个技术关键。一是治早治小，在烟粉虱种群密度较低、虫龄较小的早期防治至关重要，1龄烟粉虱若虫蜡质薄，不能爬行，接触农药的机会多，耐药性差，易防治。二是集中连片统一用药，烟粉虱食性杂，寄主多，迁移性强，流动性大，只有全生态环境尤其是田外杂草统一用药，才能控制其繁殖危害。三是关键时段全程药控。烟粉虱繁殖率高，生活周期短，群体数量大，世代重叠严重，卵、若虫、成虫多种虫态长期并存，在7～9月烟粉虱繁殖的高峰期必须进行全程药控，才能控制其繁衍为害。不同药剂要交替轮换使用，以延缓耐药性的产生。四是选准药剂、交替使用。可用25%噻嗪酮（25%扑虱灵）1000～1500倍液、10%吡虫啉1000倍液、1.8%阿维菌素2000倍液、15%丁硫克百威（15%好年冬）1000～1500倍液或5%氟虫腈（5%锐劲特）1500倍液，用弥雾机或手动喷雾器对准植株背面喷雾，喷匀喷透，同时要做到轮换用药，以延缓耐药性的产生。

第六节　蝽类

一、瓜褐蝽

瓜褐蝽（*Aspongopus chinensis* Dallas），异名 *Cotidius chinensis*（Dalias），别名九香虫、黑兜虫、臭屁虫，属半翅目、蝽科，分布在河南、江苏、广东、广西、浙江、福建、四川、贵州、台湾。

1.为害症状

小群成虫、若虫栖集在瓜藤上吸食汁液，造成瓜藤枯黄、凋萎，对植株生长发育影响很大。

2.形态特征

（1）成虫　体长16.5～19毫米，宽9～10.5毫米，长卵形，紫黑或黑褐色，稍有铜色光泽，密布刻点，头部边缘略上翘，侧叶长于中叶，并在中叶前方汇合，触角5节，基部4节黑色，第5节橘黄至黄色，第2节比第3节长。前胸背板及小盾片上有近于平行的不规则横皱。侧接缘及腹部腹面侧缘区各节黄黑相间，但黄色部分常狭于黑色部分。足紫黑或黑褐色。雄虫后足胫节内侧无卵形凹，腹面无"十"字沟缝，末端较钝圆（图5-17）。

（2）卵　长1.24～1.27毫米，宽0.95～1.18毫米，似腰鼓形，初产时天蓝色，后变暗绿，近孵化时土黄色。卵表面密被白绒毛。

（3）若虫　共5龄。5龄若虫体长11～14.5毫米。翅芽伸过腹部背面第3节前半部，小盾片显现，腹部第4、5、6节各具1对臭腺孔。

图5-17　瓜褐蝽成虫

3.发生规律及生活习性

瓜褐蝽在河南省信阳以南、江西以北1年发生1代，广东、广西1年发生3代。以成虫在土块、石块下或杂草、枯枝落叶下越冬。发生1代的地区4月下旬至5月中旬开始活动，随之迁飞到瓜类幼苗上为害，尤以5～6月间为害最盛。6月中旬至8月上旬产卵，卵串产于瓜叶背面，每只雌虫产卵50～100粒。6月底至8月中旬幼虫孵化，8月中旬至10月上旬羽化，10月下旬越冬。发生3代的地区，3月底越冬成虫开始活动。第1代多在5～6月间，第2代7～9月间，第3代多发生在9月底，11月中成虫越冬。成虫、若虫常几只或几十只集中在瓜藤基部、卷须、腋芽和叶柄上为害，初龄若虫喜欢在瓜蔓裂处取食为害。成虫、若虫白天活动，遇到惊吓坠地，有假死性。

4.防治方法

（1）物理防治　利用瓜褐蝽喜闻尿味的习性，于傍晚把用尿浸泡过的稻草，插在瓜地里，每亩插6～7束，成虫闻到尿味就会集中在草把上，第二天早晨集中草把深埋或烧毁。

（2）化学防治　必要时喷洒75%乙酰甲胺磷可溶性粉剂800倍液或25%杀虫双水剂400倍液、2.5%溴氰菊酯乳油2000～2500倍液、10%醚菊酯悬浮剂1000倍液、10%吡虫啉可湿性粉剂1000～1500倍液。使用溴氰菊酯的采收前3天停止用药。

二、瘤缘蝽

瘤缘蝽（*Acanthocoris scaber* Linnaeus），属同翅目、缘蝽科。

1.为害症状

以成虫、若虫群集或分散于瓜类等寄主作物的地上绿色部分，包括茎秆、嫩梢、叶柄、叶片、花梗、果实，刺吸为害，但以嫩梢、嫩叶与花梗等部位受害较重。果实受害局部变褐、畸形；叶片卷曲、缩小、失绿；刺吸部位有变色斑点，严重时造成落花落叶，整株出现秃头现象，甚至整株、成片枯死。

2.形态特征

（1）成虫 长 10.5 ～ 13.5 毫米，宽 4 ～ 5.1 毫米，褐色。触角具粗硬毛。前胸背板具显著的瘤突；侧接缘各节的基部棕黄色，膜片基部黑色，胫节近基端有一浅色环斑；后足股节膨大，内缘具小齿或短刺；喙达中足基节（图 5-18）。

（2）卵 初产时金黄色，后呈红褐色，底部平坦，长椭圆形，背部呈弓形隆起，卵壳表面光亮，细纹极不明显。

图 5-18　瘤缘蝽成虫

（3）若虫 初孵若虫头、胸、足与触角粉红色，后变褐色，腹部青黄色；低龄若虫头、胸、腹及胸足腿节乳白色，复眼红褐色，腹部背面有 2 个近圆形的褐色斑。高龄若虫与成虫相似，胸腹部背面呈黑褐色，有白色绒毛，翅芽黑褐色，前胸背板及各足腿节有许多刺突，复眼红褐色，触角 4 节，第 3 ～ 4 腹节间及第 4 ～ 5 腹节间背面各有一近圆形斑。

3.发生规律及生活习性

瘤缘蝽在我国南方地区 1 年发生 1 ～ 2 代，以成虫在菜地周围土缝、砖缝、石块下及枯枝落叶中越冬。越冬成虫于 4 月上中旬开始活动，全年 6 ～ 10 月为害最烈。卵多聚集产于辣椒等寄主作物叶背，少数产于叶面或叶柄上，卵粒成行，稀疏排列，每块 4 ～ 50 粒，一般 15 ～ 30 粒。成虫、若虫常群集于辣椒等寄主作物嫩茎、叶柄、花梗上，整天均可吸食，发生严重时一棵辣椒上有几百只甚至上千只聚集为害。成虫白天活动，晴天中午尤为活跃，夜晚及雨天多栖息于辣椒等寄主作物叶背或枝条上，受惊后迅即坠落，有假死习性。

4.防治方法

（1）农业防治 通过合理施肥、合理种植密度、合理轮作、铲除菜地周围的杂草、冬季深翻等农业措施，创造不利于瘤缘蝽栖息的环境条件，减少为害。

（2）物理防治　采用人工捕捉，捏死高龄若虫或抹除低龄若虫及卵块。利用假死习性，在瓜类等寄主作物植株下放一块塑料薄膜或盛水的脸盆，摇动寄主作物，成虫、若虫会迅速落下，然后集中杀死。

（3）化学防治　一般选择高效、低毒、低残留农药，在瘤缘蝽若虫孵化盛期进行施药，若世代重叠明显，间隔 10 天左右视虫情进行第二次施药，提倡农药轮用。可用农药有 21% 灭杀毙（氰戊菊酯＋马拉硫磷）乳油 4000～6000 倍液、2.5% 溴氰菊酯乳油 3000 倍液、50% 辛·氰乳油 3000～4000 倍液。

三、红脊长蝽

红脊长蝽（*Tropidothorax elegans* Distant），别名黑斑红长蝽、红长蝽，属半翅目、长蝽科。

1. 为害症状

成虫和幼虫群集于嫩茎、嫩瓜、嫩叶等部位，刺吸汁液，刺吸处呈褐色斑点，严重时导致枯萎。

2. 形态特征

（1）成虫　体长 8～11 毫米，宽 3～4.5毫米。身体呈长椭圆形。躯体赤黄色至红色，具黑地纹，密被白色毛。头、触角和足均为黑色。前胸背板有刻点，中部橘黄色，后纵两侧各有 1 个近方形的大黑斑。小盾片

图 5-19　红脊长蝽成虫

三角形，黑色，前翅爪片除基部和端部为橘红色外，基本上全为黑色；半鞘翅膜质部黑色，基部近小盾片末端有 1 白斑（图 5-19）。

（2）卵　长卵圆形，长约 0.9 毫米，初产乳黄色，渐变橘黄色，卵壳上有许多细纹。

（3）若虫　共 5 龄。1 龄若虫体长约 1 毫米，被有白色或褐色长绒毛；头、胸和触角紫褐色，足黄褐色；前胸背板中央有一橘红色纵纹；腹部红色，腹背有一深红斑，腹末黑色。2 龄若虫体长约 2 毫米，被有黑褐色刚毛；体黑褐色，但中胸背板纵脊、后胸、腹侧缘及第

1、2 腹节橘红色，腹部腹面橘红色，中央有一大黑斑。3 龄若虫体长 3.7～3.8 毫米，触角紫黑，节间淡红；前翅芽达第 1 腹节中央。4 龄若虫体长约 5 毫米，前翅背板后部中央有一突起，其两侧为漆黑色；翅芽漆黑，达第 4 腹节中部；腹部最后 5 节的腹板呈黄黑相间的横纹。

3.发生规律及生活习性

每年发生 1～2 代，以成虫在石块下、土穴中或树洞里成团越冬。第 2 年春 4 月中旬开始活动，5 月上旬交尾。第 1 代若虫于 5 月底至 6 月中旬孵出，7～8 月羽化产卵；第 2 代若虫于 8 月上旬至 9 月中旬孵出，11 月上中旬进入越冬状态。成虫怕强光，早、晚群居取食。卵成堆产于土缝里、石块下或根际附近土表，每堆 30 枚左右。

4.防治方法

（1）农业防治　冬耕和清理菜地，可消灭部分越冬成虫，发现卵块时可人工摘除。

（2）化学防治　于成虫盛发期和若虫分散为害之前进行药剂防治，可喷洒 90% 晶体敌百虫 800 倍液、50% 辛硫磷乳油 1000 倍液、2.5% 高效氯氰菊酯乳油 2500 倍液、10% 高效氯氰菊酯乳油 3000 倍液、25% 毒死蜱·氯氰菊酯乳油 1500 倍液，每亩喷兑好的药液 70 千克。

第七节　蓟马类

一、烟蓟马

烟蓟马（*Thrips tabaci* lindeman），又称棉蓟马、葱蓟马，属缨翅目、蓟马科。

1.为害症状

烟蓟马以锉吸式口器为害瓜叶片、生长点及花器等。为害叶片常造成叶片现灰白色细密斑点；为害烟草则在取食生长点常形成多头烟；为害花蕊及子房则严重影响种子的发育和成熟。

2.形态特征

（1）成虫　雌虫体长约 1.2 毫米，宽约 0.3 毫米，暗棕色，仅触角第三节黄褐色。头宽大于长，短于前胸。复眼紫红色，表面粗糙呈颗粒状。单眼排列呈三角形，单眼间在其连续之外。触角7节，翅透明，细长，其周围有很多细长缘毛。前翅前脉基鬃7根或8根，端鬃4～6根，后脉鬃15～16根。腹部第二～第八节背片前缘有一黑褐色横纹。腹末有锯状产卵器（图5-20）。

图5-20　烟蓟马

（2）卵　略呈肾形，随发育渐变成卵圆形。长约0.3毫米，乳白色至淡黄色。孵化前可见红色眼点。

（3）若虫　全体淡黄色。1龄若虫长0.37毫米，2龄若虫长0.9毫米，触角6节，为头长的2倍。触角第三节具环皱，第四节具微毛3排。复眼红色。胸、腹部各节有细微褐点，点上生有粗毛。3龄若虫也叫"前蛹"，始有翅芽。4龄若虫又称"伪蛹"，翅芽更长，不取食，可活动。

3.发生规律及生活习性

烟蓟马在东北一年发生3～4代，山东为6～10代。在山东、山西、河北、湖北等省主要以成虫（并有若虫）在葱、蒜叶鞘内侧、杂草上、土块、土缝下及枯枝落叶间越冬，或以伪蛹在土表层越冬。第二年春季开始活动，在越冬寄主上繁殖一段时间，然后迁移到早春作物和其他杂草上。成虫性活泼，能飞善跳，扩散传播很快，但惧怕阳光，白昼多在叶背及叶腋间为害，阴天或夜间才在正面取食。烟蓟马行孤雌生殖，雄虫极罕见。雌虫将卵多产于叶背皮下和叶脉内。卵期和若虫期各为5天，"蛹"期3～7天，成虫产卵前期1.5天，成虫寿命6.2天。完成一代需9～23天，夏季一代约为15天。一般在25℃以下、相对湿度60%以下适合其发生，高温高湿对其不利。

4. 防治方法

（1）农业防治　消灭越冬虫体。清除田间杂草及枯枝落叶，破坏其隐蔽场所，消灭越冬害虫。减少春季虫源。春季及时防治葱、蒜等寄主和间套作物上的烟蓟马，减少虫源。

（2）化学防治　注意在蕾期和初花期及时用药。常用的药剂有：40%氧化乐果乳油1000倍液、50%杀螟丹（50%巴丹）可湿性粉剂1000倍液、40%鱼藤酮800倍液。

二、瓜亮蓟马

瓜亮蓟马（*Thrips flavus* Schrank），又称亮蓟马、节瓜蓟马、橙黄蓟马、瓜蓟马等，属缨翅目、蓟马科。瓜亮蓟马主要为害节瓜、黄瓜等葫芦科蔬菜，也为害茄科、豆科蔬菜和十字花科蔬菜等。

1.为害症状

以成虫、若虫锉吸植株的嫩梢、嫩叶、花和幼果的汁液，被害嫩叶、嫩梢变硬且小，茸毛呈灰褐色或黑褐色，植株生长缓慢，节间缩短，心叶不能展开。幼瓜受害后，茸毛变黑，表皮呈锈褐色，造成畸形，甚至落果，严重影响产量和质量。

2.形态特征

（1）成虫　体长1毫米，金黄色，头近方形，复眼稍突出，单眼3只，红色，排成三角形。单眼间的鬃位于单眼三角形连线的外缘，触角7节，翅狭长，周缘具细长缘毛，腹部扁长（图5-21）。

（2）卵　长约0.2毫米，长椭圆形，黄白色。

（3）若虫　黄白色，3龄时复眼红色。

3.发生规律及生活习性

瓜亮蓟马在南方1年可发生20代以上，多以成虫潜伏在土块、土缝下或枯枝落叶间越冬，少数以若虫越冬。越冬成虫在次年气温回升至12℃时开始活动，瓜苗出土后，即转至瓜

图5-21　瓜亮蓟马成虫

苗上为害。在我国华北地区棚室蔬菜生产集中的地方，由于棚室保护地蔬菜生产和露地蔬菜生产衔接或交替，给瓜亮蓟马创造了能在此终年繁殖的条件，在冬暖大棚瓜类或茄果类蔬菜越冬茬栽培中，可发生瓜亮蓟马为害，但为害程度一般比秋茬和春茬轻。全年为害最严重时期为5月中下旬至6月中下旬。初羽化的成虫具有向上、喜嫩绿的习性，且特别活跃，能飞善跳，爬动敏捷。白天阳光充足时，成虫多数隐藏于瓜苗的生长点及幼瓜的毛茸内。雌成虫具有孤雌生殖能力，每只雌虫产卵30～70粒。瓜亮蓟马发育最适温度为25～30℃。

土壤湿度与瓜亮蓟马的化蛹和羽化有密切的关系，土壤含水量在8%～18%的范围内，化蛹和羽化率均较高。瓜亮蓟马常见的天敌有捕食性的花蝽和草蛉两种。花蝽的食量颇大，对瓜亮蓟马的发生有很强的抑制作用。

4.防治方法

瓜亮蓟马繁殖快，易成灾，应采用早防狠治的办法，减轻受害。

（1）农业防治　用营养土育苗，适时栽植，避开为害高峰期；覆盖地膜，可减少瓜蓟马对瓜苗的危害；清除瓜田附近的野生茄科植物，减少虫源。

（2）化学防治　根据当地虫情测报加强田间虫情检查，当每株虫口有3～5只时即应喷药防治。可用10%吡虫啉可湿性粉剂4000～6000倍液、25%喹硫磷乳油1000倍液、50%巴丹可溶性粉剂1000倍液、拟除虫菊酯类药剂4000倍液喷雾；也可用20%双甲脒乳油1000倍液、20%复方浏阳霉素1000倍液、75%乐果乳油1000～1500倍液喷雾，均有效。每10～14天1次，连喷2～3次。喷药的重点是植株的上部，尤其是嫩叶背面和嫩茎。

第八节　螟蛾类

一、瓜绢螟

瓜绢螟（*Diaph niaindica* Saunders），又叫瓜野螟、瓜螟，属鳞翅目、螟蛾科。

1.为害症状

幼龄幼虫在叶背啃食叶肉，被害部位呈白斑，3龄后吐丝将叶或嫩梢缀合，匿居其中取食，致使叶片穿孔或缺刻，严重时仅留叶脉。幼虫常蛀入瓜内、花中或潜蛀瓜藤，影响产量和质量。

2.形态特征

（1）成虫　体长11毫米，头、胸黑色，腹部白色，第1、7、8节末端有黄褐色毛丛。前、后翅白色透明，略带紫色，前翅前缘和外缘、后翅外缘呈黑色宽带（图5-22）。

（2）卵　扁平，椭圆形，淡黄色，表面有网纹。

（3）幼虫　末龄幼虫体长 23 ～ 26 毫米，头部、前胸背板淡褐色，胸腹部草绿色，亚背线呈两条较宽的乳白色纵带，气门黑色（图 5-22）。

图 5-22　瓜绢螟幼虫与成虫

3.发生规律及生活习性

瓜绢螟 1 年发生 5 ～ 6 代，以老熟幼虫和蛹在枯枝残叶内越冬，一般 5 月初始见，5 月底开始为害，7 ～ 9 月三个月发生量大，10 月底可在冬瓜、黄瓜、丝瓜上见到幼虫为害。卵多产于叶片背面，散产或数粒产在一起，3 龄以后的幼虫吐丝将叶片缀合，潜居其中为害，严重时，可将叶片取食光，仅存叶脉。幼虫不但蛀食瓜的幼果及花，有时还蛀入瓜内为害。幼虫活泼，稍遇惊后即吐丝下垂，转移他处为害。幼虫老熟后，在被害处做白色薄茧化蛹，或在根际表土中化蛹。

4.防治方法

抓住幼虫盛孵期和卷叶前的有利时机进行喷药。

（1）农业防治　幼虫初发期摘除卷叶，集中处理，可消灭部分幼虫。瓜收获后，将枯藤落叶集中烧毁，可减少越冬虫口基数，减轻次年危害程度。

（2）生物防治　苏云金芽孢杆菌（青虫菌）（每克含孢子 100 亿）100 倍液喷雾。

（3）化学防治　90% 晶体敌百虫 1000 倍液、50% 敌敌畏乳油 1200 倍液。虫口密度大、危害重时，可每隔 7 ～ 10 天喷药 1 次，连续防治 2 ～ 3 次，药剂交替使用，可提高防效。

二、草地螟

草地螟（*Loxostege sticticalis* Linnaeus），也叫黄绿条螟、甜菜网

螟，属鳞翅目、螟蛾科。

1.为害症状

初孵幼虫取食叶肉，残留表皮，长大后可将叶片吃成缺刻或仅留叶脉，使叶片呈网状。大发生时，也为害花和幼苗。

2.形态特征

（1）成虫　体长8～12毫米，翅展24～26毫米；体、翅灰褐色，前翅有暗褐色斑，翅外缘有淡黄色条纹，中室内有一个较大的长方形黄白色斑；后翅灰色，近翅基部较淡，沿外缘有两条黑色平行的波纹（图5-23）。

（2）卵　椭圆形，0.5毫米×1毫米，乳白色，有光泽，分散或2～12粒覆瓦状排列成卵块。

（3）幼虫　共5龄。老熟幼虫16～25毫米；1龄幼虫淡绿色，体背有许多暗褐色纹；3龄幼虫灰绿色，体侧有淡色纵带，周身有毛瘤；5龄幼虫多为灰黑色，两侧有鲜黄色线条（图5-23）。

图5-23　草地螟幼虫与成虫

3.发生规律及生活习性

草地螟以老熟幼虫在丝质土茧中越冬。越冬幼虫在第二年春随着日照增长和气温回升，开始化蛹，一般在5月下旬至6月上旬进入羽化盛期。越冬代成虫羽化后，从越冬地迁往发生地，在发生地繁殖1～2代后，再迁往越冬地产卵，繁殖到老熟幼虫入土越冬。草地螟成虫有群集性。飞翔、取食、产卵以及在草丛中栖息等，均以大小不等的高密度的群体出现。对多种光源有很强的趋性。尤其对黑光灯趋性更强，在成虫盛发期一支黑光灯一夜可诱到成虫成千上万只。成虫需补充营养，常群集取食花蜜。成虫产卵选择性很强，在气温偏高时，选高海拔冷凉的地方，气温偏低时，选低海拔向阳背风地，在气温适宜时选比较湿润的地方。卵多产在藜科、菊科、锦葵科和茄科等植物上。幼虫 4、5 龄期食量较大，占幼虫总食量的 80% 以上，此时如果幼虫密度大而食量不足时可集群爬至他处为害。

4.防治方法

（1）农业防治　掌握成虫产卵之前，锄净田间及田边杂草少产卵。

（2）化学防治　可用 2.5% 敌百虫粉剂或 0.04% 除虫精粉剂，每亩 1.5 ～ 2 千克喷粉；也可用 50% 敌敌畏乳油 500 ～ 600 倍液、2.5% 溴氰菊酯（2.5% 敌杀死）乳油、20% 氰戊菊酯（20% 杀灭菊酯）1000 倍液喷雾。

第九节　夜蛾类

一、葫芦夜蛾

葫芦夜蛾（*Anadevidia peponis* Fabricius），属鳞翅目、夜蛾科，可以为害黄瓜、节瓜和葫芦瓜等葫芦科蔬菜。

1.为害症状

以幼虫取食叶片，在近叶基 1/4 啃食成一弧圈，致使整片叶枯萎，影响作物生长发育。

2.形态特征

（1）成虫　体长 15 ～ 20 毫米，翅展 31 ～ 40 毫米；头胸部灰褐色，腹部淡褐黄色，前翅灰褐色。前缘区基部、中室及后端区有金色，前缘区中段有褐色细纹；基线不清，内横线双线褐色，波浪形，在中室后内斜，环纹灰边，肾纹窄，褐色灰边。外线双线褐色，微曲内斜，内线与外线间在 2 脉后带褐色，较浓；亚端线波曲。后翅褐灰色，后半部棕黑色（图 5-24）。

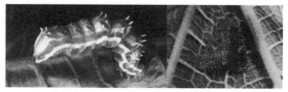

图 5-24　葫芦夜蛾幼虫与成虫

（2）幼虫 老熟幼虫体长 35～40 毫米，绿色，背线、亚背线、气门线黄白色。体前端细小，后端粗大，第 1、2 对腹足退化，第 1～3 节常向上拱起，体表具许多刺状突起。

3.发生规律及生活习性

葫芦夜蛾在广东 1 年发生 5～7 代，以老熟幼虫在草丛中越冬。全年以 8 月发生较多，为害黄瓜、节瓜和葫芦瓜等。成虫有趋光性，卵散产于叶背。初龄幼虫食叶呈小孔，3 龄后在近叶基 1/4 将叶片咬成一弧圈，使叶片干枯。老熟幼虫在叶背吐丝结薄茧化蛹。

4.防治方法

（1）农业防治 掌握成虫产卵之前，锄净田间及田边杂草少产卵。

（2）化学防治 零星发生，一般不单独采取药剂防治措施。可喷洒 90% 晶体敌百虫 800 倍液、50% 辛硫磷乳油 1500 倍液、20% 氰戊菊酯乳油 2000 倍液、20% 吡虫啉浓可溶剂 3500 倍液或 1% 阿维菌素乳油 2500 倍液等。

二、甘蓝夜蛾

甘蓝夜蛾（*Mamestra brassicae* Linnaeus），又叫甘蓝夜盗虫、菜夜蛾，属鳞翅目、夜蛾科。

1.为害症状

甘蓝夜蛾以幼虫为害瓜及其他作物的叶片。初孵化时的幼虫围在一起于叶片背面为害，白天不动，夜晚活动啃食叶片，而残留下表皮；到大龄（4 龄以后），白天潜伏在叶片下、菜心、地表或根周围的土壤中，夜间出来活动，形成暴食。严重时，往往能把叶肉吃光，仅剩叶脉和叶柄，吃完一处再成群结队迁移为害。包心菜类常常有幼虫钻入叶球并留了不少粪便，污染叶球，还易引起腐烂。

2.形态特征

（1）成虫 体长 15～25 毫米，翅展 30～50 毫米，翅和身体为灰褐色，复眼为黑紫色，在前翅的中间部位，靠近前缘附近有一个灰黑色的环状纹和一个相邻的灰白色的肾状纹，后翅灰白色（图 5-25）。

（2）卵 半球形，有纵横棱边相隔的方格纹。初产黄白色，孵化前紫黑色。

（3）幼虫 体长 40 毫米左右，体色多变，受气候和食料影响而在黄、褐、灰间变化，体表腺体色泽分明，背腺两侧有多个倒"八"字形纹，在1、2龄时前两对腹足退化（图5-25）。

图5-25　甘蓝夜蛾幼虫与成虫

（4）蛹　赤褐色，长约20毫米，臀棘较长，末端有两根长刺，顶端膨大，形似大头针。

3.发生规律及生活习性

甘蓝夜蛾在北方1年发生3～4代，以蛹在土表下10厘米左右处越冬，当气温回升到15～16℃时。越冬蛹羽化出土。在辽宁为5月中旬至6月中旬，在山东是5月上旬至6月上旬。在山东一年有两次为害盛期，第一次在6月中旬至7月上旬，第二次是在9月中旬至10月上旬。第一次重点为害期，正值春甘蓝、留种菠菜和甜菜盛长期，主要是第1代幼虫作怪。第二次重点为害期，正值秋甘蓝、白菜的盛长期，是第3代幼虫作怪。成虫对糖醋味有趋性，对光没有明显趋性。成虫产卵期需吸食露水和蜜露以补充营养。卵为块状，每块100～200粒之间，一只雌蛾一生可产1000～2000粒卵，多产在生长茂密的植株叶背，小植株上全株叶片都可着卵，大植株上多产在上、中部叶片上，卵期一般为4～6天。幼虫共6龄，孵化后有先吃卵壳的习性，群集叶背进行取食，2～3龄开始分散为害，4龄后昼伏夜出进行为害，整个幼虫期约30～35天。蛹期一般10天左右，越夏蛹期50～60天，越冬蛹期6个月左右，蛹的发育温度15～30℃之间。甘蓝夜蛾的发生往往出现间歇性暴发，在冬季和早春温度和湿度适宜时，羽化期早而较整齐，易于出现暴发性灾年。具体讲，当日平均温度在18～25℃、相对湿度70%～80%时最有利于它的发育，高温干旱或高温高湿对它的发育不利。所以夏季是个明显的发生低潮。与其他害虫不同的重要一点是，成虫需要补充营养。成虫期，羽化处附近若有充足的蜜、露，或羽化后正赶上有大量的开花植物，都可能引起大发生。

4.防治方法

（1）农业防治　瓜田收获后进行秋耕或冬耕深翻，铲除杂草可消灭部分越冬蛹，结合农事操作，及时摘除卵块及初龄幼虫聚集的叶片，集中处理。

（2）物理防治　利用成虫的趋光性和趋化性，在羽化期设置黑光灯或糖醋盆（诱液中糖、醋、酒、水比例为10∶1∶1∶8或6∶3∶1∶10）。

（3）生物防治

① 在幼虫3龄前施用细菌杀虫剂苏云金杆菌（Bt悬浮剂、Bt可湿性粉剂），一般每克含100亿孢子兑水500～1000倍喷雾，选温度20℃以上晴天喷洒效果较好。

② 卵期人工释放赤眼蜂，每亩设6～8个点，每次每点放2000～3000只，每隔5天1次，连续2～3次。

（4）化学防治　掌握在3龄前幼虫较集中、食量大、耐药性弱的有利时机进行化学药剂防治。用药种类可选用溴虫腈（除尽）2000倍液、氯虫苯甲酰胺（安打）2500～3000倍液。也可选用4000倍液的杀灭菊酯或2000倍液的二氯苯酸菊酯或1000倍液的辛硫磷，根据预测预报提供的材料，及时进行防治。

为了防止产生耐药性，应交替使用农药，不需多种农药混用或单农药品种连续使用，用药时水量一定要足，喷药均匀到位。

三、银纹夜蛾

银纹夜蛾（*Argyrogramma agnata* Staudinger），又叫豆银纹夜蛾、菜步曲、造桥虫、透风虫等，属鳞翅目、夜蛾科。

1.为害症状

以幼虫取食为害叶片，将其吃成缺刻或孔洞，并排泄粪便污染瓜叶及菜株。

2.形态特征

（1）成虫　体长12～17毫米，翅展32毫米，体灰褐色。前翅深褐色，具 2 条银色横纹，翅中有一显著的"U"形银纹和一个近三角形银斑；后翅暗褐色，有金属光泽（图 5-26）。

（2）卵　馒头状，表面有放射状纹，长约 0.5 毫米，白色至淡黄绿色，表面具网纹。

（3）末龄幼虫　体长约 30 毫米，淡绿色，虫体前端较细，后端较粗。头部绿色，两侧有黑斑；

图 5-26　银纹夜蛾幼虫与成虫

胸足及腹足皆绿色，第 1、2 对腹足退化，行走时体背拱曲。体背有纵行的白色细线 6 条位于背中线两侧，体侧具白色纵纹。

（4）蛹　长约 18 毫米，初期背面褐色，腹面绿色，末期整体黑褐色。

3. 发生规律及生活习性

一般每年发生 3 代。第 2 代幼虫发生面积大，为害严重（一般在 8 月上旬）。成虫昼伏夜出，趋光性强，喜欢在茂密的植株上产卵，散产于叶背面。初孵幼虫在叶背面啃食叶肉，并能吐丝下垂转移为害，4 龄后食量大增，为害最重。幼虫老熟后在叶背面结茧化蛹。7 月中旬降水量在 100 毫米以上，气温为 25 ～ 27℃，幼虫 3 龄前湿度大、无暴雨，很可能造成第 2 代大发生。

4. 防治方法

（1）农业防治　及时清除田间、地头杂草，灭卵及初孵幼虫。加强栽培管理，冬季清除枯枝落叶，以减少来年的虫口基数。根据残破叶片和虫粪，人工捕杀幼虫和虫茧。

（2）物理防治　利用成虫的趋光性，可用黑光灯诱杀成虫。

（3）生物防治　幼虫 1 ～ 2 龄喷洒苏云金杆菌 Bt 乳剂，每克含活孢子量 100 亿以上，兑水 900 倍，气温高于 20℃防效好。幼虫进入 3 龄后喷洒 25%灭幼脲 3 号悬浮剂 800 倍液或 5%啶虫隆乳油 3000 倍液，隔 10 天左右 1 次，防治 1 ～ 2 次。虫害重的地区提倡用核型多角体病毒或 1000 万 PIB/克苜蓿银纹夜蛾核多角体病毒 2000 国际单位/微升悬浮剂防治。

（4）化学防治　尽量选择在低龄幼虫期防治。此时虫口密度小，危害小，且虫的耐药性相对较弱。防治时用45%丙溴辛硫磷1000倍液，或20%氰戊菊酯1500倍液+5.7%甲维盐2000倍混合液喷杀幼虫，可连用1～2次，间隔7～10天。可轮换用药，以延缓耐药性的产生。幼虫期也可喷洒0.5%楝素杀虫乳油1500倍液或2.5%高效氯氟氰菊酯乳油2500倍液。

四、棉铃虫

棉铃虫（*Heliothis armigera* L.），属鳞翅目、夜蛾科。

1.为害症状

以幼虫取食为害叶片，造成叶片的缺刻或孔洞。

2.形态特征

（1）成虫　体长14～18毫米，雌蛾褐色或灰褐色，雄蛾青灰色。复眼球形绿色。前翅环状纹圆形，边缘褐色，中央有一褐色斑点，肾状纹边缘褐色，中央为深褐色肾形斑；后翅灰白色或褐色（图5-27）。

图5-27　棉铃虫幼虫、雌成虫、雄成虫

（2）卵　馒头形，直径约0.5毫米，高约0.6毫米，卵顶端有菊花瓣花纹，四周有纵脊和横脊。

（3）幼虫　老熟幼虫体长30～40毫米，头部黄色，有褐色网状斑纹。体色变化较大，有绿色、淡绿色、黄白色、淡红色等。体表满布褐色或灰色小刺。

（4）蛹　纺锤形，长14～25毫米，初为绿色，渐变为褐色。体表具刻点；腹部末端有1对臀刺，刺基部分开。

3.发生规律及生活习性

棉铃虫每年约发生5～7个世代，以蛹在寄主根际附近的土中越冬。棉铃虫成虫昼伏夜出，在夜间交配产卵，喜产卵于植株长势旺盛、现蕾开花的田块，多散于植株顶尖至第四复叶的嫩梢、嫩叶、花萼和茎基上。每只雌蛾产卵 100 ～ 200 粒；卵孵化时间因温度而异。初孵化幼虫有吃卵壳的习性，并可啃食嫩叶和花蕾成凹点，一般 3 龄幼虫开始蛀果，4 ～ 5 龄时转果蛀食频繁，6 龄时相对减弱。早期幼虫喜食嫩果，近老熟时则喜食成熟果实和嫩叶，一只幼虫一般可为害 3 ～ 5 个果实。幼虫共 6 龄，老熟幼虫在 3 ～ 9 厘米表土层筑土室化蛹。棉铃虫喜温喜湿，但雨水过多，会造成土壤板结，不利于幼虫入土化蛹，土中蛹死亡率也高。风雨对棉铃虫的卵有抑制作用，成虫一般需在蜜源植物中补充营养，蜜源与其产卵量有密切关系。

4.防治方法

（1）农业防治　在查清主要越冬基地后，结合冬耕冬翻或春天整地起垄，消灭越冬蛹，压低第一代虫源。针对棉铃虫产卵特性，及时摘除顶权，清除部分虫卵，并摘除有虫果实，以减少幼虫转株为害。

（2）物理防治　在成虫盛发期剪取 0.6 ～ 1 米长的新鲜带叶杨树枝条，几枝扎成一束，插于田间，使枝梢高于蔬菜顶部 20 ～ 30 厘米，每亩插 10 余把，每 3 ～ 5 天换一次，每天清晨露水未干时，用塑料袋套住枝把，捕杀成虫，或每 3 公顷范围设置黑光灯一盏，下置药水盆诱杀成虫。

（3）化学防治　在幼虫盛孵期用药防治，可用 50% 辛硫磷乳油 1000 倍液、25% 增效喹硫磷乳油 1000 倍液、90% 敌百虫 1000 倍液、功夫乳油 5000 倍液、菊·马乳油 1500 倍液喷杀。

第十节　潜蝇类和实蝇类

一、美洲斑潜蝇

美洲斑潜蝇（*Liriomyza sativae* Blanchard），又名蔬菜斑潜蝇、美洲甜瓜斑潜蝇、苜蓿斑潜蝇等，属双翅目、潜蝇科。

1.为害症状

以幼虫取食叶片正面叶肉，形成先细后宽的蛇形弯曲或蛇形盘绕虫道，其内有交替排列整齐的黑色虫粪。老虫道后期呈棕色的干斑块区，一般1虫1道，1头老熟幼虫1天可潜食3厘米左右。成虫在叶片正面取食和产卵，刺伤叶片细胞，形成针尖大小的近圆形刺伤"孔"，造成危害。"孔"初期呈浅绿色，后变白，肉眼可见。幼虫和成虫的为害可导致幼苗全株死亡，造成缺苗断垄；成株受害，可加速叶片脱落，引起果实日灼，造成减产。幼虫和成虫通过取食还可传播病害，特别是传播某些病毒病，降低花卉观赏价值和蔬菜类食用价值（图5-28）。

2.形态特征

（1）成虫　体形较小，头部黄色，眼后眶黑色；中胸背板黑色光亮，中胸侧板大部分黄色；足黄色（图5-28）。

（2）卵　白色，半透明。

（3）幼虫　蛆状，初孵时半透明，后为鲜橙黄色（图5-28）。

（4）蛹　椭圆形，橙黄色，长1.3～2.3毫米。

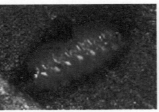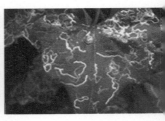

图5-28　美洲斑潜蝇的成虫、蛹、为害状

3.发生规律及生活习性

美洲斑潜蝇1年可发生12～17代，世代随温度变化而变化：15℃时约54天；20℃时约16天；30℃时约12天。成虫具有较强的趋光性。成虫吸取植株叶片汁液；卵产于叶肉中；初孵幼虫潜食叶肉，并形成隧道，隧道端部略膨大，老龄幼虫咬破隧道的上表皮爬出道外化蛹。成虫有一定飞翔能力，主要随寄主植物的叶片、茎蔓，甚至鲜切花的调运而传播。

4.防治方法

（1）农业防治　实行美洲斑潜蝇喜食的瓜果、豆类等蔬菜与非喜食的十字花科、百合科等蔬菜合理轮作；适当稀植，增加田间通透性；生长期发现有虫叶及时摘除；勤中耕，增加灌水次数，消灭虫蛹；收获后及时清理田园，把被美洲斑潜蝇危害的作物残体集中深埋或烧毁。

（2）物理防治　黄板诱杀。美洲斑潜蝇成虫对黄色具有趋性，可利用这一习性进行诱杀。如可在棚内吊一块 20 厘米 ×20 厘米大小的黄板，在其上涂上一层黏油（用 10 号机油加少许黄油调匀）进行诱杀。

（3）化学防治　美洲斑潜蝇世代短，繁殖力强，且耐药性发展快，药剂防治的关键是抓早，重点抓好苗期的防治，喷药时间最好在上午 9 ～ 11 时。常用药剂：48% 毒死蜱（48% 乐斯本）乳油 800 ～ 1000 倍液、25% 斑潜净乳油 1500 倍液、1.8% 阿维菌素（1.8% 爱福丁）乳油 3000 倍液、40% 醚菊酯（40% 绿菜宝）乳油 1000 倍液、5% 顺式氰戊菊酯（5% 来福灵）乳油 3000 倍液、20% 吡虫啉（20% 康福多）4000 倍液等。

二、南美斑潜蝇

南美斑潜蝇（*Liriomyza huidobrenisis* Blanchard），属双翅目、潜蝇科。

1. 为害症状

成虫用产卵器把卵产在叶中，孵化后的幼虫在叶片上、下表皮之间潜食叶肉，嗜食中肋、叶脉，食叶成透明空斑，造成幼苗枯死，破坏性极大。该虫幼虫常沿叶脉形成潜道，幼虫还取食叶片下层的海绵组织，从叶面看潜道常不完整，这可区别于美洲斑潜蝇。

2. 形态特征

（1）成虫　翅长 1.7 ～ 2.25 毫米。中室较大，M_{3+4} 末端长为次生端长 2 ～ 2.5 倍。额明显突出于眼，橙黄色，上眶稍暗，内外顶鬃着生处暗色，上眶鬃 2 对，下眶鬃 2 对，颊长为眼高的 1/3，中胸背板黑色稍亮。后角具黄斑，背中鬃散生呈不规则 4 行，中侧片下方1/2 ～ 3/4 甚至大部分黑色，仅上方黄色。足基节黄色具黑纹，腿节基本黄色但具黑色条纹，胫节、跗节棕黑色（图 5-29）。

（2）幼虫　体白色，后气门突具 6 ～ 9 个气孔开口。雄性外生殖器：端阳体与骨化强的中阳体前部体之间以膜相连，呈空隙状，中间后段几乎透明。精泵黑褐色，柄短，叶片小，背针突具1齿（图5-29）。

（3）蛹　初期呈黄色，逐渐加深直至呈深褐色，比美洲斑潜蝇颜色深且体形大。后气门突起与幼虫相似（图5-29）。

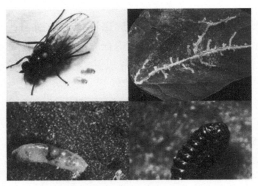

图5-29　南美斑潜蝇成虫、幼虫、蛹

3.发生规律及生活习性

南美斑潜蝇在国内发生代数不详。据国外报道，此虫适温为22℃，在云南滇中地区全年有两个发生高峰期，即3～4月和10～11月。此间平均温度为11～16℃，最高不超过20℃，有利于该虫的发生。5月气温升至30℃以上时，虫口密度下降，6～8月雨季虫量也较低，12月至下年1月，月平均温度在7.5～8℃，最低温度为1.4～2.6℃时，该虫也能活动为害。此外，田间发生量与栽培作物情况有关。在山东省的冬暖式大棚中，于2月下旬虫口密度迅速上升，3月后便可造成严重危害，并可持续到5月中旬前后。在露地蔬菜上，于4月上中旬可见到由棚室中迁出的成虫为害菜苗，5月中下旬后数量急增，并造成危害，至6月下旬后，由于气温高等诸多原因，数量迅速下降。至9月以后，种群数量又开始上升，10月后陆续迁移到秋延迟的大弓棚中为害，也可造成较大的损失；在冬暖式大棚中发生的个体，12月份常可大发生，进入1月份后，由于温度较低，数量又趋下降。

4.防治方法

（1）严格检疫　防止该虫向其他省市蔓延。

（2）农业防治　控制虫源，在温室或棚室中，豆类蔬菜应与南美斑潜蝇不喜食的寄主植物（如辣椒、番茄、茄子等）间作，一定不要与芹菜、茼蒿、瓜类间作。在露地豆类蔬菜种植区，周围不应有芹菜或瓜类。

（3）物理防治　在温室或大棚中，可采用灭蝇纸诱杀，在成虫发生始盛期至末期，每亩设置 15 个诱杀点，每点放置 1 张诱蝇纸，每 3～4 天更换一次。也可使用斑潜蝇诱杀卡，使用时，将诱杀卡揭开，挂在成虫数量多的地方，每 15 天更换一次。也可采用黄板诱杀法消灭成虫，在室内设置黄色诱虫板（带）（可用胶合板、塑料薄膜制成），涂橙皮黄色，并抹 10 号或 11 号机油，挂在行间 1.5 米高处，有明显的诱虫效果。

（4）化学防治　在发生的早期应使用消灭幼虫的药剂，常用的药剂有 36% 克螨蝇乳油 1000 倍液、50% 杀螟丹（巴丹）可湿性粉剂 1500 倍液、20% 杀虫双水剂 800 倍液、90% 杀虫单可湿性粉剂 2000 倍液、1.8% 阿维菌素乳油 4000 倍液、1% 甲氨基阿维菌素乳油 4000 倍液、25% 灭幼脲 3 号悬浮剂 1500 倍液、20% 杀铃脲（氟幼灵）悬浮剂 8000 倍液、48% 乐斯本（毒死蜱）乳油 1000 倍液等喷雾。消灭成虫可使用 80% 敌敌畏乳油 800 倍液、10% 氯氰菊酯、5% 高效氯氰菊酯乳油 1500 倍液等。喷药时一定仔细，使每一叶片均着药。

三、瓜实蝇

瓜实蝇［*Bactrocera (Zeugodacus) cucurbitae* Coquillett］，属双翅目、实蝇科。

1. 为害症状

成虫以产卵管刺入幼瓜表皮内产卵，幼虫孵化后即钻进瓜内取食，受害瓜先局部变黄，而后全瓜腐烂变臭，大量落瓜，即使不腐烂，刺伤处凝结着流胶，畸形下陷，果皮硬实，瓜味苦涩，品质下降。卵孵出幼虫蛀食果肉，先致瓜局部变黄，终致全果腐烂、脱落。

2. 形态特征

（1）成虫　黄褐色，额狭窄，两侧平行。翅前缘带于端部扩延成 1 个宽椭圆形大斑，约占据 R_5 室宽度的 2/3。前胸左右及中、后胸有黄色的纵带纹。翅膜质透明，杂有暗黑色斑纹。腿节具有一个不完全的棕色环纹。腹部第 1、2 节背板全为淡黄色或是棕色，无黑斑带，

第 3 节基部有 1 黑色狭带，第 4 节起有黑色纵带纹（图 5-30）。

（2）卵　细长，一端稍尖，乳白色。

（3）老熟幼虫　乳白色，蛆状，口钩黑色（图 5-30）。

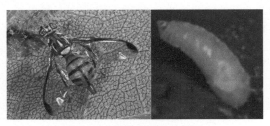

图 5-30　瓜实蝇成虫与幼虫

3. 发生规律及生活习性

瓜实蝇一般 1 年发生 8 代，世代重叠，成虫在杂草等处越冬。第二年春 4 月开始活动，以 5 ～ 6 月危害较重。成虫白天活动，夏天中午在高温烈日下，静伏于瓜棚或叶背。对糖、酒、醋及芳香物质有趋性。雌虫产卵于嫩瓜内。幼虫孵化后即在瓜内取食，将瓜蛀食成蜂窝状，以致瓜条腐烂、脱落。老熟幼虫在瓜落地前或落地后弹跳落地，钻入表土层化蛹。卵期 5 ～ 8 天，幼虫期 4 ～ 15 天，蛹期 7 ～ 10 天，成虫寿命 25 天。

4. 防治方法

（1）农业防治　加强巡查，及时清除虫害瓜和收集落地瓜深埋或烧毁，有助于减少虫源。

（2）化学防治

① 毒饵防治　利用成虫对糖醋等芳香气味有明显趋性的习性，于成虫盛发期配制毒饵诱杀成虫。毒饵配制方法为香蕉皮或菠萝皮（或南瓜、番薯煮熟经发酵作代用品）：农药（如敌百虫等）：食用香精：糖 =40 ：0.5 ：1 ：1，加适量水调成糊状即成。把毒饵装入容器内设点（300 点 / 公顷、20 ～ 30 克 / 点）挂放在瓜豆棚架合适的高度上，早上 7 ：00 左右挂放效果较好。

② 喷药　利用成虫在午间高温时段多栖息在瓜棚下和早晚活动交尾产卵的习性，在成虫盛发期，于中午烈日当空或傍晚天黑前喷药毒杀成虫。药剂可选 50% 巴丹可溶性粉剂 2000 倍液、20% 氰戊菊酯

（20% 杀灭菊酯）3000 倍液、25% 溴氰菊酯乳油 3000 倍液、21% 灭杀毙乳油 6000 倍液、50% 马拉硫磷或 50% 敌敌畏 1000 倍液，3 ~ 5 天 1 次，连喷 2 ~ 3 次。

③ 利用蘸有实蝇性诱剂和马拉硫磷农药混合物的棉芯置于诱捕器内，诱杀雄虫和监测虫情。

四、南瓜实蝇

南瓜实蝇［*Bactrocera (Zeugodacus tau) Walker*］，又称南亚寡鬃实蝇，别名黄蜂子。幼虫俗称瓜蛆，属双翅目、实蝇科。该虫主要为害南瓜、冬瓜、胡瓜、苦瓜、丝瓜、甜瓜、瓠瓜、笋瓜等瓜类蔬菜，还可为害番茄、辣椒及豇豆等豆类。

1.为害症状

成虫、幼虫均可为害。成虫为害是用产卵管刺入幼瓜表皮内产卵，使瓜表皮受到伤害，在刺伤处常常出现白色的胶状物，并下陷、畸形，果实变硬、变苦。幼虫孵化后即在瓜内蛀食为害，瓜受害的部分初期变黄、发软，后期全部腐烂、发臭，并脱落。

2.形态特征

（1）成虫　体长 8 ~ 9 毫米，翅展 16 ~ 18 毫米。黄褐色，额狭窄，两侧平行，宽度为头宽的 1/4。翅前缘带于端部扩延成 1 个宽椭圆形大斑，约占据 R_5 室宽度的 1/3。前胸左右及中、后胸有黄色的纵带纹；腹部第 1、2 节背板全为淡黄色或棕色，无黑斑带，第 3 节基部有 1 黑色狭带，第 4 节起有黑色纵带纹。翅膜质透明，杂有暗黑色斑纹。腿节具有一个不完全的棕色环纹（图 5-31）。

（2）卵　细长，长约 0.8 毫米，一端稍尖，乳白色。

（3）幼虫　老熟幼虫体长约 10 毫米，乳白色，蛆状，口钩黑色（图 5-31）。

（4）蛹　长约 5 毫米，黄褐色，圆筒形。

3.发生规律及生活习性

南瓜实蝇主要发生在南

图 5-31　南瓜实蝇成虫与幼虫

方，一年发生 3 ~ 4 代，以蛹在土中越冬，但在冬季温暖的晴天偶尔可见成虫。第 1 代发生在 4 ~ 5 月，为害早南瓜；第 2 代发生在 6 ~ 7 月，主要为害冬瓜及南瓜；第 3 代发生在 8 ~ 9 月，为害冬瓜及秋南瓜，其中以第 1 代和第 2 代为害严重。成虫一般在上午羽化，白天活动，对糖醋有趋性。成虫飞翔力强，尤以晴天上午 9 ~ 11 时和下午 5 ~ 7 时最为活跃，此时交尾产卵最盛，一般阴雨天多躲在瓜叶及杂草丛中。成虫多产卵在幼瓜的基部，产卵孔处常流出白色胶状物质，将其封住。在一个瓜上可见到几个产卵孔，每一孔有几粒到数十粒卵，卵期一般 4 天左右。幼虫孵化后即在瓜上为害，严重时一个瓜上有数只或数十只幼虫。有时瓜内卵粒未孵化，但成虫刺伤处变得凹陷，使瓜畸形，俗称"缩骨"。老熟幼虫善弹跳，多数个体在化蛹前从瓜中钻出，弹跳落地，入土化蛹。一般在土深 2 ~ 5 厘米处化蛹。在盛夏季节，蛹期约为 3 天。成虫寿命长短与取食的食物有关，在蜜源植物丰富时长达 25 天以上，而在不给食的条件下仅维持 2 ~ 7 天。

4.防治方法

（1）农业防治　及时摘除被害瓜，喷药处理烂瓜，并要深埋。

（2）化学防治　毒饵诱杀成虫。用香蕉皮或菠萝皮 80 份、90% 敌百虫晶体 1 份、香精 2 份，加水调制成糊状毒饵，直接涂于瓜架上或装入容器中挂于瓜架上，每公顷放置 300 个点，每点放置 25 克。

在成虫盛发期，选择中午或傍晚喷洒 50% 地蛆灵或 35% 驱蛆磷乳油 2000 倍液、50% 敌敌畏 1000 倍液、2.5% 溴氰菊酯 3000 倍液，每 3 ~ 5 天喷 1 次，连续喷 2 ~ 3 次。

五、显尾瓜实蝇

显尾瓜实蝇（*Dacus caudatus* Fabricius），别名胡瓜实蝇、显纹瓜实蝇、瓜蜂，幼虫称瓜蛆，属双翅目、实蝇科。

1.为害症状

幼虫钻进瓜内取食，受害瓜初局部变黄，后全瓜腐烂变臭。为害轻的刺伤处流胶，畸形下陷，俗称"歪嘴""缩骨"，造成品质下降。

2.形态特征

雌成蝇体长约 9.7 毫米，黄褐色，斑纹深褐色，翅透明，翅端具 1 黑斑，腹末有长产卵器；足浅黄色，各胫节端、跗节以下各节黑色；

雄虫体长约 5 毫米（图 5-32）。与瓜实蝇区别点在于本种前胸背面具 2 个黑色圆纹，中、后胸有 2 条黑褐色纵纹，腹背第 1、2 节有黑色横纹，第 3 节以下中央有一黑色纵纹。前翅中脉无暗褐色斑。显尾瓜实蝇卵乳白色，一端稍尖。幼虫体长约 11 毫米，浅黄色，气孔褐色。蛹长约 7.5 毫米，圆筒形，土黄色，蛹壳的腹面、背面上的节间缝错开不连接，后缝前后杂生细碎褐斑；腹末具 1 纵裂缝。

图 5-32　显尾瓜实蝇成虫

3. 发生规律及生活习性

显尾瓜实蝇 1 年约发生 8 代，以末龄幼虫和蛹在表土中越冬，第二年气温升高后羽化为成虫，早晨或晚上交配；成虫把卵产在瓜的表皮内，被产卵处略凹陷，着卵瓜发育不良或产生畸形，初孵幼虫钻入瓜内取食，有的从伤口处流出汁液或果实腐烂，幼瓜受害容易脱落，幼虫善跳，末龄幼虫跳至地表入土后化蛹。该虫喜欢食甜味食物，寿命长达数月。

4. 防治方法

（1）物理防治　在成虫发生期用糖 1 份、10% 醚菊酯（1% 多来宝）胶悬剂 1 份，加适量水后制成毒饵，滴在厚吸水纸上，挂在瓜田或瓜棚架杆上，诱杀成虫。每亩设 20 个点，每周更换 1 次。也可用克蝇溶液诱杀。摘除受害果，减少幼虫食饵，销毁受害瓜，注意田间卫生，收获后及时拔除残株，集中深埋或烧毁，以减少下一季或翌年虫源。在瓜实蝇为害重的地区，不种或拔除非经济性寄主植物。用加保扶颗粒剂处理土壤，杀死土中幼虫。饲养释放不妊虫（γ 射线处理），使其与田间雌蝇交配，产生不能孵化的卵；也可利用实蝇成虫对颜色及光波长的反应，采用黄板诱集；使用银灰膜也有趋避作用。必要时采用套袋法，防止侵入。

（2）化学防治　成蝇盛发时，喷洒 50% 灭蝇胺可湿性粉剂 5000 倍液、10% 醚菊酯悬浮剂 800 倍液或 2.5% 溴氰菊酯乳油 2000 倍液，每亩喷兑好的药液 60～70 升。使用溴氰菊酯的采收前 3 天停止用药。

用猎蝇 0.02% 饵剂每亩用量 100 毫升，喷在瓜株 1～1.5 米处叶背面，药点间距 3 ~ 5 米，施药间隔时间 7 天，喷药后 1 ~ 2 天遇雨要补喷。

第十一节　瓢虫类

一、茄二十八星瓢虫

茄二十八星瓢虫（*Henosepilachna vigintioctopunctata* Fabricius），别名酸浆瓢虫，属鞘翅目、瓢虫科。

1.为害症状

成虫和幼虫食叶肉，残留上表皮呈网状，被害叶仅残留上表皮，形成许多透明凹纹，后呈现褐斑，严重时全叶食尽。此外，舐食瓜果表面，受害部位变硬，带有苦味，影响产量和质量。

2.形态特征

（1）成虫　体长 6 毫米，半球形，黄褐色，体表密生黄色细毛。前胸背板上有 6 个黑点，中间的两个常连成一个横斑；每个鞘翅上有 14 个黑斑，其中第二列 4 个黑斑呈一直线，这是与马铃薯瓢虫的显著区别（图 5-33）。

（2）卵　长约 1.2 毫米，弹头形，淡黄至褐色，卵粒排列较紧密。

（3）幼虫　末龄幼虫体长约 7 毫米，初龄淡黄色，后变白色；体表多枝刺，其基部有黑褐色环纹，枝刺白色（图 5-33）。

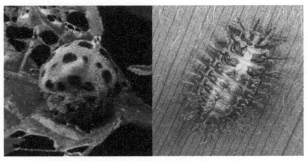

图 5-33　茄二十八星瓢虫成虫与幼虫

（4）蛹　长 5.5 毫米，椭圆形，背面有黑色斑纹，尾端包着末龄幼虫的蜕皮。

3.发生规律及生活习性

茄二十八星瓢虫在南方 1 年发生 3～6 代，每年以 5 月发生数量最多，为害最重。以成虫在土块下、树皮缝或杂草间越冬。第二年成虫出蛰后，先在茄科杂草上取食，陆续迁至茄科蔬菜上为害，以茄子受害严重。成虫白天活动，有假死性，幼虫喜群集，行动迟缓。

4.防治方法

（1）农业防治　因地制宜选种抗虫品种。

（2）物理防治　根据瓢虫产卵数十粒成块的特点，可人工采摘卵块。

利用成虫的假死习性，在成虫大量出现时，于上午 10 时至下午 4 时，将成虫拂落在滴有少量煤油的水盆中。

根据越冬代成虫群集越冬的习性，于冬季和早春在其越冬场所捕捉；于第 2 代成虫向越冬场所转移之前，在田间挖坑堆积砖石诱集成虫，入冬以后，翻开砖石搜集越冬瓢虫。

（3）化学防治　于越冬成虫发生期和第 1 代幼虫孵化盛期，喷药灭虫。可喷洒下列浓度的农药：1000 倍的 80% 敌敌畏乳油水液、1500～2000 倍的 50% 辛硫磷乳油水液、1000～1500 倍的 50% 杀螟硫磷乳油水液、1000～1500 倍的 50% 杀螟丹可溶性粉剂水液、2000 倍的 5% 定虫隆乳油水液、5000 倍的 2.5% 溴氰菊酯乳油水液、2000 倍的 20% 氰戊菊酯（20% 杀灭菊酯）乳油水液、2000 倍的 40% 菊·马合剂乳油水液。6～7 天喷 1 次，共喷 2～3 次。

二、菱斑植食瓢虫

菱斑植食瓢虫（*Epilachna insignis* Gorham），属鞘翅目、瓢虫科。

1.为害症状

成虫和幼虫取食瓜类作物叶片、果实和嫩茎。被害叶片仅留叶脉及一层表皮，形成许多不规则半透明的凹纹，严重时引起叶片枯萎干缩。果实被害后，果面形成许多凹纹，后变为褐色斑痕，逐渐变硬。

2.形态特征

（1）成虫　体长 9.5～11.0 毫米。体背面红褐色，被黄色细毛，黑斑上的毛黑色。头部无斑。前胸背板中部有一块大型黑色横斑。鞘翅上各有 7 个黑斑，体略呈心形，肩部最完整，端末窄缩，背面拱起（图 5-34）。

（2）幼虫　淡黄色，体表多刺瘤（图 5-34）。

图 5-34　菱斑植食瓢虫成虫与幼虫

（3）蛹　椭圆形，淡黄色，背面有黑色斑纹，尾端包被末龄幼虫的蜕皮。

3.发生规律及生活习性

菱斑植食瓢虫在陕西省汉中地区 1 年发生 1 代，以成虫在草丛、树皮缝隙等处越冬。5 月底至 6 月初成虫出现，活动交尾 6～10 天后，陆续转移到栝楼幼苗上产卵，产卵期较长。6 月中下旬至 8 月上中旬为幼虫为害期。8 月中下旬，幼虫开始化蛹，蛹期 4～5 天。羽化的成虫在栝楼上为害一段时间后，转移到瓜类叶片上为害，10 月下旬至 11 月初进入越冬。成虫活动力弱，一般不飞行，有假死性，触动即落到地上。幼虫多爬在叶背为害。

4.防治方法

（1）农业防治　因地制宜选种抗虫品种。

（2）物理防治　利用成虫的假死习性，在成虫大量出现时，于上午 10 时至下午 4 时，将成虫拂落在滴有少量煤油的水盆中。

根据瓢虫产卵数十粒成块的特点，可人工采摘卵块。越冬代成虫群集越冬的习性，于冬季和早春在其越冬场所捕捉；于第 2 代成虫向越冬场所转移之前，在田间挖坑堆积砖石诱集成虫，入冬以后，翻开砖石搜集越冬瓢虫。

（3）化学防治　于越冬成虫发生期和第 1 代幼虫孵化盛期，喷药灭虫。可喷洒下列浓度的农药：1000 倍的 80% 敌敌畏乳油水液、

1500 ～ 2000 倍的 50% 辛硫磷乳油水液、1000 ～ 1500 倍的 50% 杀
螟硫磷乳油水液、400 倍的 25% 亚胺硫磷乳油水液、1000 ～ 1500 倍
的 50% 杀螟丹可溶性粉剂水液、2000 倍的 5% 氟伏虫脲（5% 定虫隆）
乳油水液、5000 倍的 2.5% 溴氰菊酯乳油水液、2000 倍的 20% 氰戊
菊酯（20% 杀灭菊酯）乳油水液、2000 倍的 40% 菊·马合剂乳油水液。
6 ～ 7 天喷 1 次，共喷 2 ～ 3 次。

第十二节　芫菁类

一、苹斑芫菁

苹斑芫菁（*Mylabris calida* Pallas），属鞘翅目、芫菁科。

1. 为害症状

主要以成虫为害瓜类蔬菜、果树的叶片，造成缺刻或孔洞；而幼
虫则捕食蝗卵。

2. 形态特征

成虫体长 11 ～ 23 毫米，体、足黑色，并被黑色长竖毛，鞘翅浅
黄至棕黄色，具黑斑。头略呈方形，后角圆；表面密布刻点，中央具 2
个红色小圆斑。前胸背板长略大于宽，两侧平行，前端 1/3 处向前束
窄，表面具密小的黑点，盘区中间和后缘之前各具一圆凹洼；鞘翅有
细皱纹，基部长有稀疏的黑长毛；在近基部 1/4 处生黑圆斑 1 对，中
部、端部 1/4 处各具 1 个横斑，有时端部横斑分裂成 2 个斑（图 5-35）。

图 5-35　苹斑芫菁成虫

3.发生规律及生活习性

苹斑芫菁在北方 1 年发生 1 代，南方 1 年发生 2 代。以前蛹期在土中越冬，北方第二年 5 月中旬羽化，7 月中旬为盛发期。成虫有二次交尾现象，交尾后一周产卵于杂草、地表 10 厘米之间，先挖土，产后埋土，每只雌虫一次能产卵 120 粒左右，无遗卵，多于 10 时和 17 时产卵，每产一次卵约半小时，产卵不规则，卵期平均 25 天，卵多在上午 7～8 时和下午 17～18 时孵化。成虫产卵后，群居性很强，一般几十只到上百只，并远距离飞翔为害。成虫喜在 9 时和 16 时活动和交尾，中午炎热静伏不动，温度 25℃时活动最盛。9 月下旬停止活动。寿命 96 天。成虫有假死性，无趋光、趋化现象。幼虫共 6 龄，每龄期平均 15 天左右，1、2 龄活动迅速，3、4 龄多在黑暗中活动和寻食，主要取食蝗卵，5、6 龄进入休眠状态。

4.防治方法

田间发生严重时，可喷洒 50% 辛硫磷乳油 1500 倍液或 20% 甲氰菊酯（20% 灭扫利）乳油 3000 倍液。

二、大斑芫菁

大斑芫菁（*Mylabris phalerata* Pallas），别名眼斑大芫菁、黄黑花芫菁，属鞘翅目、芫菁科。

1.为害症状

以成虫为害，主要取食叶片和花瓣，将叶片吃成缺刻，仅剩叶脉，也咬食瓜，使果实残缺不全，影响产量和质量。

2.形态特征

成虫体长 25～32 毫米，宽 8～11 毫米。头、体躯和足黑色，被黑毛。鞘翅黑、黄相间，黑色和黄色部分均被黑毛，而无淡色毛。头密布小刻点，额中央有一条光滑纵纹，此纹的中部常扩展成一小光斑。触角短，棒状，11 节，末节的基部狭于第 10 节的端部。前胸长大于宽，两侧平行，前端狭，背板密布细刻点，纵缝不明显。鞘翅上前面的黑色横带中央连接；

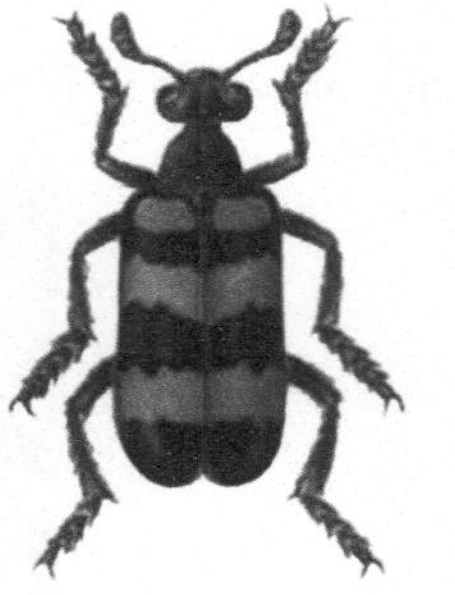

图 5-36　大斑芫菁成虫

基部的一对黄斑较大，形状较不规则。腹部末端后缘平直（图 5-36）。

3.发生规律及生活习性

大斑芫菁在安徽、四川1年发生1代，以幼虫越冬，幼虫期约187～231天，化蛹后于7月末、8月初进入羽化阶段，羽化后10天交配，多在14时至夜晚进行，一般交配1～4次，每次2～7小时，交配后5～10天产卵，每只雌虫产卵40～240粒，成虫喜白天活动，喜欢掘穴，并把卵产在微酸性湿润的土壤里。卵经21～28天孵化，8月下旬至9月下旬进入孵化盛期。幼虫喜食蝗卵，经4次蜕皮发育成5龄。幼虫多在田边、地角、荒埂薄土里取食和越冬。9～10月中旬成虫陆续死去。该虫繁衍力较低，孵化率57%左右，仅有12%～34%的幼虫才能发育为成虫，因此种群数量有下降的趋势。

4.防治方法

（1）农业防治　播种或移栽前，或收获后，清除田间及四周杂草，集中烧毁或沤肥；深翻地灭茬、晒土，促使病残体分解，减少虫源和虫卵寄生地。

（2）化学防治　可用以下药剂：90%敌百虫800倍液+80%敌敌畏1000倍液、48%毒死蜱（48%乐斯本）乳油1500倍液、10%吡虫啉可湿性粉剂1500倍液、2.5%氯氟氰菊酯（2.5%功夫）乳油2000～3000倍液、2.5%高效氟氯氰菊酯（2.5%保得）乳油1500～2000倍液、5%氟虫腈（5%锐劲特）悬浮剂2000倍液、5%氟虫脲（5%卡死克）乳油2000～2500倍液、40%乐果乳油1500倍液、15%氯虫苯甲酰胺（15%安打）悬浮剂3500～4500倍液、4%鱼藤精800倍液。

三、眼斑芫菁

眼斑芫菁（*Mylabris cichorii* Linnaeus），属鞘翅目、芫菁科。

1.为害症状

以成虫为害，主要取食叶片和花瓣，将叶片吃成缺刻，仅剩叶脉，也咬食瓜，使果实残缺不全，影响产量和质量。

2.形态特征

成虫体长15～20毫米，体宽4～7毫米。最明显的是：每个翅的中部有一条横贯全翅的黑横班；在鞘翅的基部自小盾片外侧沿肩胛而下至距翅基约1/4处向内弯而达到翅缝有一个弧圆形黑斑纹，两个翅的弧形纹在鞘缝处汇合成一条横斑纹，在弧形黑斑纹的界限内包着

一个黄色小圆斑，两侧相对，形似一对眼睛，在翅基的外侧还有一个小黄斑；翅端部完全黑色。触角棒状，末节的基部与第 10 节约等宽（图 5-37）。

3.发生规律及生活习性

眼斑芫菁在安徽、江苏、四川等省 1 年发生 1 代，以卵越冬，经 263 ～ 275 天，第二年 4 月下旬至 5 月下旬陆续孵化。幼虫期 29 ～ 58 天，共 5 龄。1 龄行动敏捷，爬行力强，觅到蝗虫卵块后就不再

图 5-37 眼斑芫菁成虫

爬行，发育到 5 龄幼虫才掘穴入土定居，一直到羽化。该虫是复变态昆虫，成虫取食后多群集在禾本科植物或杂草顶端或叶背面。该虫多分布在海拔 600 ～ 700 米丘陵及平原地区。幼虫多潜入田边、地角、荒埂的薄土层里取食。

4.防治方法

（1）物理防治　平均每平方米有虫 0.5 ～ 1 只以上时，可用网捕成虫，售给药材商店。

（2）农业防治　发生严重地区，收获后及时耕翻灭虫。

（3）化学防治　必要时喷洒 50% 辛硫磷乳油 1000 倍液。

第十三节　天牛类

一、南瓜斜斑天牛

南瓜斜斑天牛（*Apomecyna histrio* Fabricius，异名 *Apomecyna alboguttata* Megerle.），别名四斑南瓜天牛、瓜藤天牛、钻茎虫，属鞘翅目、天牛科，是瓜类藤蔓的主要害虫。

1.为害症状

以幼虫蛀食瓜藤，破坏输导组织，导致被害瓜株生长衰弱，严重时茎断瓜蔫，影响产量和品质。被蛀害的植株抗病力减弱，田间匍匐于地面的藤蔓易受白绢病菌侵染，加速其死亡。

2.形态特征

（1）成虫　体长9～10毫米，宽约3毫米，黑褐色，体被黄褐色细毛。触角和足带红褐色。前胸背板具4个小白斑，排列成"十"字形，后方的呈短柱形。小盾片被黄褐色细毛。鞘翅上具多个白色大毛斑，排列成4斜行，白斑数分别为2、4、3、2，在第3斜行两侧有2个小斑点，翅端各具一淡黄褐色毛斑，1～4腹节两侧各生一白斑。前胸背板几乎长宽相等，密布刻点。鞘翅窄，肩部较前胸稍宽，长为头胸部的2倍，两侧近平行，末端斜切，鞘翅上刻点排列成10行，较整齐（图5-38）。

图5-38　南瓜斜斑天牛

（2）卵　长椭圆形，大小为0.1～0.2毫米，初产时乳白色，近孵化时浅黑色。

（3）幼虫　乳黄色，体长10～11毫米，宽2.8～3.2毫米。初孵时乳白色，稍扁，渐长成近圆筒形。上颚黑色，头褐色。前胸背板端部中线两侧区各具一浅褐色大斑。各体节两侧疏生褐色刚毛，臀板及肛门四周刚毛褐色、簇生。足退化。各体节背、腹两面隆突成移动器，其上具较粗短的乳突。

（4）蛹　长9.2～10.5毫米，宽2.7～3.1毫米，初为乳白色，后变为乳黄色至乳褐色。背观前胸背板风帽状，生较长刚毛。触角靠翅基两侧后延至第3腹节向腹部卷曲。各腹节中部簇生一横列刚毛。臀板上布粗壮的深褐色三角形小刺，侧缘及后缘丛生长刚毛。腹面观前、中足向胸部卷曲，并盖住翅的一半，后足从翅的下半部下伸出，露出腿节后部、胫节端部和跗节全部。末节腹板端有一凸弧形深褐色带状纹。

3.发生规律及生活习性

南瓜斜斑天牛1年发生几代，以老熟幼虫或成长幼虫越冬。越冬幼虫在枯藤内于第2年4月陆续化蛹和羽化，蛹期约10～14天。5月中旬开始产卵，产卵期长达2个多月。贵州荔波县7月下旬第1代成虫羽化，田间8月中旬可同时见到四种虫态。8月下旬至9月中旬，初孵幼虫为害，此后进入越冬期。成虫羽化后，啃食瓜株幼嫩组织、花及幼瓜。卵多散产于叶腋间，也有产在茎节中部。产前成虫用上颚咬伤茎皮组织，埋卵在内或直接把卵产在瓜茎裂缝伤口处。幼虫孵出先在皮层取食，渐潜蛀于茎中。随着食量的增大，被害部外溢的瓜胶脱落，幼虫蛀空髓部，化蛹其间，成虫羽化后静置数日，从排粪孔中脱出。虫量大时，一株瓜蔓最多可捕获21只幼虫。

4.防治方法

（1）农业防治　注意田间清洁，越冬前彻底清除田间残藤，烧毁或积肥。特别是攀爬在树上和墙、房上的瓜蔓不可留下，可降低越冬虫口密度。

（2）化学防治

① 6～7月间，加强检查，发现瓜株有新鲜虫粪排出，用注射器注入内吸性杀虫剂毒杀幼虫。

② 5月份用50%杀螟丹可溶性粉剂1000倍液或35%伏杀硫磷乳油300～400倍液喷雾防治成虫，喷雾时应避开瓜花，以防杀害蜜蜂。

二、瓜藤天牛

瓜藤天牛［*Apomecyna saltator*（Fabr.），异名 *Apmmecyna neglecta* Pascoe、*A.execava liceps* Pic.］，别名黄瓜天牛、南瓜大牛、牛角虫、蛀藤虫，属鞘翅目、天牛科。

1.为害症状

幼虫蛀食瓜藤，破坏输导组织，导致被害瓜株生长衰弱，严重时茎断瓜蔫，影响产量和品质。被蛀害的植株抗病力减弱，田间匍匐于地面的藤蔓易受白绢病菌侵染，加速其死亡。

2.形态特征

（1）成虫　体长10.5～12毫米，宽约4毫米，雄虫稍小。红褐色，湿度大时有些个体呈浅黑褐色。体被灰黄色茸毛，腹面、腿和胫节上疏布由黑色和灰色茸毛嵌成的豹纹。外形特征与南瓜斜斑天牛极相似，主要区别是：触角11节；鞘翅前半部白斑排列成近弧形，后半部成"一"，分别位于翅中区之上和之下，每块斑纹系由数个小斑点合并而成；前胸背板中区有白斑隐现，由小圆斑融合而成，中央较宽，两侧较狭（图5-39）。

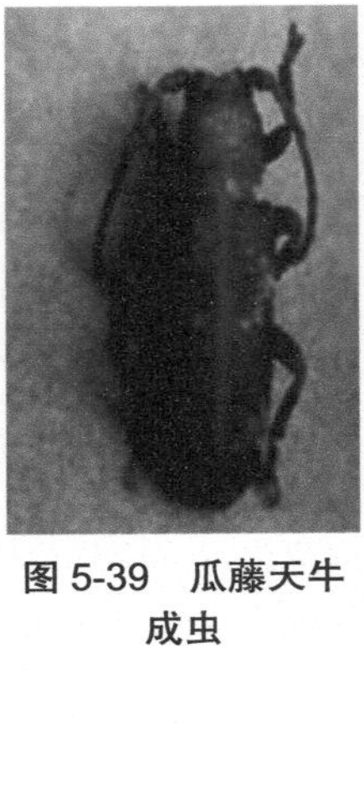

图 5-39　瓜藤天牛成虫

（2）幼虫　体长 12 ～ 13 毫米，宽 2 ～ 2.5 毫米，近圆筒形，乳黄色。上颚黑色，头褐色，前胸背板前沿两侧区隐现浅褐色大斑。各节体背两侧和腹末节生长刚毛。气门圆形，褐色。体节背、腹部上的皱突、移动器上的乳状突小而密，呈扁环状排列。

（3）蛹　长 10.5 ～ 11.5 毫米，宽 3 ～ 3.5 毫米。初乳白色，渐变为乳黄至黄褐色。背面复眼内缘向内凹，几乎环抱触角窝。前胸背板风帽状，刻点内隐现黑褐色色素，生较长刚毛。触角贴翅基两侧延至第 3 腹节端部向腹面卷曲。各节腹板中部簇生一横列刚毛，臀板上生褐色三角形小刺。腹面与南瓜斜斑天牛的蛹相似，但末节腹板端沿的弧形褐斑带长而色稍浅。

3. 发生规律及生活习性

瓜藤天牛 1 年发生 1 ～ 3 代，以幼虫或蛹在枯藤内越冬。第二年 4 月初越冬幼虫化蛹，羽化为成虫后迁移至瓜类幼苗上产卵，初孵幼虫即蛀入瓜藤内为害。8 月上旬幼虫在瓜藤内化蛹，8 月底羽化为成虫，成虫羽化后飞至瓜藤上产卵，卵散产于瓜藤叶节裂缝内，幼虫初孵化横居瓜藤内，蛀食皮层。藤条被害后轻者折断、腐烂或落瓜，严重的全株枯萎。成虫羽化后静伏一段时间后咬破藤皮钻出，有假死性，轻轻触动便落地，白天隐伏瓜茎及叶荫蔽处，晚上活动取食、交配。

4. 防治方法

（1）农业防治　注意田间清洁，越冬前彻底清除田间残藤，烧毁或积肥。特别是爬、攀在树上和墙、房上的瓜蔓不可留下，可降低越冬虫口密度。

（2）化学防治

① 5 月份用 35% 伏杀硫磷乳油 300 ～ 400 倍液或 50% 杀螟丹可溶性粉剂 1000 倍液喷雾防治成虫，喷雾时应避开瓜花，以防杀害蜜蜂。

② 6 ～ 7 月间，加强检查，发现瓜株有新鲜虫粪排出，用注射器注入内吸性杀虫剂（如氧化乐果）毒杀幼虫。

三、四条白星锈天牛

四条白星锈天牛（*Apomecyna historio* Fabricius），也叫胸纹锈天牛，属鞘翅目、天牛科。

1. 为害症状

以幼虫蛀食瓜藤，破坏输导组织，导致被害瓜株生长衰弱，严重时茎断瓜蔫，影响产量和品质。被蛀害的植株抗病力减弱，田间匍匐于地面的瓜藤蔓易受白绢病菌侵染，加速其死亡。

2. 形态特征

体长 7～12 毫米，体形粗短，体背深灰色，雌雄触角皆短。前胸背板中央有一条由 4 枚白斑排列的横带，翅鞘有 3 条斜向条纹，翅脉具黑色纵向点刻，跗节短（图 5-40）。

图 5-40　四条白星锈天牛成虫

3. 发生规律及生活习性

成虫出现于春、夏二季，生活在低海拔山区。常在瓜类、藤类植物上聚集，夜晚具趋光性。

4. 防治方法

（1）农业防治　注意田间清洁，越冬前彻底清除田间残藤，烧毁或积肥。特别是攀爬在树和墙、房上的瓜蔓不可留下，可降低越冬虫口密度。

（2）化学防治

① 6～7 月间，加强检查，发现瓜株有新鲜虫粪排出，用注射器注入内吸性杀虫剂（乐果）毒杀幼虫。

② 5 月份用 50% 杀螟丹可溶性粉剂 1000 倍液或 35% 伏杀硫磷乳油 300～400 倍液喷雾防治成虫，喷雾时应避开瓜花，以防杀害蜜蜂。

第十四节　螨类

一、朱砂叶螨

朱砂叶螨（*Tetranychus cinnabarinus*），又名棉红蜘蛛、棉叶螨、火烧等，属蛛形纲、蜱螨目、叶螨科。

1.为害症状

以成螨、若螨在瓜及其他蔬菜的叶背吸取汁液，使叶面水分蒸腾增强，叶绿素变色，光合作用受到抑制，从而使叶面变红、干枯、脱落，甚至枯死，降低产量和影响品质。

2.形态特征

（1）成螨　雌成螨体长0.42～0.51毫米，宽0.26～0.33毫米。背面卵圆形。体色一般为深红色或锈红色。常可随寄主的种类而有变异。体躯的两侧有两块黑褐色长斑，从头部开端起延伸到腹部的后端，有时分为前后两块，前块略大。雄成螨体长0.37～0.42毫米，宽0.21～0.23毫米，雌螨小。体色为红色或橙红色。背面呈菱形，头胸部前端圆形。腹部末端稍尖（图5-41）。

图5-41　朱砂叶螨成螨

（2）卵　直径0.13毫米。圆球形。初产时无色透明，逐渐变为淡黄至深黄色。孵化前呈微红色。

（3）幼螨　体长约0.15毫米，宽0.12毫米。体近圆形，色泽透明，取食后变暗绿色。足3对。

（4）若螨　长约0.21毫米，宽0.15毫米。足4对。雌成螨分前若螨和后若螨期，雄若螨无后若螨期，比雌若螨少蜕一次皮。

3.发生规律及生活习性

朱砂叶螨发生代数随地区和气候差异而不同。北方一般发生12～15代，长江中下游地区发生18～20代，华南可发生20代以上。长江中下游地区以成螨、部分若螨群集潜伏于向阳处的枯叶内、杂草根际及土块裂缝内过冬。温室、大棚内的蔬菜苗圃地也是重要越冬场所。越冬成螨和若螨多为雌螨。冬季气温较高，朱砂叶螨仍可取食活动，不断繁殖为害。

早春温度上升到10℃时，朱砂叶螨开始大量繁殖。一般在3～4月，先在杂草或蚕豆、草莓等作物上取食，4月中下旬开始转移到瓜类、茄子、辣椒等蔬菜上为害。春季棚室由于温度较高，害螨发生早，初发生时由点片向四周扩散，先为害植物下部叶片，后向上部转移。成螨、若螨靠爬行、风雨及农事作业进行迁移扩散。朱砂叶螨以两性生殖为主，也可行孤雌生殖。卵散产，多产于叶背，1只雌螨可产卵50～100粒。不同温度下，各螨态的发育历期差异较大。在最适温度下，完成一代一般只要7～9天。高温低湿有利于繁殖。温度在25～28℃，相对湿度在30%～40%，产卵量、存活率最高。温度在20℃以下、相对湿度在80%以上，不利其繁殖。温度超过34℃，停止繁殖。早春温度回升快，朱砂叶螨活动早，繁殖快，蔬菜受害也较重。保护地栽培蔬菜由于温度高，发生早，因而危害也比露地蔬菜重。

4.防治方法

（1）农业防治　清除棚室四周杂草，前茬收获后，及时清除残株败叶，用以沤肥或销毁。避免过于干旱，适时适量灌水，注意氮磷钾肥的配比。

（2）生物防治　朱砂叶螨天敌很多，有应用价值的种类有瓢虫、草蛉、蜘蛛、食螨瘿蚊、塔六点蓟马等。有条件的地方可以引进释放或田间保护利用。

（3）化学防治　在瓜田点片发生阶段及时进行挑治，以免暴发危害。近几年由于连年使用有机磷农药，叶螨已产生了抗性，要经常轮换使用化学农药，或使用复配增效药剂和一些新型的特效药剂。目前防治效果较好的药剂有40%菊马乳油2000～3000倍液、20%复方浏阳霉素乳油1000～1200倍液、73%炔螨特（73%克螨特）1000倍液、5%噻螨酮（5%尼索朗）乳油3000倍液、25%灭螨猛可湿性粉剂1000～1500倍液、1.8%阿维菌素（1.8%螨虫素）可湿性粉剂1000倍液、50%苯丁锡（50%托尔克）乳油3000倍液。

二、二斑叶螨

二斑叶螨（*Tetranychus urticae* Koch），属蛛形纲、真螨目、叶螨科。

1.为害症状

以成螨、若螨群聚在叶背吸取汁液，使叶片呈灰白色或枯黄色细斑，严重时叶片变色枯干脱落。

2.形态特征

（1）成螨　雌螨背面观卵圆形，体长0.43～0.53毫米，宽0.3～0.32

毫米。夏秋活动时期常为砖红或黄绿色，深秋时橙红色个体增多，滞育越冬。体背两侧各有黑斑1块，如正反"E"字形。雄螨背面观略作菱形，体长0.36～0.42毫米，宽0.19～0.22毫米，淡黄或淡黄绿色，阳具端锤弯向背面，微小，两侧突起尖利，长度几乎相等（图5-42）。

图5-42　二斑叶螨

（2）卵　球形乳白色半透明，直径0.12毫米。3天后转黄色，逐渐出现2个红色眼点。

（3）若螨　足3对，静止期体色稳定，绿色或墨绿色。

3. 发生规律及生活习性

二斑叶螨南方一年发生20代以上，北方12～15代。月均温达5～6℃时，越冬雌虫开始活动，月均温达6～7℃时开始产卵繁殖。卵期10余天。成虫开始产卵至第1代幼虫孵化盛期需20～30天，以后世代重叠。随气温升高繁殖加快，在23℃时完成1代13天，26℃8～9天，30℃以上6～7天。越冬雌虫出蛰后多集中在早春寄主（主要宿根性杂草）上为害繁殖，待作物出苗后便转移为害。6月中旬至7月中旬为猖獗为害期，进入雨季虫口密度迅速下降，为害基本结束，若后期仍干旱可再度猖獗为害，至9月气温下降陆续向杂草上转移，10月陆续越冬。行两性生殖，不交尾也可产卵，喜群集叶背主脉附近并吐丝结网于网下为害，大发生或食料不足时常千余头群集叶端成一团。有吐丝下垂借风力扩散传播的习性。高温、低湿适于发生。

4. 防治方法

（1）农业防治　铲除田边杂草，清除残株败叶，可消灭部分虫源和早春为害对象；天气干旱时，注意灌溉，增加菜田湿度，不利于其发育繁殖；科学施肥，增施磷钾肥，避免偏施氮肥，提高植株抗病力；避免与其他寄主植物套作，减少寄主面积和数量。

（2）化学防治　可选用仿生农药1.8%苯丁锡（1.8%农克螨）乳油2000倍液喷雾、20%甲氰菊酯（20%灭扫利）乳油2000倍液喷雾、1.8%阿维菌素（1.8%齐螨素、爱福丁）乳油5000～8000倍液喷雾、20% 复方浏阳霉素 1500 倍液喷雾、1% 阿维菌素（1% 灭虫灵）3000 ～ 4000 倍液喷雾、15% 哒螨灵乳油 2000 ～ 3000 倍液喷雾、5% 噻唑酮（5% 尼索朗）乳油 2000 倍液喷雾、50% 四螨嗪（50% 阿波罗）悬浮剂 2000 ～ 2500 倍液喷雾。

三、截形叶螨

截形叶螨（*Tetranychus truncatus* Ehara），属蛛形纲、真螨目、叶螨科。

1. 为害症状

若螨和成螨群聚叶背吸取汁液，使叶片呈灰白色或枯黄色细斑，严重时叶片干枯脱落，影响生长，缩短结果期，造成减产。

2. 形态特征

雌螨体长 0.44 毫米，包括喙 0.53 毫米，体宽 0.31 毫米。椭圆形，深红色，足及颚体白色，体

图 5-43　截形叶螨成螨

侧有黑斑。雄螨体长（包括喙）0.37 毫米，体宽 0.19 毫米。阳具柄部宽阔，末端弯向背面形成一微小的端锤，其背缘呈平截状，末端 1/3 处有一凹陷，端锤内角圆钝，外角尖利（图 5-43）。

3. 发生规律及生活习性

截形叶螨全国都有分布，1 年发生 10 ～ 20 代，在华北地区以雌螨在枯枝落叶或土缝中越冬，在华中地区以各虫态在杂草丛中或树皮缝越冬，在华南地区冬季气温高时继续繁殖活动。早春气温达 10℃以上，越冬成螨即开始大量繁殖，多于 4 月下旬至 5 月上中旬迁入菜田，先是点片发生，随即向四周迅速扩散。在植株上，先为害下部叶片，然后向上蔓延，繁殖数量过多时，常在叶端群集成团，滚落地面，被风刮走，扩散蔓延。发育起点温度为 7.7 ～ 8.8℃，最适温度为 29 ～ 31℃，最适相对湿度 35% ～ 55%，相对湿度超过 70% 时不利于其繁殖。高温低湿则发生严重，所以 6 ～ 8 月份为害严重。

4. 防治方法

（1）农业防治　天气干旱时要注意灌溉并合理施肥（减少氮肥，

增施磷钾肥），减轻危害。

（2）化学防治　大发生情况下，主要采取化学防治，可以采用73%炔螨特（73%克螨特）乳油1000～2000倍液、25%灭螨猛可湿性粉剂1000～1500倍液、20%甲氰菊酯（20%灭扫利）乳油2000倍液、2.5%联苯菊酯（2.5%天王星）乳油3000倍液、5%噻唑酮（5%尼索朗）乳油2000倍液、20%双甲脒乳油1000～1500倍液、1.8%阿维菌素（1.8%爱福丁）乳油5000倍液、10%吡虫啉可湿性粉剂1500倍液、15%哒螨灵（15%扫螨净、牵牛星）乳油2500倍液。隔10天左右1次，连续防治2～3次。

四、土耳其斯坦叶螨

土耳其斯坦叶螨（*Tetranychus turkestani* Ugarov et Nikolski），属蛛形纲、蜱螨目、叶螨科。

1.为害症状

成螨、若螨在叶背刺吸汁液，初现灰白色小点，后叶面变灰白色或橘黄色至红色细斑，影响光合作用。

2.形态特征

雌螨体长0.54毫米，宽0.26毫米，体卵形或椭圆形，黄绿色。须肢端感器柱形，端感器较背感器长。气门沟末端呈"U"形弯曲。后半体背表皮纹菱形。各足爪间呈3对针状毛。雄螨小，体长0.33毫米，阳具柄部向背面形成1个大型端锤，其近侧突起钝圆，远侧突起尖利，端锤背缘在距后端1/3处具明显角度。卵圆球状，黄绿色。

3.发生规律及生活习性

土耳其斯坦叶螨在北方1年发生12～15代，以雄成螨于10月中下旬开始群集潜伏在向阳处的枯叶、杂草根际及土块、树皮缝隙处越冬；以两性生殖为主，也可营孤雌生殖，把卵产在田边杂草上，起初点片发生，后向四周蔓延扩散，高温干燥易猖獗。

4.防治方法

（1）农业防治　进行轮作，冬前铲除田内外杂草，翻耕土壤，减少成螨越冬条件。早期在基部叶为害时，摘除老叶销毁。合理施肥，使瓜苗茁壮。

（2）化学防治　越冬雌成螨出蛰盛期及第1代幼螨孵化时进行第

1 次喷药，把叶螨消灭在零星状态。这是控制叶螨全年危害的关键。可采用 20% 三氯杀螨醇 800 倍液、15% 哒螨灵乳油 2000 ～ 3000 倍液形成保护带。前期防治用 5% 噻螨酮乳油（5% 尼索朗）2000 倍液点片防治；中后期防治可选用 0.6% 阿维菌素乳油（0.6% 齐螨素）3000 ～ 4000 倍液，或 73% 炔螨特（73% 克螨特）乳油 3000 倍液，或四螨嗪 3000 ～ 4000 倍液喷雾防治。

五、茶黄螨

茶黄螨（*Polyphagotarsonemus latus* Banks），又名侧多食跗线螨，属蛛形纲、蜱螨目、跗线螨科。

1. 为害症状

成螨和幼螨集中在植株幼嫩部分为害，受害叶片背面灰褐色或黄褐色，具油质光泽或油浸状，叶片边缘向下卷曲；受害嫩茎、嫩枝变黄褐色，扭曲畸形，严重者植株顶部干枯。由于螨体极小，肉眼难以观察识别，因此上述特征常被误认为生理病害或病毒病害。

2. 形态特征

雌螨长约 0.21 毫米，体椭圆形，较宽阔，腹部末端平截，淡黄色至橙黄色，半透明。足较短，第 4 对足纤细，跗节末端有端毛和亚端毛。雄螨约长 0.19 毫米，体近六角形，末端为圆锥形，足较长而粗壮（图 5-44）。卵椭圆形，无色透明，表面具纵列瘤状突起。幼螨体背有一白色纵带，足 3 对，腹末端有 1 对刚毛。若螨长椭圆形，是静止的生长发育阶段，外面罩着幼螨的表皮。

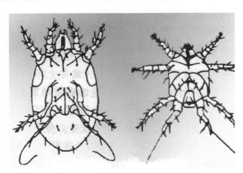

图 5-44　茶黄螨雌螨与雄螨

3.发生规律及生活习性

茶黄螨生活周期短，在温度 28 ～ 30℃时，完成 1 代需 4 ～ 5 天，在 18 ～ 20℃时为 7 ～ 10 天。在热带及温室条件下，全年都可发生，但冬季繁殖力较低。在北京地区，大棚内 5 月下旬开始发生，6 月下旬至 9 月中旬为盛发期，露地蔬菜以 7 ～ 9 月受害重，冬季主要在温室内越冬，少数雌成螨可在农作物或杂草根部越冬。以两性生殖为主，也能孤雌生殖，但未受精卵孵化率低，卵散产于嫩叶背面、幼果凹处或幼芽上，经 2 ～ 3 天孵化，幼螨期为 2 ～ 3 天，若螨期 2 ～ 3 天。初孵幼螨不太活动，常停留在其腹下的卵壳附近取食，随着个体生长发育，活动能力逐渐增强。若螨期停止取食，静止不动。成螨活泼，尤其雄螨，当取食部位变老时，立即向新的幼嫩部位转移并携带雌若螨，后者在雄螨体上蜕一次皮变为成螨后，即与雄螨交配，并在幼嫩叶上定居下来。茶黄螨发育繁殖的最适温度为 16 ～ 23℃，相对湿度为 80% ～ 90%。尤其是卵和幼螨对湿度要求高，因此温暖多湿的环境利于茶黄螨的发生。

4.防治方法

茶黄螨生活周期短，繁殖力强，应特别注意早期预防。

（1）农业防治　播种或移栽前，或收获后，清除田间及四周杂草，集中烧毁或沤肥；深翻地灭茬、晒土，促使病残体分解，减少虫源和虫卵寄生地。和非本科作物轮作，水旱轮作最好。选用抗虫及无螨、包衣的种子。

（2）化学防治　可选用药剂如下：20% 三锉锡乳油 2000 ～ 2500 倍液、15% 哒螨酮 3000 倍液、73% 炔螨特（73% 克螨特）乳油 2000 倍液、25% 灭螨猛可湿性粉剂 1000 倍液、21% 增效氰马（21% 灭杀毙）乳油 2000 倍液、2.5% 联苯菊酯（2.5% 天王星）乳油 3000 倍液、25% 喹硫磷乳油 800 ～ 1000 倍液、20% 复方浏阳霉素乳油 1000 倍液等。每隔 10 天 1 次，连喷 3 次。

参考文献

[1] 吕佩珂，苏慧兰，李秀英. 瓜类蔬菜病虫害诊治原色图鉴. 北京：化学工业出版社，2013.

[2] 王久兴，张振好. 瓜类蔬菜病虫害诊断与防治原色图谱. 北京：金盾出版社，2003.

[3] 王久兴，贺桂欣. 瓜类蔬菜病虫害诊治原色图谱. 北京：科学技术文献出版社，2004.

[4] 石明旺. 瓜类蔬菜病虫害防治技术. 北京：化学工业出版社，2011.

[5] 王运兵，张志勇. 无公害农药使用手册. 北京：化学工业出版社，2010.

[6] 郑建秋. 现代蔬菜病虫鉴别与防治手册. 北京：中国农业出版社，2004.

[7] 吕佩珂，苏慧兰，李明远，等. 中国蔬菜病虫原色图鉴. 北京：中国农业出版社. 2008.

[8] 高洪波. 露地蔬菜种植与病虫害防治技术. 北京：北京理工大学出版社，2013.